Warnung an Atheisten und Physiker:

Sie könnten von Ihrem Glauben abfallen,
den Boden der falschen Tatsachen verlieren, wie es mir erging.
Bitte beachten:
Es handelt sich um Hypothesen, die mit eigenem Handeln, Fühlen und Denken
überprüft werden müssen.
Heilversprechen sind nicht enthalten. Ändern Sie bei Bedarf Ihre Lebensweise
und unterrichten Sie Ihren Arzt, Heiler oder Apotheker.
Nach Verstehen des Buchinhaltes droht eine innere Befreiung,
dann sehen Sie sogar dort die göttliche Ordnung,
wo andere nur Chaos erkennen, und das bedeutet
Hoffnung

Gabi Müller

VIVA VORTEX

ALLES LEBT

**Quanten sind Wirbel
sind verschachtelte
Rückkopplungen**

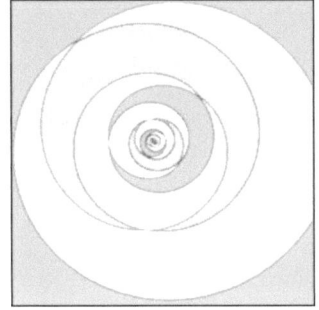

Bibliografische Information der Deutschen Nationalbibliothek
Die Deutsche Nationalbibliothek verzeichnet diese Publikation
in der Deutschen Nationalbibliografie, detaillierte bibliografische
Daten sind im Internet über http://dnb.dnb.de abrufbar.

© Gabi Müller
Überarbeite Auflage
Juni 2024
Erstauflage 8/2016
Herstellung und Verlag:
BoD - Books on Demand, Norderstedt

ISBN: 978-3-7412-7652-1

Inhaltsverzeichnis

A0 Einleitung und Zusammenfassung	.9
A0.1 Analogien, das genügt und mehr geht nicht	.9
A0.2 Versuch einer Zusammenfassung	13
A1 Torkado	15
A1.1 Mystic-Quiz	15
A1.2 Pilzförmige Strömung, Ladung, Masse und Proton	16
A1.3 Positronen und mindestens 10 Ladungsarten	18
A1.4 Plasma	19
A1.5 Neutronen und Isotope	19
A1.6 Mäander	20
A1.7 Mechanischer Polsprung nach dem Magnetischen	22
A1.8 Kernmasse-Teilchen	23
A1.9 Auflösung des Mystic-Quiz	24
A2 Das Quanten-Verhängnis	27
A2.1 Wo bisher die Physiker grundlegend irrten	27
A2.2 Teilchen mit Masse sind Produkte ihrer wirbelnden Eigenfelder	28
A2.3 Häther in Stufen, statt Feld	29
A2.4 Wirbelkerne unserer Materie als einzig sichtbare Form	31
A2.5 Freie Energie	33
A2.6 Zitat zu James Clerk Maxwell	34
A2.7 Die heutigen Maxwellgleichungen anders interpretiert	35
A2.8 Technik und Therapiegeräte	37
A2.9 Sucht als Ion	40
A3 Mikrowelt multidimensional (Grundlagen)	42
A3.1 Ansehen ist besser als jedes Modell: Bewusstsein als Instrument	42
A3.2 Der Urzustand ist ungebändigt bewegtes Chaos	45
A3.3 Ein immergleicher Grundwirbel: Das fraktale Uratom	48
A3.4 Gedanken-Experiment zur Anordnung im neuen Überwirbel	49
A3.5 Die Elemente des Periodensystems	51
A3.6 Zitate „Das höhere Selbst" von Charles W. Leadbeater, Edition Adyar ..	54
A3.6.1 Astralwelt	54
A3.6.2 Mentalwelt	54
A3.6.3 Kausalwelt	55
A3.6.4 Intuitionswelt	56
A3.7 Freiherr Karl von Reichenbach bewies Ätherwind	57
A4 Makrowelt	60
A4.1 Skalenschritte - der Treffpunkt verschiedener Faltungen	60

A4.2 Goldener Schnitt als stärkster Attraktor	62
A4.3 Die Legende vom Planeten Vulcan	62
A4.4 Kühlende Berge und Steine	64
A4.5 Ladungen als Strömungsqualitäten	65
A4.6 Masse ungewohnt anders	67
A4.7 Die Dynamik der Wirbel-Ernährung via Netz	68
A4.8 Hypothese zur stabilisierenden Wirbelkonvergenz mittels Goldener Schnitt	69
A4.9 Kabelbaum-Hologramm	70
A5 Indizien zum Thema Zeit	**73**
A5.1 Hypothesen zu Raum und Zeit	73
A5.2 Wirbel-Hierarchien mit eigener Raumzeit	74
A5.3 Parallelwelten	75
A5.4 Die innere Uhr	76
A5.5 Experimente und Phänomene	77
A5.5.1 Technische Drehfeld-Generatoren	77
A5.5.2 Skalarwellen	77
A5.5.3 Urzeitcode	79
A5.5.4 Kosyrev-Spiegel	79
A6 Wirbel-Entstehung von selbst und die Wirkung von Pyramiden	**81**
A6.1 Reflexion, Inversion, Pulsation	81
A6.2 Goldener Schnitt im Energie- und Ortsraum	81
A6.3 Begegnungen, aber kein Zusammenstoß	81
A6.4 Fraktale Skalen wachsen wie Kristalle	82
A6.5 Kein Wunder: Weg des geringsten Widerstandes	83
A6.6 Metalle leben und wachsen im Erz	84
A6.7 Fehlerfreie Abkühlung durch äußeren Häther-Unterdruck	86
A6.8 Erzwungene Ordnung durch äußeren Häther-Überdruck	86
A6.9 Einsatz von geometrischen Formen	87
A6.9.1 Radioaktivität	87
A6.9.2 Heilung der Radioaktivität	88
A6.9.3 Gabriele Schröters Ikosaeder-Behälter	89
A7 Rolle der Seele	**92**
A7.1 Unsichtbare Dunkelmächte	92
A7.2 Seele nach Varda Hasselmann	92
A7.3 Sterben und Wiedergeburt	93
A7.4 Wie kommt die Seele zum Körper?	96
A7.5 Meditation und Schlaf	97
A7.6 Begriff Liebe als Existenzenergie	99
A7.7 Wie läuft der Energieraub ab?	99
A7.8 Karma und Sünde	101
A7.9 Lumira sieht es, Alexa hört es, Anastasia tut es	102

A8 Strömender Hintergrund aus Substanzen verschiedener Stofflichkeit 104
A8.1 Gedanken sind stoffliche Gebilde 104
A8.2 Wissenschaftsglaube, Standortbestimmung 104
A8.3 Dynamischer Auftrieb braucht Strömungen 107
A8.4 Ein Räderwerk aus Wirbeln in Wirbeln 110
A8.5 Messvorschlag Kreisel-Sprung 112
A8.6 Drehträgheit wird anschaulich 114
A8.7 Was treibt das Räderwerk an? 115
A8.8 Koilon, das zitternde Unbewegbare 115
A8.9 Die Anomalien des Wassers 116

A9 Kann der Mensch die Schöpfung gefährden? 118
A9.1 TRIADA 118
A9.2 Produkte der Trennung 118
A9.3 Das Selbst 119
A9.4 Die sieben Stufen jeder Welt 120
A9.5 Kondensation 123
A9.6 Transmutation 123
A9.7 Elektrischer Strom 124
A9.8 Elementare Verwandtschaften 124
A9.9 Warum sich Gedanken manifestieren können 126

A10 Galaktische Einflüsse und große Zahlen 128
A10.1 Die Tierkreiszeichen der Astrologie 128
A10.2 Galaktische Jahreszeiten 129
A10.3 Die fünf Zeitalter 132
A10.4 Elementarresonanz 134
A10.5 Compton-Harmonie: Frithjof Müllers 2hn-Gleichung 136
A10.6 Herleitung der Elementarresonanz aus der Comptonstreuung 137
A10.7 Die raumgreifenden Netze der Compton-Harmonie 137
A10.8 Oktaven-Scaling: Unser Kopf und Herz in der Mitte 139
A10.9 Global-Scaling 141

A11 Subwirbel – Zwillinge 142
A11.1 Viele Skalengrößen in gegenseitiger Verschachtelung 142
A11.2 Dynamisch erzeugte Masse und 8 Bedingungen 142
A11.3 Beispiel Zelle und Organ 145
A11.4 Individualität durch Nichtmitschwingung 146
A11.4.1 Beispiel Sonnenblume, Kiefernzapfen, Zirbeldrüse usw. 146
A11.4.2 Beispiel Brokkoli, alle Bäume 147
A11.4.3 Beispiel humanoide Lebensform 147
A11.5 Netze: Schwebungen aus Frequenzdifferenzen 147
A11.6 Hierarchien nicht abtrennbar 148

A12 Gene als Abbild der Aura 149
A12.1 Quantisierte Herzen überall 149
A12.2 Chakren im Kreuz der Strömungen 151
A12.3 Das Höhere Selbst aus Strukturen mehrerer Hierarchien 152
A12.4 Vorher, Nachher oder immer ganz neu? 153
A12.5 Was sind Naturgeister? 154
A12.6 Felder, Aura, Bewusstes Sein 155
A12.7 Aura, Aufstieg und die Genetisch verformte Seele 156
A12.8 Resümee und Aufruf 157

A13 Fraktale - Nichtlineare Rückkopplungen 161
A13.1 Historisches zu Mathematischen Fraktalen 161
A13.2 Mandelbrotmenge erzeugen 163
A13.3 Bildraster-Beispiel 165
A13.4 Zusammenhang mit Chaos und Biologie 167
A13.5 Spiegelungen eingeführt 169
A13.6 Zwillingsverfahren 172
A13.7 Filme in die Werkstatt Gottes 172
A13.8 Ein- und Ausblick in reale unendliche Welten 176
A13.9 Hat es Sinn, den Menschen zu berechnen? 178

A14 Anhang 186
A14.1 Programmcodes und Links zu weiteren Programmen 186
A14.2 Kommentiertes 188
A14.3 Fragen und Antworten 189
A14.4 Einige Stichworte 196
A14.5 Zusammenfassung in Stichpunkten 199

Quellenverzeichnis 201

A0 Einleitung und Zusammenfassung

A0.1 Analogien, das genügt und mehr geht nicht

Das vorliegende Buch ist eine Sammlung aus Einzeltexten, in denen es um den Aufbau unserer Welt geht, um den multidimensionalen Aufbau, gedacht als plausible Arbeitshypothesen für die Zauberlehrlinge der Neuen Zeit. Die Texte sind in sich abgeschlossen, aber es gibt auch Querverweise zu ausführlicheren Darstellungen an anderer Stelle. Häufige Wiederholungen der Grundlagen wurden trotzdem wegen der Abgeschlossenheit der Themen benötigt und könnten ungeduldige Leser herausfordern. Deshalb empfehle ich, zwischen den Kapiteln mindestens einige Tage Pause einzulegen. Ohne die Wiederholungen ist andererseits das Verständnis erschwert, weil es um eine völlig ungewohnte Sicht auf unser Wissen von der Welt geht. Die nummerierte Reihenfolge der Texte muss nicht eingehalten werden.

Ich habe nicht die Absicht, hiermit unwiderlegbare Beweise für meine Hypothesen vorzulegen, das kann niemand von hier, aus 3D, der geistig-beschränktesten Dimension. Es geht in diesem Buch um viel mehr als um Beweise. Es geht um überliefertes Wissen hochstehender Wesen, die hinter all die sichtverdeckenden Vorhänge blicken konnten, und es geht um all die sichtbaren Hinweise, die es zumindest plausibel machen, guter Wille des Lesers vorausgesetzt.
Es geht um die vielen Stoffe und Teilchen, aus denen unser Körper wirklich besteht, aus denen unsere Emotionen und die Gedanken bestehen, aus denen vielleicht unser sichtbares Licht besteht und vieles andere mehr, das wir noch nicht sehen, nicht einmal ahnen können. Das wir aber sind, zusammen mit der ganzen Welt. Es geht letztendlich um das Wichtigste, um die Frage, was Leben und Bewusstsein sind.

Es gibt Wissenschaftler, die seit Jahrzehnten erfolgreich das Paranormale untersuchen und schon den statistischen Nachweis erbrachten, dass es existiert. Wenn sie aber Begriffe aus der Quantenphysik benutzen, wie Observable, Komplementarität, Verschränkung, nichtlokal oder nichtkausal, und dann das mysteriöse NT-Axiom entdecken, bringt ihnen das in gewissen Kreisen durchaus einen seriösen Anstrich, ein Fortschritt ist es aber nicht. Diese Worte suggerieren, dass es bewusstseinsfreie Übertragungsstrecken für Signale gibt, die aber nur etwas übertragen, wenn man es nicht erwartet und dann eher wieder nicht, je mehr schon übertragen wurde. Man erschafft sich damit den Glauben an das Wirken einer Synchronizitäts-Unschärfe. Das halte ich für einen besonders destruktiven Glauben, denn er schließt das Wirken des bewussten Lebendigen nicht ein. Das Bewusst-Lebendige sitzt auch auf der „Strecke" und im „Signal". Es kann jederzeit überall seine Späße treiben. Die Quantenphysik räumt dem Bewusstsein eine Wirkung ein, aber verortet Bewusstsein nur im Menschen und nicht in Bestandteilen des Messvorganges. Die unlösbare Verbundenheit kann so nicht erklärt werden.

Den bewusstseinsmäßigen Zugang zur Geistigen Welt zu bekommen, ohne mysteriöse Unschärfe, IST aber MÖGLICH.

Die Orts-Impuls-Unschärfe der Quantenphysik ist ja auch nur Folge des unanschaulichen Quantenbegriffes, ohne Beachtung der verschachtelten Wirbelbewegung, die im Moment des Messens zerstört wird. Das Plancksche Wirkungsquantum weist nur auf die Größe und Energie des zerstörten Wirbels hin. Hätte man Untersuchungsmethoden, die den Wirbel intakt lassen, würde man ihn noch viel genauer beschreiben können (siehe A3.1, Zeichnung in Abb. A3.1).

Hat man denn nie Menschen getestet, die das alles 1:1 vorführen können? Sie können es immer wieder, ohne Fehlschlag, ohne Unschärfe, solange sie Lust dazu haben.
Mir ist so einer begegnet, im Jahr 1992. Er hat es mir und den Patienten fast täglich vorgeführt: Telepathie (Empfangen und Senden), Telekinese (das Zerbrechen eines Streichholzes in 3 Meter Entfernung), Aurasehen usw. . In seiner Anwesenheit konnte ich selbst die Aura anderer Menschen erkennen. So verlor ich den Glauben an alles, was mir bis dato lieb und teuer war: Fachwissen, Verstand, Logik, auf nichts war mehr Verlass. Ich bin mit dem DDR-Materialismus aufgewachsen, nahm eine naturwissenschaftliche Laufbahn (ab 1974 Studium Physik an der Technischen Universität Dresden), mit allen den Hirnwäschen und Verirrungen, die üblich waren und noch sind. 1979 schloss ich das Studium an der Humboldt-Universität Berlin ab, mit einer Diplomarbeit in Halbleiter-Theorie. Dann kamen zwei Jahre Warschau mit Astrophysik, danach Kybernetik und internationale Kosmosforschung in der Akademie der Wissenschaften der DDR in Ostberlin und Moskau, dann Systemtheorie, bis zur Wende. Unsere Forschungsstellen wurden von der BRD gestrichen, doch ich wollte nicht in die Industrie, lernte um und wurde Heilpraktikerin. Dann die gemeinsame Praxis mit dem georgischen Arzt und Heiler D. Jaschwili, ein Buchthema für sich. Alle meine Psi-Beobachtungen mit ihm versuchte ich mir von Anfang an mit Physik und Mathematik

zu erklären, ohne den Ehrgeiz, selber die überfällige Reformation der Physik zu versuchen, dafür fehlte mir Zeit, Lust und vor allem Lohn. Den Unterhalt kann ich mir bis heute durch IT-Programmierung verdienen, denn zur Therapeutin auf Dauer fehlte mir die Eignung.

In diesem Buch ist der letzte Stand meiner Freizeit-Forschung niedergelegt. (Anmerkung in 2024: Inzwischen gibt es Buch2 der Serie ALLES LEBT /md/). Hier versuche ich möglichst logisch zu begründen, wie die Hologramme der Wirklichkeit tatsächlich verschachtelt sein könnten. Wie ein Kriminalist, mit allen Indizien, die zu finden sind, stelle ich meine Hypothesen auf, die ein wissenschaftlich geschulter kritischer Zeitgenosse ernst nehmen kann, der neugierig genug dafür ist. Hier fließt überliefertes spirituelles Wissen (/lo/,/jo/) mit aktuellen ASW-Sichtungen (/bl/,/jg/,/lu/) und den Rätseln der Bewusstseinsforschung (/ro/) zusammen, von mir als Physikerin interpretiert mit möglichst einfachster Grundlagenphysik, der Hydro- und Elektrodynamik. Unsere Physik kann zwar nur den Schatten der Wirklichkeit erfassen, und oft genug interpretiert sie es falsch, aber das, was man nehmen kann, reicht hier für Analogieschlüsse, die auch gültig sind für andere Ebenen des Seins, für die Stoffe hinter dem Stoff. Ich bin sicher, die Alchemie wäre eine weitere nützliche Inspirationsquelle gewesen, aber ich fand den geeigneten Zugang noch nicht, das wäre womöglich eine Lebensaufgabe für sich.

Im hervorragenden Film „Thrive" /gt/ kann ich mein Weltbild der letzten 20 Jahre wiederfinden, mit dem wichtigen kleinen Unterschied, dass dort (wahrscheinlich durch Nassim Haramein) von kreissymmetrischen Torusstrukturen in Wirbelhierarchien ausgegangen wird, die leider weder pump- noch lebensfähig sind. Ein „atmender Schwenkeffekt" muss in der Realität immer vorhanden sein, und das fehlt noch in den ansonsten sehr schönen Animationen. Auch Drunvalos vollsymmetrische „Blume des Lebens" führt das Lebendige in die Erstarrung statt in die Freiheit, auch alle übrigen symmetrischen Körper tun das, von der Draufsicht allein mal abgesehen, solange das Oberteil größer ist.

Die Bezeichnung „Systemtheoretischer Zugang" trifft meine Arbeitsweise am besten, nicht nur philosophisch-vergleichend, sondern auch biologisch und mathematisch untermauert, soweit das heute schon geht. Die Ergebnisse vieler Längen- und Volumenmessungen an Pflanzen und Früchten fließen mit ein, um die wirkende Kohlenstoff-Resonanz zu belegen, die auf der Entdeckung (1982) meines Mannes Michael Frithjof Müller beruht, kurz beschrieben in /me/. Ohne unsere Begegnung im Jahr 1996 und die vielen Fachgespräche würde es das Buch in dieser Form nicht geben, auch meine Artikelserie /ms/, /mw/ in raum&zeit aus 2004 und 2007 nicht. Sein anderer Blickwinkel, unverbildet und offen, weil autodidaktisch geschult, mit großem praktischem Wissen über Technik und Elektronik, das mir fehlt, hat mich immer wieder zum Staunen über meine Physiker-Blindheit gebracht.

Besonders dankbar bin ich auch dem inzwischen verstorbenen Mathematiker und Systemtheoretiker Prof. Manfred Peschel, mein letzter Chef vor Abwicklung seiner Systemtheorie-Abteilung in Folge der Wende um 1990. Bei ihm durfte ich nach Herzenslust und voller Bezahlung Fraktale rechnen, was vorher nur heimlich nebenbei und zuhause möglich war. Wir entwickelten unabhängig voneinander das Zwillingsverfahren (siehe A13), als ich 1989 im Babyjahr war und zuhause am AMIGA500 (Commodore) weitermachte. Das Programm lief schon eine Nacht, als er mich morgens anrief und genau dieses neue Verfahren vorschlug. Damals kam mir erstmalig der Verdacht, dass alle Ideen vielleicht „von außen" zu uns kommen.
Des Weiteren war die Arbeit des Erfinders Felix Würth /wg/ für mich ein Meilenstein, um das Energie-Pumpen des Torkado zu verstehen. Bei ihm ging es um schwere rotierende Massen im Gravitationsfeld, obwohl er selber es etwas anders erklärt. Weiterhin waren es die Erfinder Wilhelm Mohorn (Aquapol) und Andreas Klingner (Cobra), durch deren Passiv-Geräte zur Wandentfeuchtung mir die terrestrischen Hätherflüsse bewusster wurden. In dieser Zeit gab es auch viele produktive Fachdiskussionen mit Harald Kautz-Vella als Experte für Freie-Energie-Technik, für die ich ihm sehr dankbar bin. Ebenso danke ich Markus Rauch für die Starthilfe beim Resonanz- und dem Fraktalfilm-Programm und die jahrelange Mit-Betreuung des Forums Zauberspiegel, was dankenswerterweise inzwischen (noch länger, mit viel Geduld) der Grazer Physiker Helmut Eisenkölbl übernommen hat. Ich hoffe, das Forum wird doch noch mal reanimiert. Und in letzter Zeit haben mich vor allem die Gespräche mit Bernhard Wimmer /ws/ inspiriert und beflügelt.. Er ist ein begnadeter Künstler und Denker, wobei er derzeit natur-resonante Kupfer- Sri Yantra entwirft und erstellt. Ich danke ihm sehr für seine Besuchswilligkeit auf meiner ziemlich einsamen Denk-Insel. (Anmerkung 2024: in Youtube bei v=pHLvgikJetU kann man ihn sehen, wie er 2023 in unserem Verein darüber etwas vorträgt, das ist Teil 3 von 3).

Niemand wird jemals mit Denken das Denken erklären, oder mit Fühlen das Fühlen. Die meisten Wissenschaftler wissen nicht ein-

mal, dass Gefühle aus einem Stoff sind und Gedanken aus einem anderen, beide nur viel weniger dicht als der Stoff unserer Körper, unserer Hirnzellen. Sie nutzen verschwommene Begriffe wie Schwingungen und Energien und Elektromagnetismus, und das reicht eben nicht, um den großen Bogen zu sehen, der alles verbindet, der alles erklärt. Das Dahinterliegende, in Hierarchien darüber und darunter, ist nicht zu vernachlässigen.
Es geht hier tatsächlich um den in dynamischen Netzen rückgekoppelten AUFBAU DER GANZEN WELT.

A0.2 Versuch einer Zusammenfassung

Wir sind eingebunden in Hierarchien, wo eine die andere bedingt, von innen nach außen und von außen nach innen. Das Große schützt und gebiert das Kleine, während das Kleine die neue Quelle für ordnendes Wachstum erschafft, die das Große so dringend braucht. Denken wir an einen Baum. Ohne seine Blätter kann er nicht wachsen, und sie können nicht sein ohne ihn. Wir haben die Bäume in unseren Organen, in unserer Landschaft, im Verlauf der Flüsse, Gewitter-Blitze und vielem mehr.
Aber WAS sind sie? WAS erkannten wir nie?

SIE SIND WIRBEL.
Von Abzweig zu Abzweig ein fast geschlossenes, räumlich schwingendes System, holografisch verschachtelt.
Zu sehen sind nur die Wirbelkerne, wie auch beim Tornado-Schlauch des Wettergeschehens. Den äußeren Teil des Wirbels nennt man Biofeld. Bio ist richtig, denn jeder Wirbel lebt, alles lebt. Doch das Wort Feld vernebelt den Blick, verdeckt das Wissen, dass es eine schnell kreisende Wirbelhülle ist.
Jeder Zweig ist selber der Sub-Wirbel seines Astes und unter sich hat er seine Zweiglein im Gefolge, die jüngeren Subwirbel, und diese wieder welche, vielleicht das Blatt? Im Blatt wieder Adern als Äste, und immer wieder ein neuer Baum, immer weiter hinunter, in die Zelle, in die Moleküle, Stufe für Stufe, Welt für Welt.

Jeweils drei Nachbar-Skalen jeder Wirbel-Hierarchie (z.B. Zweige-Hierarchie) heißen Körper, Seele und Geist, wobei Körper der Jüngste, der Unvollständigste ist, der am meisten zu kämpfen, zu wachsen und zu ordnen hat. Und Geist ist der höchste der drei, aber hinter ihm hört es nicht auf. Auch er hat Eltern, einen noch größeren Ast, einen Stamm, einen Wald?

In jedem Wirbel steckt eine einfache mathematische Ordnung: Der Goldene Schnitt, der aus Pulsieren (1/x) und Absorbieren (+1 als normierte Größe) entsteht. Er ist die Pause in der Musik, der Rhythmusgeber, der irrationalste Schwingungs-Trenner, der Garant für das Überleben des Individuellen, weil er bereits durch die Position im Übersystem den ungestörten Fokus schafft. Wo der Goldene Schnitt fehlt, schwingt und denkt die Gruppe als Ganzes, die Verbindungen sind enger, ohne Platz für Individuelles, aber auch ohne das Egoisten-Dilemma.

Die Hierarchien, die Offenheit der Systeme und ihre notwendige Asymmetrie und erzwungene Ausrichtung machen es den Mathematikern und Technikern schwer, weiter in gewohnter Art zu wirken und keinen Schaden zu setzen. Die Rückkopplungen sind nichtlinear, jedes Vereinfachen war und ist ein folgenschwerer Fehler. Absolute Vorhersehbarkeit ist nicht möglich. Wenn wenigstens mehr Vorsicht walten würde, statt gedankenloses Austesten der Machbarkeitsgrenzen auf Kosten der Lebensqualität vieler anderer Wesen!

Doch es müsste nichts Technisches mehr gebaut, nichts Kompliziertes gesteuert werden. Lassen wir es wachsen, dann regelt es sich von selbst. Kehren wir um, zurück zur ewigen Kraft und Weisheit der Natur! Was Technik kann, könnten wir selber viel besser, unter vollem Zugriff auf das vorhandene Wissen in der Welt der Intuition (siehe A3.6.4). Wir haben das Zugreifen nur vergessen.

A1 Torkado

A1.1 Mystic-Quiz

Sie wollen einen Wirbelsturm einfangen? Dann holen Sie doch einfach per Mega-Hubschrauber ein riesengroßes „Einmachglas" und stülpen es über den Staubteufel samt Wolkenstück, in dem er verschwindet! Das stellen Sie dann einfach im Stadtpark ab und machen eine Tornado-Ausstellung daraus. Er könnte darin herumwirbeln wie ein wildes Tier im Käfig!
Mystik-Frage 1: Richtig oder falsch?
Ersatzfrage: Wie lange tut er das?

Sie nehmen ein Wasserstoffatom, saugen das Elektron ab, und der Rest ist ein Proton, das Sie im Teilchenbeschleuniger verwenden können. Ähnlich Heliumkerne, die neben zwei Protonen auch noch zwei neutrale Neutronen liefern. Protonen und Neutronen sind Teilchen, die lange leben, die sich quasi im „Einmachglas" anschauen lassen.
Mystik-Frage 2: Richtig oder falsch?
Ersatzfrage: Wie lange anzuschauen?

Stellen Sie sich vor, eine technisch hochentwickelte Raumfahrtspezies sammelt Sonnen. Sie bindet eine Sonne an ihren Traktorstrahl und nimmt sie mit, für ihr Sonnen-Museum, zuhause in GalaxisXYZ. Die Planeten dieser Sonne bleiben allein zurück, in ewiger Dunkelheit.
Mystik-Frage 3: Richtig oder falsch?
Ersatzfrage: Wie lange leuchtet die Sonne?

Ebene Wellen sind Schwingungen in ausgedehnten Medien. Genau wie ein Pendel am Faden hin und her schwingt, schwingt z.B. die Wasseroberfläche im windbewegten Meer auf und ab, wobei die einzelnen Flüssigkeits-Teilchen jeweils einen Kreis in der senkrecht stehenden Ebene vollführen. Der Wind hatte sie angesaugt und die Kreisbewegung in Gang gesetzt, auf jedem Wellenberg wird der Sog wie am Tragflügel verstärkt. Diese Kreisbewegung ist eine Transversalwelle, weil senkrecht zur Wellenausbreitung. Kann man eine solche Welle im „Einmachglas" konservieren und etwa mit Zugabe von Farbe die Kreisbewegung sichtbar machen?
Mystik-Frage 4: Richtig oder falsch?
Ersatzfrage: Wie lange hält sich die ebene Welle?

Licht als Welle schwingt auch transversal. Kann man eine solche Welle im „Einmachglas" konservieren, das vielleicht von innen halbdurchlässig verspiegelt ist und so ein gewisser Prozentsatz „eingesperrt" bleibt?
Mystik-Frage 5: Richtig oder falsch?
Ersatzfrage: Wie lange leuchtet das Licht?

Schallwellen sind reine Longitudinalwellen. Das schwingende Medium schwingt in Ausbreitungsrichtung hin und her. Im Vakuum können sie sich nicht ausbreiten. Kann man eine solche Longitudinalwelle im „Einmachglas" konservieren und etwa mit Zugabe von farbigem Gas das Vor- und Rückwärtsschwingen sichtbar machen?
Mystik-Frage 6: Richtig oder falsch?
Ersatzfrage: Wie lange sieht man den Ton?

Welcher dieser Vorgänge kann lange allein existieren? Zum Beispiel so lange, wie ein Proton allein existiert?
Protonen p und Neutronen n sind laut Physik die Teilchen des Atomkernes. Man kann im Teilchenbeschleuniger größere Atomkerne zertrümmern. Dabei können einzelne Kernteilchen p und n übrig bleiben, falls sie aufgrund der Wucht des Stoßes nicht auch noch zerfallen. Wenn das passiert, dann findet man andere Elementarteilchen („Teilchenzoo"), die offenbar real oder potentiell in den Protonen oder Neutronen gesteckt hatten, aber allein nur eine kurze Lebensdauer haben, weil sie nur aufgrund der zusätzlichen Stoß-Energie gebildet wurden. Warum ist das so? Die Antwort wird auch alle Quiz-Fragen beantworten (bei A1.9). Doch erst ein paar Erklärungen.

A1.2 Pilzförmige Strömung, Ladung, Masse und Proton

Der sichtbare Teil des Wirbelsturmes ist nur der Kernschlauch des Wirbels. In großer Höhe lenkt die Strömung zur Seite um und die gleichen Luftteilchen, die den Kernschlauch fast senkrecht nach oben passiert haben, müssen viel weiter außen spiralig herunterströmen, um schließlich zurück zum Fuß des Kern-Wirbelschlauches zu gelangen. Das Gesamtgebilde ist ein geschlossener Torus, allerdings kein symmetrischer. Das Oberteil muss größer sein, um einen Sog-Überschuss zu sichern, im folgenden pilzförmig genannt. Schon eine Abplattung (bei Planet Erde am geografischen Südpol = magnetischer Nordpol) wirkt wie ein Pilzhut, weil es dann unten schmaler ist, für den ansaugenden Düsen-Effekt, der im Kernzentrum beginnt.
Die außen herabströmenden Luftmassen sieht man nicht, weil sie durch den größeren Abstand vom Zentrum auch einen größeren

Weg haben und weniger dicht angeordnet sind. Auf ihrem spiraligen Weg nach unten sind sie zusätzlich im Freien Fall, das ist Energieaufnahme, mit der Gravitation als Quelle. Trotzdem müssen sie in Bodennähe die Sogrichtung zum Zentrum vorfinden, sonst löst sich der ganze Wirbelsturm auf. Deshalb ist der Stiel des Pilzes, die Saugöffnung, als positiv geladen zu bezeichnen: Plus ist einströmend, saugend. Saugend wie Masse. Sog und Masse sind identisch.

Masse ist die Nichtanwesenheit von strömendem Stoff.

Der Sog ist das Ziel jeder Strömung. Im Wirbel wird das Ziel immer nur tangiert, denn die Strömung ist auch die Quelle des Soges, der nur senkrecht zu ihren Strömungsschichten entstehen kann.

Der Pilzhut hingegen ist der größere, der ausströmende Pol, er führt zur Hülle des Wirbels, der Aura des Kernes: Hier herrscht das Gegenteil von Sog. Die negative Ladung steht stellvertretend für die in Schichten bewegte Strömung selbst. Je schneller die Strömung, desto negativer die Ladung. Auch im Kernschlauch befindet sich negative Ladung, denn dort ist dieselbe Strömung unterwegs wie in der Hülle.

Entsprechend ist positive elektrische Ladung als Mangel an Strömung zu verstehen, also auch eine sich-öffnende Strömung hat die Tendenz, weniger negativ zu sein, während eine konvergente Strömung immer negativer wird, aber auch ihr Umfeld mehr saugend, also schwerer. Die Wirbel-Drehrichtung auch als Ladung Plus und Minus zu bezeichnen, war vor 100 Jahren üblich und hat die gleiche Berechtigung, weil sie die Bewegungsrichtung des pilzförmigen Torkado bestimmt. Die mit Gegendrehung erzeugte Masse ist aber auch Sog und der mit Plusdrehung erzeugte Sog hat damit die meiste Plus-Ladung von allen. Wir brauchen also viel mehr verschiedene Ladungsbezeichnungen als nur Plus und Minus (siehe A1.3).

Wirbel bauen in sich Gegensätze auf. Genau das hat schon Viktor Schauberger im Gebirgsbach demonstriert, indem er Messungen mit dem Thermometer vorführte. Im Wirbelkern, hinter einem Stein, war es einige Grad kälter. So kam er auch zur Aussage, dass die Sonne kalt sein müsse, denn auch sie ist nur ein Wirbelkern. Die fühl- und messbare Wärme der Sonne und sogar das Licht entsteht erst beim zerstörenden Crash ihrer Teilchenwirbel mit anderen Materiewirbeln in der Luft und am Boden.

Das Proton gibt es nicht allein. Es entsteht erst durch die Sog-Erzeugung der absteigend-wirbelnden Hüllenströmung. In radialer Richtung, also senkrecht zur schnellsten Strömung, entsteht immer ein solcher Sog, eine vielmals bewiesene Beobachtung (Hydrodynamik, Elektrodynamik). Die Sogmenge, die sich dabei im Ring des Torus-Volumens pro Umlauf aufbaut, entspricht jeweils einer Protonenmasse (Hüllenwindungs-Produkt). Selten passt das Wort Proton wirklich, bestenfalls im Plasma.

A1.3 Positronen und mindestens 10 Ladungsarten

Uratome treten paarweise auf (siehe A3). Sie ähneln sich wie Spiegelbilder, die Drehrichtung von Positronen ist aber entgegengesetzt der Drehrichtung von Elektronen. Was ich in Abschnitt A1.2 schrieb, bezog sich auf nur eine Sorte, und zwar der, die dreht wie die Erde, alle Planeten usw., in Globaldrehrichtung. Die Drehrichtung eines kleinen Wirbels veranlasst ihn, seinem Überwirbel in der gleichen Drehrichtung zu folgen, sein Gegenwirbel-Partner muss aber gegen den Strom fließen und neigt deshalb zur Auflösung. Sind die Positronen als Subwirbel aber in der Überzahl, wird auch der gemeinsame Überwirbel sich anders herum drehen, und eine Art Anti-Struktur bilden, die auch in ihrer Ebene/Stufe gegen den Strom (der Globaldrehrichtung) schwimmt und leider zum Auseinanderfließen neigt. Aber innerhalb dieses Überwirbels ist ansonsten alles gleich, wie in A1.2 beschrieben. Letztendlich kommen wegen ihrer Instabilität die Anti-Strukturen weniger einzeln vor.

Der Begriff Ladung müsste ca. zehnpolig definiert werden:

A) globaldrehende Hülle, Flusslinien öffend (immer weniger Minus)
B) globaldrehende Hülle, Flusslinien schließend (immer mehr Minus)
C) globaldrehende Kernströmung schließend (Plus wachsend, fast neutral)
D) Kern Mitte = Plus (reiner Sog, Strömung sehr kompakt)
E) globaldrehende Kernströmung, öffnend (Plus fallend, fast neutral)

Das Gleiche noch einmal für die antiglobaldrehende Hülle, das ergibt schon 10 Ladungssorten.
In Anbetracht der Formenvielfalt von nichtneutralen Uratom-Molekülen auf allen 7 Stufen einer Daseinsebene (siehe A3), ist eine noch **viel größere Ladungsvielfalt** zu erwarten. Das sind komplizierte Qualitäten, die sich auch in den Energiewirbeln von Psyche und Gesellschaft zeigen, wo es uns besser einleuchtet. Diese Größen sind nicht addierbar, und damit ist auch der Energiebegriff ohne ausführli-

che Qualitätsbezeichnung besser zu unterlassen. **Energie als Summengröße hat keinen Sinn.** Sogar auf dem Stromzähler müsste eigentlich eine Qualitätsbewertung stattfinden. Kommen aggressiv- und krankmachende Oberwellen und Phasenverschiebungen im Haus-Netz an, müsste es Schmerzensgeld geben, und wenn man sie mit fehlerhaften Geräten hineindrückt, müsste sich der Preis erhöhen.

A1.4 Plasma

Positiv geladene Teilchen können nur bedingt eine eigene Strömung bilden, weil sie nicht allein existieren, und immer eine negative Abschirmhülle tragen. Alle strömenden Medien bestehen vom Nahen aus Teilchen, die auch Wirbel sind (Kern+Hülle), und die man zusammen als neutral bezeichnen müsste. Sind Strömungen zusätzlich geladen (Plasma), sind das verzerrte Wirbel (Ionen), mit Kern und Hülle in Bewegungsrichtung als Dipol angeordnet, oder ganz dissoziiert (/md/, Abb. B2.7.b)

Das Wettergeschehen „Tief" und „Hoch" ist auch so zu verstehen, da nie ein Tief von einem geschlossenen Torus aus Hochs umgeben ist. Der Höhenwind weht die Hochdruckluft voran, während sich das Tiefdruckgebiet am Boden eher an warmen Stellen festsaugt.
Haben wir einen Fluss von Dipolen vor uns, mit dem kleinen Pluspol voran, kann es den Anschein haben, es sei eine positive Teilchenströmung. Die negativere Gegenladung auf der Rückseite sollte aber in die Bilanz mit einbezogen werden.

Die verzerrten Ionen-Wirbel im Wettergeschehen bekommen übrigens auch noch je einen Drehrichtungswechsel zwischen Hülle und Kern, und bestehen schon aus zwei Wirbel- Hierarchien (siehe unten A1.6 Mäander).

A1.5 Neutronen und Isotope

Im Kernbereich bildet sich noch einmal der gleiche Sog, weil die Strömung der Hülle auch im Kern unterwegs ist, nur diesmal zentral-aufsteigend, sehr schnell (weil die Tangentialgeschwindigkeit in die Senkrechte gelenkt wurde), mit inzwischen hoher Eigendrehung (die nun den Bahndrehimpuls mit beinhaltet, bekannt vom Pirouetteneffekt).
Im Wasserstoffatom fehlt die innere Umdrehung, die Strömung schießt nahezu senkrecht nach oben. Hat es deshalb kein Neutron?

Die positive Anu-Neunergruppe des Plasma-Zustandes kann als Positron oder als Proton interpretiert werden. Falls sie nicht selbst das Proton ist (wegen Globaldrehung), ergibt sich die Protonenmasse erst im Torus-Sog des Gas-Moleküls, gepumpt durch den Umlauf der beiden Plasma-Teilchen aus je 9 Anu.

Hat bei größeren Elementen die Kernströmung mehr oder weniger Windungen als die Hüllenströmung, liegt eine abweichende Neutronenzahl vor, im Vergleich zur Protonenzahl. Auch Neutronen sind Sog-Produkte der Strömung, nur konzentriert auf das Achsengebiet, und nach außen erscheint der Strömungsabschnitt als ladungskompensiert, weil die Kernströmung weniger öffnenden und schließenden Verlauf hat. Die „Neutronen" können zwar per Crash herausgelöst werden, weil die Kernströmung durch die starke Eigenrotation kinetische Reserven hat, aber es bildet sich sofort daraus ein vollständiger neuer Wirbel, mit Hülle und ihrer normalen Sog-Menge (1 Kernmasse pro Umlauf). Vom Elektron als Teilchen möchte ich hier nicht sprechen, denn entscheidender sind eventuell die Strömungs-Umläufe.

Im Planetensystem sind auch die Planeten nur eine Schaum-Spitze auf der Wellenkamm, sie surfen zwischen Einwärts- und Auswärtsströmung hin und her, sonst kämen sie alle der Sonne zu nah. Um das Surfen zu sichern, muss der Sonnensystemwirbel diskusförmig-flach sein. Wäre er das nicht, hätte er einfach keine Planeten. Die Sonne gäbe es trotzdem, sie ist Produkt der Strömung, die sich ihr in 10 Umläufen nähert, bei ihr wendet (Kern-Umlaufzahl 10?), und dann wieder nach außen fließt. Das Uratom hat auch 10 Spiralen (siehe A3). Wasser H2O hat auch die Kernladungszahlsumme 10.

Alle Wirbel der T-Form (Pilzform, Eiform), die durch stabile Ausrichtung in einer geordneten Strömung eine lange Lebenszeit besitzen, bezeichne ich als *Torkado*, abgeleitet vom bekannten Tornado. Torkados können in jeder Dichtigkeit, Skalengröße und aus jeglichem Material bestehen. Entscheidend sind Pumpfähigkeit und Ausrichtung. Sie strömen außen MIT der Umgebungsströmung (langsam) und innen entgegen (schnell).

A1.6 Mäander

Der Torus kann auch als Band auseinander gezogen sein, wenn es eine zusätzliche Vorwätsbewegung gibt, wie beim Fluss oder Bach mit Mäandern. In den Kurven gibt es außen die erzwungene Aufwärtsbewegung des Wassers am Steilufer (Kernphase 1), wobei sich anschließend die Strömung an der Oberfläche zur Mitte des Flusses hin bewegt und dann abtaucht. Hier findet ein Freier Fall statt, hier entsteht Beschleunigung der Strömung durch Gravitation (Hüllenphase 1), zusätzlich zum Fluss-Gefälle. Begradigt man einen Fluss, muss er langsamer und unlebendiger werden. An diesen ersten Spiralkreis schließt sich eine Kette von kleiner werdenden Spiralen an, deren Achse in Flussrichtung zeigt. Da die nächste Kurve die entgegengesetzte Drehrichtung haben muss, und der Vortex-Drehimpuls sich nur wandeln, aber nicht verschwinden kann, wird der Sog der kommenden Kurve die vorhandenen Quer-Wirbel leicht stören und verkleinern, bis sie zur Wasserhöhe passen und als Kugelwirbel (Soliton) den Boden berühren. Dort machen sie eine 180-Grad-Drehung, oder auch mehrere in ungerader Anzahl. Beim Kunstflug würde man sagen: Eine halbe Rolle vollführen. Und aus dem Rückenflug heraus, aber in passender Drehrichtung, können sie dann in die nächste Steilkurve gehen und in der darauf folgenden Furt wieder die nächste halbe Rolle vollführen.

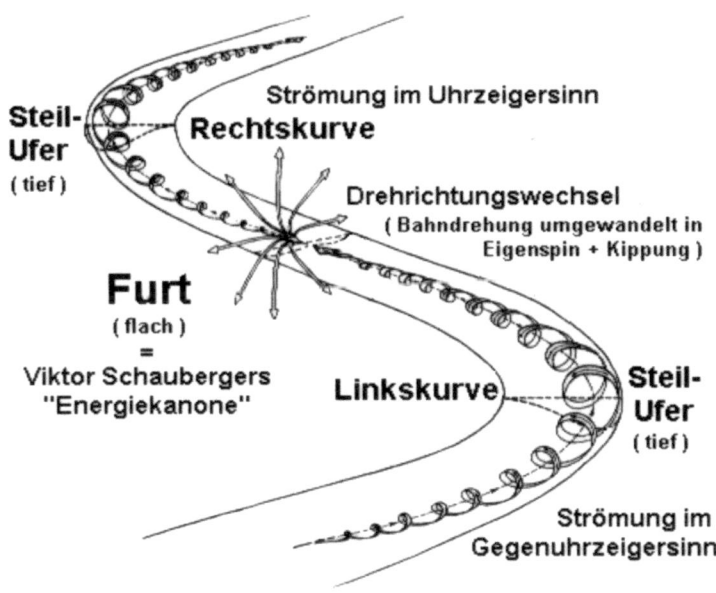

Abb. A1.1: Die Zeichnung nach /cn/ Viktor Schaubergers geniale Entdeckungen

Das flache Gebiet zwischen zwei Steilkurven, genannt Furt (weil man mit dem Wagen durchfuhr), bildet sich von selbst, weil dort einerseits lebenspendender Wasserwirbel-Nebel in die Luft gesprüht wird, was andererseits den Boden aufwirbelt und Sand und Steine herbeisaugt und ablagert, was wieder die Wasserhöhe verflacht. Je flacher in der Furt das Wasser, desto sauberer, turbulenz-ärmer geht die Richtungswechsel-Rolle zwischen den Flusskurven vonstatten. Die Furt fungiert als Düse. Sie entspricht einer weiteren Kernphase (einer 2. Hierarchie), diesmal sichtbarer mit Einwirbelung, Drehrichtungswechsel und Auswirbelung, immer mit Sogbildung. Der große Kreis in der Steilkurve ist davon quasi ein wasserstoffartiger Subwirbel zur Haupt-Ernährung.

Der gesamte Fluss ist wie ein separates Lebewesen, genau wie z.B. eine Nervenzelle, die ihm ähnelt. Die Quellen und erneuten Zuflüsse entsprechen den Dendriten, die zusammengeführten Teile des Hauptfluss dem Axon, und erst in Meeresnähe (dem Ziel-Organ) erscheint als Flussdelta der Entspannungs-Nordpol. Dort ist das Kronenchakra des Flusses und alle Furten gehören zu zyklischen Kern-Verengungen, nicht nur zeitlich wiederholt, sondern auch räumlich. Der Fluss hat in den Mäander-Kurven einen zusätzlich transversalen Wasserverlauf als Subwirbel, mit eigenem Nordpol an der Wasseroberfläche und Südpol am Fuße des Steilufers, während die Furten zur Pulsation der mehr longitudinalen Wirbelkette gehören, aber jedes Mal den benötigten Richtungswechsel für die Mäander-Struktur erledigen.

A1.7 Mechanischer Polsprung nach dem Magnetischen

Der Richtungswechsel-Zwang ist eine Art unvermeidbarer Polsprung. Auch hier beim Planeten muss dem Magnetfeldsprung ein Drehrichtungswechsel folgen, da sonst der öffnende Pol nicht mehr größer ist (die Abplattung (Pilzhut) befindet sich nunmal am geometrischen Südpol der Erde), sofern nicht die ganze Erdkugel durch Tektonik extrem ihre Form verändert. Für Planeten und Sonnen im nicht-festen Zustand ist die notwendige Formanpassung (ohne mechanischem Polsprung) kein Problem. Ein fester Planet aber wird für den Drehrichtungswechsel seine Drehung nicht anhalten, aber über einige Tage stark taumeln, und quasi „seitlich über die Schulter" rollen, um in „Rückenlage" hängen zu bleiben, während das Magnetfeld im Planeten wieder einrastet wie es war, trotz umgekehrtem Himmel, denn es kommt ja von außen, als Subwirbel des Sonnensystemwirbels (ein Schwingkreis, also auch langfristig mit regelmäßigen Feldumkehrungen, siehe /mw/, Teil2). Auch dies dürfte für die Geologen neu sein.

A1.8 Kernmasse-Teilchen

Wenn die Bezeichnungen Proton und Neutron trotz ihrer Nicht-Existenz von mir benutzt werden, bleiben sie nicht allein auf das Atommodell beschränkt, denn wie oben erklärt, existieren sie in Wirklich-

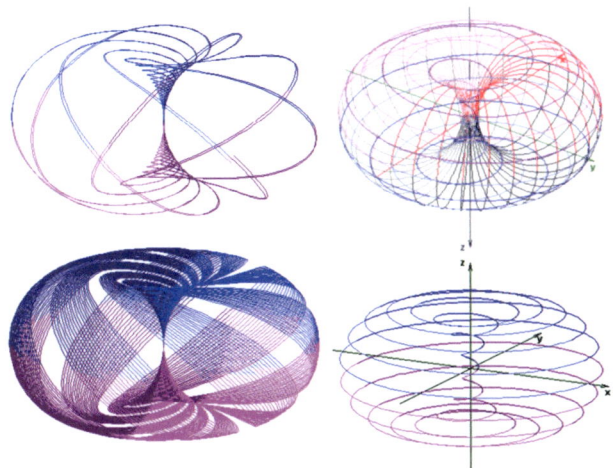

oben: *Abb. A1.2 Simulation von verschiedenen Toren, noch ohne Pilzform.*
unten: *Abb. A1.3 Hier in der Solarsystem / Schneckenform die Radiushalbierung pro Umlauf*

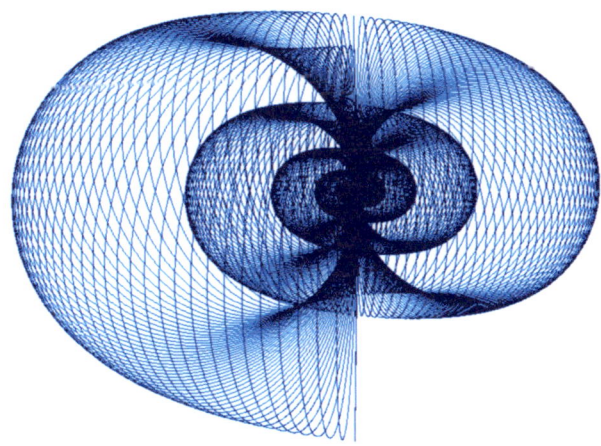

keit nur als eine dynamische Eigenschaft im wirbelnden Medium, und zwar in Wirbeln jeglicher Art.
Die beiden Begriffe sind aber als massetragende langlebige Teilchen bekannt. Genau deshalb sind sie auf jeden Torkado-Wirbel als Analogon zu dessen Masse anwendbar, sei es ein Uratom-Torkado (25p, 25n), ein Zwischen-Überwirbel aus ihnen (die kühleren, also kondensierten Aggregatzustände), oder sei es nur ein kurzlebiger Hurrican, Tornado oder auch nur ein Tief-Hoch-Paar des Wettergeschehens, oder sei es auch eine Sonne (Neutronenposition), deren Form uns übrigens rund erscheint, weil uns als Bewohner desselben Systems nur das oben herausströmende Licht entgegenkommt. Jede Sonne ist auf einer Seite ein Weißes Loch, genau wie jedes Neutron. Von außerhalb des Wirbels sind natürlich beide Pole zu sehen, sofern der Seher die Sinnesorgane für das Gesamtlicht hat. Ob wir Strömungen überhaupt als Licht wahrnehmen, hängt von den Sinnes-Resonanzen (Augenaufbau) des eigenen Körpers ab. Menschen, die ihren Bewusstseinsfokus auf jeweils einen ihrer feinstofflichen Körper verlagern, können wahrnehmungsmäßig in ganz andere Welten vordringen.

A1.9 Auflösung des Mystic-Quiz

Zur Frage 3, sowie 1 und 2:

Eine Sonne aus ihren Planetensystemwirbel zu entfernen, ist das gleiche, wie den einzelnen Tornado-Kernschlauch ins Einmachglas zu stecken. Ohne ihren feinstofflichen, geschlossenen „Erzeugungs-Wind" ist alles weg.
Die feinstofflichen Strömungen der Planetenbahnen würden augenblicklich in ihrem Zentrum eine neue Sonne erzeugen, denn sie war auch vorher nichts anderes als die Umlenkbahn der Spiral-Strömung, die bis weit hinter den Pluto reicht. Man kann eine Sonne nur zerstören, wenn man die riesige Wirbelmasse durcheinanderbringt, auf der die Planeten übrigens nur wie Schiffchen im Golfstrom schwimmen. Die Planeten durchqueren das Zentrum nicht, sie springen im Umlaufjahr zwischen Ein- und Auswärtsströmung hin und her, durch ihre Pol-Ladung einmal anhängend (ab Perihel) und einmal aufsitzend (ab Aphel), ungefähr von mir beschrieben in /mw/ Teil 2.

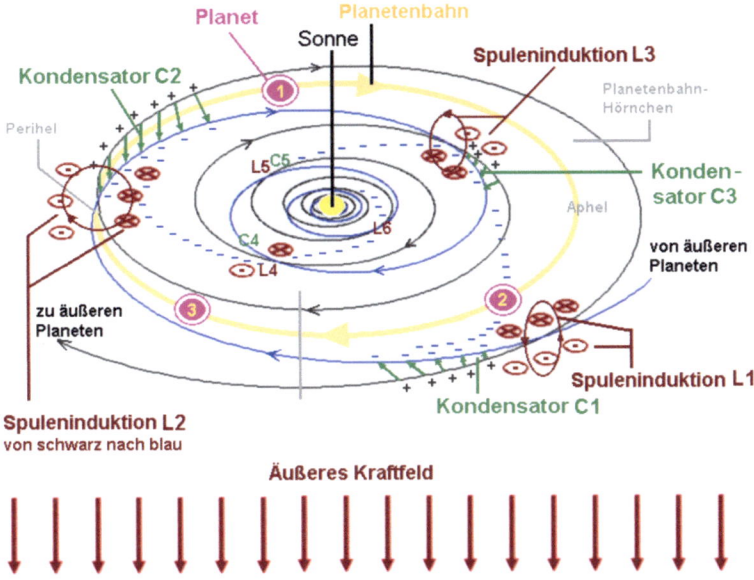

Abb. A1.4: Zeichnung aus raum&zeit 147/2007 /mw/. Falls Planet 1 auf der gelben Bahn die Erde ist, ist das ein Blick von oben auf den geographischen Südpol, d.h. Südhalbkugel oben. Anhebung des Planeten von der blauen auf die schwarze Häther-Spirale genau links beim Perihel. Bild identisch mit Logo unten auf Seite 3. Die Strömung (braune Pfeile) ist „Wind", der auf der Sonnenbahn um die Zentralsonne steht. Weiterhin existiert auch Bahnwind der Zentralsonnenbahn in der Galaxis.

Einen Torkado im Ganzen, also einschließlich der Hülle, kann man allerdings unter Glas setzen. Das wird auch getan: Schon ein Aufbewahrungsgefäß in Amphorenform kann innen leicht einen Wirbel ausbilden, durch die breitere Wölbung oben und unten die schmalere Form für den Sog-Pol des Wirbels.

Große Steine in T-Form sind Quellen von mächtige Wirbeln, erst recht, wenn sie auch noch Kreise bilden (Stonehenge), und sogar 2^N-größenresonant zum Planeten sind (Stonehenge).

Auch das pumpende Herz hat die Spitze unten (es nutzt planetare Schwingungen), oder der Kopf das Kinn. Jedes Organ hat eine passende Form und seinen idealen Platz, sozusagen sein Gewebehüllen-Einmachglas.

Ein Apfelkern bewohnt eine passende Trocknungs-Höhle in seinem Gehäuse, das er sich selbst geschaffen hat aus Stehwellen zwischen sich und dem Parabolspiegel der Apfelschalen-Innenhaut. Der Samen sitzt immer im Brennpunkt.

Auch ein Mensch im Lotussitz „macht den Pilz", braucht dann im „Energiesparmodus" weder Licht noch Nahrung, weil seine Aura die Gravitation tanken kann. Manche Mönche tun das ununterbrochen seit Jahrhunderten oder gar Jahrtausenden (in Himalaya-Höhlen). Sie wirken wie tot, sind es aber nicht. Ihr Körper ruht, und ihr unsterblicher Geist bereist und behütet die Welt.

Zur Frage 4 und 5:

Es gibt in der Praxis weder reine Transversal- noch reine Longitudinalwellen. Das sind unnatürliche Abstraktionen, wie hellstes Weiß und tiefstes Schwarz. Sogar, wenn man nur die vom Wind erzeugten Auf- und Ab-Oberflächenwellen des Meeres nimmt, hat man sich mit einem Teilsystem zufrieden gegeben. Die darunterliegende „Kreisbewegung" hat Vor- und Rückwärts-Abschnitte, und ist nichtmal kreisförmig, sondern ei-förmig, denn sie muss Torkado-Struktur haben (steiler hoch, zur Wellenspitze, wo der Wind saugt; und auf längerem Weg herunter, wo die Gravitation beschleunigt).

Zur Frage 6:

Stehende Schallwellen kann man sich zwar ansehen am Kundtschen Rohr, aber auch da ist die „Breite" nicht unendlich dünn. Die Luftbewegung kann nicht an genau einem Punkt schlagartig umlenken, das kann sich jeder selber überlegen. Es handelt sich um komplizierte Subwirbel-Dreh-Vorgänge wie beim Mäander (A1.6). Sie würden auch nicht von selbst so entstehen und eigenstabil weiterleben, denn sie sind auf künstlichen Energiezuschuss angewiesen.

A2 Das Quanten-Verhängnis

Die Quantenphysik hilft uns, die Welt zu verstehen, wird behauptet.
Sie verhindert Verstehen, sie zwingt zum Glauben.
Dabei wäre das Logische-Verstehen ganz leicht, ohne sie.

A2.1 Wo bisher die Physiker grundlegend irrten

Was haben sie alle falsch gemacht, damals in den großen Zeiten von Heisenberg, Schrödinger oder vorher auch Einstein? Max Planck ausgenommen, er fand sehr Fundamentales, aber nach seinen grundlegenden Entdeckungen begann die allgemeine Verwirrung. Sein Wirkungsquantum ist sehr mit einem Raumwirbel verwandt, der nur quantisiert stabil sein kann, wenn er den Rhythmus der Umgebungsschwingungen nutzen muss. Doch der damals neue Energiebegriff machte einen Einheitsbrei aus Dingen und Vorgängen, die nicht zerkleinert und vermischt gehören, wodurch der Blick auf wichtige Energie-Qualitäten verlorenging.

Wenn man eine Rose nur mit ihrem Gewicht oder nur mit ihrer Farbe beschreibt, hat man das Wesentliche verschwiegen.

Der Energiebegriff unterschlägt solche Qualitäten, die entscheidend für ihre Verwendung sein können: Form und Sinn, Rhythmus und Resonanz in verschiedener Ausrichtung. Man kennt bis dato nur eindimensional die Frequenz oder die Temperatur. So wissen wir nicht einmal, wie lebendig oder gar bewusst die betrachtete Energie möglicherweise ist, da wir sie nur mit einer einzigen Zahl beziffern.

Die Quantenphysik-Pioniere waren sogar Physiker mit einem durchaus mystischem Zugang zur Natur. Wie konnte seit damals der Zeitgeist so in die Irre laufen?

Auch wir beten noch immer die Mathematik an. Wo der aktuelle Stand der Mathematik aufhört, hört für uns die Realität auf. Durch die Einführung von Wahrscheinlichkeiten statt Ort und Bahn verfehlte man den Wirbelcharakter aller Felder. Man nutzt in der Quantentheorie zwar Matrizen, die Drehungen entsprechen, gerichtete und mehrdimensionale, aber hinter solchen nicht-fassbaren mathematischen Begriffen, wie „nichtkommutativer Operator", kann man seine Zweifel leicht vergessen. Seit Einstein war es modern geworden, Physik ohne bildhafte Vorstellung zu machen. Ihm wurde quasi nachgeeifert.

Doch was da herauskam, ging sogar dem Albert Einstein zu weit.

Im Atommodell ließen sie Mathematisch-Unbequemes weg, etwa die Ausdehnung eines Elektrons im Atom, sonst hätte man manche Eigenschaften, wie Wirbelform mit veränderlichem Eigenspin, noch mitbeachten müssen. Masse und Ladung sollten reichen als konstante Teilchen-Eigenschaften: **Punktmasse und Punktladung wurden erfunden und beide Begriffe nie mehr hinterfragt.** Sie gelten als konstante Quelle von Feldern, die Arbeit verrichten können, ohne sich selbst zu erschöpfen: Gravitationsfeld und Coulombfeld. Auf ein „Warum unerschöpflich?" gibt es keine Antwort.

A2.2 Teilchen mit Masse sind Produkte ihrer wirbelnden Eigenfelder

Umgekehrt ist nämlich alles logischer: Die Felder sind in Wirklichkeit Strömungen in Wirbelform. Und wenn sie einen Raum umschließen, hat sich ein Subwirbel gebildet, wobei sich die Mitte des Subwirbels von selbst dynamisch leerpumpt. Dieser Sog ist mit unserem Massebegriff korreliert. Der Masse-Sog hält auch den Wirbel in Gang. Der Wirbel hat andererseits eine Einbindung in sein Umfeld, sein Überwirbel „füttert" ihn, um Verluste zu ersetzen. Falls der kleine Wirbel am Wachsen ist, erzeugt die zunehmende Ordnung automatisch freien Platz und damit Unterdruck, also Sog, dann wird umgekehrt der Überwirbel gefüttert. Die vermeintliche Außenwirkung, z.B. das E-Feld, ist die primäre Existenzbedingung des Elektrons. Es kann sich nur dorthin bewegen, wo ein vorhandenes E-Feld (Überwirbel-Fluss) es einbindet. **Das elektrisch geladene Teilchen gibt kein eigenes E-Feld ab, das Teilchen selbst ist Produkt der verwirbelten Strömung.** Das E-Feld ist als Ordnungsmaß eine Grundlage der Raumzeit, und wird für uns nur sichtbar bzw. messbar am Ort des Elektrons, weil sich dort eine Zapfstelle gebildet hat, eine Feld-Divergenz. **Magnetismus ist gerichteter Sog (Dichtemangel). Elektrizität ist gerichteter Fluss (Dichteüberschuss**, immer fließend), beide bezogen auf dieselbe Struktursorte. Parallel dazu finden ständige hierarchie-übergreifende Ausgleichsflüsse statt, viel feinere Medien fließen sofort in Richtung Unterdruck, sodass nirgendwo wirkliche Leere entsteht. Ihr Fließen erscheint im Wirbel wie ein Gegenwirbel, hat aber mit Antimaterie nichts zu tun.

Wäre damals das Wort Wirbel gefallen, wie im Jahrhundert davor, hätte man die wirbelnde Substanz ansprechen müssen, die Nicht-

Materie. Heutzutage wird sie bestenfalls dunkle Materie genannt, oder ausweichend latente Materie, oder noch verwirrender: Neutrino-Meer. Das Wort Äther ist noch heute verboten, weil ein fragwürdiges Messverfahren ihn angeblich widerlegte, was aber nicht einmal stimmt. Es wurde 1/3 des erwarteten Wertes nachgewiesen, was nur bedeutet, dass ein Anteil von 2/3 als bewegte Strömung den Planeten gekoppelt umkreist. Der Ätherbegriff von damals war leider auch zu eng gemeint, als Medium zu homogen und zu unbeweglich.

Dieser Stoff ist nicht einheitlich, er hat viele verschiedene Dichten und Körnigkeiten, die sich in wirbelnder, lebendiger Verkopplung anordnen, wie wir es von Molekülen, Zellen, Organen und Organismen kennen. Es sind sieben Stufen pro Ebene, und jede Ebene steckt in einer größeren und beinhaltet trotzdem alle kleineren Ebenen. Die uns bekannte physische Materie ist nur ein Ausschnitt mittendrin, aber verbunden mit der allerkleinsten und der allergrößten Wirbel-Ebene, zusammen ist alles EINS, das ALL.

Die unsichtbaren, feineren und gröberen Struktur-Skalen gleichen der Physischen, wegen den gleichen geometrischen Gesetzen, unten wie oben: Immer wieder bestimmt die umgebende „Ernährungswelle" die Einseinheit (bisher als Quant oder Takt bekannt) und damit die Wirbelgrößen bis zum nächsten Skalenschnittpunkt, wo sich die Wellen-Verdopplungen, mit den Verdreifachungen, Verfünffachungen usw. harmonisch treffen: Es bilden sich auf allen passenden Skalen die gleichen Uratome, und daraus Atome, Moleküle, Körper und schließlich Himmelskörper, die allesamt als Kerne ihrer Wirbel sichtbar sind (siehe A3 und A4).

A2.3 Häther in Stufen, statt Feld

Doch die Begriffe Kraft und Feld waren und sind erlaubt, damals wie heute. Warum eigentlich? Ein abstrakter Raum darf sich krümmen und Potentialmulden bilden. Er darf schwingen und fluktuieren, sogar voller komprimierter Energie sein. Unendlich dünne „Strings" sind als Denkmodell erlaubt. Wirbel aus Äther-Hierarchien aber nicht. Wie bei Kaisers neue Kleider. Das Offensichtliche wird zum Tabu.
Das Licht geht den geradesten Weg, aber es lässt sich ablenken, durch Schwerkraft im gekrümmten Raum. Wir wissen jedoch weder was Raum ist, noch was Licht ist, noch Gravitation. Es zählen nur Berechnungen, die Beobachtetes verifizieren. Alle nötigen Anpassgrößen hält man für neu-entdeckte Naturkonstanten oder, im ehrli-

chen Fall, nennt man sie Fitting-Parameter.
Man hätte bei Planck erstmal stehen bleiben sollen, innehalten und nur von dort aus weitergehen, nachdem klargeworden wäre, dass er die Eckgrößen eines stabilen Standard-Wirbels beschreibt. Alle Planck-Größen sind möglicherweise fundamental. Sie gelten, als oktavierbare relative Größen, vielleicht für alle Ebenen der Realität. Als absolute Größen gelten sie für das physische Weltall.

Noch besser wäre es gewesen, das Wissen der Theosophen über den Aufbau der Welt schon damals zur Kenntnis zu nehmen. Dort wird der Aggregatzustand, der vor dem Gas liegt, ätherisch genannt, denn es gibt nicht nur drei Aggregatzustände, sondern sieben. Die ersten vier Aggregatzustände sind aber unsichtbar, so wie die meisten Gase auch. Mit Stufe 1 Atomisch wird das physische Uratom gemeint, auch Anu genannt. Die Stufe davor ist wieder eine Stufe 7 Fest, aber aus astraler Materie (siehe Abb. A3.2). Dort, in der astralen Ebene, wiederholen sich alle sieben Stufen. Ebenso in der nächst-feineren, der Mentalen.

			Verdopplungen	
Physisch	Atomisch	1		
	Unteratomisch	2	1+2	
	Oberätherisch	3	3+4	
	Ätherisch	4	5+6	Feuer
	Gasförmig	5	7+8	Luft
	Flüssig	6	9+10	Wasser
	Fest	7	11+12	Erde

Abb. A2.1

DESWEGEN ist der Begriff Äther sehr verwechslungsgefährdet. Einerseits ist die genau mittlere Stufe (Nr.4) einer Daseinsebene gemeint (wobei noch der Index fehlt, um welche Ebene es sich handelt, siehe Abb. A3.2), andererseits sind ALLE unsichtbaren Substanzen gemeint, also alle physischen Stufen 4 bis 1, alle Astralwelt-Stufen 7 bis 1, alle Mentalwelt-Stufen 7 bis 1 usw. . Falls überhaupt ein Wissen über die weiteren Ebenen existiert.
Deswegen spreche ich stattdessen von Häther, das ist holografisch und hierarchisch angeordneter (H)Äther, dem eigentlich ein Dreifach-Index folgen müsste (Ebene, Stufe, Molekülname).

Die Daseinsebenen VOR der Physischen und auch NACH der Physischen sind nur herauf- oder herunterskaliert, nahezu identisch im größeren oder kleineren System. Doch lassen die Beobachtungen mit technischen Mitteln keine Ebenen-übergreifende Messungen zu. Denn das Messgerät ist selbst nur Teil des Systems. Es krümmt und dehnt und verwickelt sich mit, immer, auch jetzt, was aber nur „von außen", der höheren Dimension, detektierbar ist. Die Atome der Messgerät-Bauteile werden von dem gleichen Vorgang erzeugt, der am Messobjekt wirkt: „Jenseits der Auflösbarkeit", würde man beim Mikroskop sagen, wenn die benutzte Wellenlänge zu groß wird für

ein sehr kleines Objekt.
Es ist NICHT der Beobachter, der ein Objekt oder Ereignis in die Realität holt. Er macht es sichtbar, indem er es stört, er reißt es aus der inneren Harmonie, der ungestörten Wirbeldrehung. Jede Interaktion stört, mehr hat auch die Quantenphysik nicht zu sagen. **Der Beobachter und seine Geräte sind selber Systeme aus Wirbeln, diese müssen wechselwirken, allein durch ihre Anwesenheit.**

Das Mystische muss nicht unerklärbar sein. Die Erklärung ist lediglich noch unbekannt.

Alle Lebewesen sind Energiesysteme mit Wechselwirkung nach außen, weil sie aus unzähligen Wirbeln (Chakren als Pole) bestehen, die untereinander und mit der Außenwelt vernetzt sind. Wie die unterschiedlichen Daseinsebenen sich für den Menschen anfühlen, der bewusst dort agiert, wird in C.W.Leadbeaters Büchern beschrieben (siehe Zitate A3.6).

A2.4 Wirbelkerne unserer Materie als einzig sichtbare Form

Wie oben schon erwähnt: Zu sehen sind immer nur die Wirbelkerne, da die Strömung im Zentrum ihrer Bewegung viel dichter ist und mit ihrem Sog umso hohlere Blasen im Zentrum des Wirbels erzeugt. Am Tornado sieht man auch nur den verdichteten, staubtragenden Wirbelschlauch, der alles wie von Geisterhand nach oben zieht, genau dort ist der Wirbelkern. Der gesamte Tornado-Wirbel ist viel größer und umfasst auch die herabfallende Luft, weit weg vom Zentrum der Drehung.

Das Innere der Wirbelkerne erscheint vom Weiten als das einzig Feste, weil es eine Kraft, einen Sog ausübt, weil es „massiv" wechselwirkt. Als Masse bei den Atomen: **Nur deren Wirbelkerne gelten als schwere physische Materie, obwohl sie das Loch im dynamischen System sind, oder der Ort, wo der wirbelnde Stoff nicht mehr hinkommt.** Für das wirbelnde Medium ist dort Hohlraum, kein Medium, Leere, aber Leere stimmt eigentlich nicht. Das feine wirbelnde Medium hat nur Platz gemacht für etwas noch Feineres, das noch weniger zu existieren scheint, und es ist ebenso in Bewegung, und zwar -gezwungenermaßen- entgegengesetzt. Jede Bewegung ist ein Schritt ins Ungleichgewicht, und erfordert einen Ausgleich: Die Ausgleichsströmung. Da sich auch diese nun bewegt und irgendwo Platz frei macht, Sog erzeugt, setzt sich die Kette der notwendigen

Ausgleichsbewegungen fort. Alle Hierarchien, auch die allergöttlichsten, sind immer beteiligt (behelligt?), schon wenn wir den kleinen Finger bewegen, oder wenn der berühmte Schmetterling ...

Die gesamte Welt besteht aus Wirbeln, nicht nur die Lebewesen mit ihren verkreuzten Chakren. Jeder Stein, jeder Felsen auch, sogar technisch hergestellte Gegenstände, wie ein Möbelstück oder ein Auto! Nur sind deren Subwirbel (die Wirbel der Einzelteile und deren atomare Subwirbel) nicht harmonisch passend angeordnet, wie es beim langsamen natürlichen Wachstum gesichert ist. Genau DAS unterscheidet sie vom Natur-Lebendigen. Sie neigen zum Zerfallen. Sie wurden zu schnell gebaut, nicht wie bei der Zellteilung im Emryo, mit Wirbelaufbau und Wirbelabbau, Stück für Stück ertastend, nach passender Energie und Resonanz suchend, mit try&error.

Die lebendig-wirbelnden Energien sind trotz allem wie Kitt innerhalb der künstlichen Gegenstände, wie geschmeidiges Öl zum Verjüngen. Ein unbewohntes Haus zerfällt rasant. Auch Plastik wird schneller spröde und zerbricht nach wenigen Jahren wie Glas, wenn es nur einsam auf seine Bestimmung wartet.

Ein Apfelkern ist da schon perfekter. Die Hauptwirbelachse des Apfels weist von Anfang an in Richtung des Stieles. Jede Gehäusegruppe bildet einen Subwirbel, ähnlich wie die trennbaren Einzelteile der Orange. Und jeder Samenkern hat dort wieder einen eigenen Subwirbel, der perfekt in die Höhlung des Gehäuses passt, von Anfang an als Paar „geplant", und alle Kerne wachsen gleichzeitig. Die Höhlung ist wie eine Schall-Kammer als perfekte Vergrößerung der atomaren Schwingungen, auch die Größen von Kern und Apfel, in der Regel in kristalliner Resonanz zu Kohlenstoff, Wasserstoff und Sauerstoff. Manche Samen überdauern Jahrhunderte.

Es wäre falsch formuliert, wenn man sagt „Um alle physische Materie herum wirbelt die Feinstoffliche." Nein, die physische Materie wird als Letzte erzeugt, ständig neu, als Ergebnis von Kaskaden der feinstofflichen Wirbelbewegung.

Auf diese Weise bestehen wir aus einigen ineinander verschachtelten Körpern, wo einer den anderen erzeugt und jeweils alle Lücken ausgleicht, wenn etwas bewegt wurde. Zu sehen ist nur der Gröbste, der Sterblichste. Für aurasichtige Menschen gilt das nicht, aber auch sie können in der Regel nicht die verschieden dichten Körper gleichzeitig wahrnehmen, denn sie können nur immer eine Art von Augen benutzen, auf die sie gerade ihren Bewusstseinsfokus richten.

Nehmen wir jetzt einen ganz normalen Baum als Beispiel, wie er oft in der Stadt am Straßenrand steht. Wir sehen seinen physischen Teil, die Kernabschnitte aller seiner Wirbel und Subwirbel. Jeden Ast, jeden Zweig und jedes Blatt umwallt ein unsichtbares eigenes Subsystem. Man könnte diesen Straßenbaum fällen oder ausgraben und wegwerfen. Ohne Wasser würde er langsam sterben, trotz seines feinstofflichen Wirbels, der ihn die ganze Zeit ins feinstoffliche Weltgefüge einbindet. Der Baum ist zwar auch multidimensional existent, doch nur ein Teil gehört in die Dimensionen der physischen Welt. Dort braucht er nunmal Wasser, Licht, Wärme und Nahrung. Seine Form passt er den vorgefundenen ökologischen Nischen an. Bei freier ungestörter Entfaltung ähnelt sein Umriss der Astform, der Zweigform, der Blattform und der Fruchtform, die in Wirklichkeit Kristalle seiner Zellen und deren chemischen Aufbaues sind. Sie sind aber auch Miniaturkristalle des Planeten und des Sonnensystems. Die Wirbelhierarchien sind alle holografisch vernetzt (Abb. A4.3).

Ein Wirbeltier (was für eine Offenbarung im Namen!) stirbt schneller als ein Baum, sobald man den sauerstofftragenden Blutkreislauf behindert. Auch hier ist der physische Austausch, der zwischen den Organen stattfindet, sehr wichtig. **Die höherdimensionalen Körper überleben jedoch länger, ihre Welten kennen nur Überfluss, sie sind älter und eingeschwungener, näher an den stabilen Gleichgewichten.**

A2.5 Freie Energie

Wird die Ursächlichkeit der Wirbelbewegung mehr und mehr erkannt, sehen wir den Grund für die Verbundenheit aller Dinge. Alle Daseins-Ebenen greifen ineinander, stützen und tragen sich gegenseitig.

Nichts ist Nicht-Lebendig.

Dürfen wir dann annehmen, dass es „Freie Energie" gibt, die nur darauf wartet, in großen Mengen eingesammelt zu werden?

Möglicherweise „könnte" sie eingesammelt werden. Aber kennen wir wirklich den Preis? Wer zahlt ihn?
Wir würden sie absaugen, ohne zu fragen woher sie kommt.
Hauptsache kostenlos? So kostenlos wie die Feld-Arbeit von Nutz-

Tieren, wie ihre Eier, ihre Milch, das Fell oder das Fleisch? Wie die Arbeit von Sklaven, deren Leben sogar als wertlos betrachtet wurde und wird?

Was legal ist, ist noch lange nicht ethisch moralisch. Wir wissen nicht, welche Wesen und Welten wir schwächen oder töten, auf unserer Jagd nach der „sauberen" Energie, die angeblich strukturlos und leblos sein soll. Die Vorstellung von Energie als Zahlengröße ohne Qualität ist falsch. Das natürliche, nichtaggressive Umwandeln erfordert Zeit oder hohes Wissen, es wird begleitet von Wachstum und Schönheit. Jede Blumenblüte nutzt raffiniert alle Tricks, aber nur für sich.

Uns fehlt das Hohe Wissen, und wir können nur zum Teil erkennen, was wir tun. Also tun wir es lieber nicht.

A2.6 Zitat zu James Clerk Maxwell

Wikipedia (Stand 18.06.2016):

-Zitat Anfang-
Maxwells Annahme war im Wesentlichen richtig. Die Wellentheorie wurde später durch Experimente von Heinrich Hertz bestätigt und bildet die Grundlage der gesamten Funktechnik. Die quantitative Verbindung zwischen Licht und Elektromagnetismus wird als ein großer Triumph der Physik des 19. Jahrhunderts angesehen. Zu dieser Zeit glaubte Maxwell, die Ausbreitung des Lichtes erfordere ein Medium, in welchem die Wellen sich fortpflanzen könnten. Über dieses Medium, das Lichtäther genannt wurde, verfasste Maxwell einen 1878 in der Encyclopædia Britannica erschienen Eintrag mit folgender Zusammenfassung am Ende:

„Welche Schwierigkeiten auch immer wir haben, eine schlüssige Vorstellung von der Beschaffenheit des Äthers zu entwickeln, so kann es doch keinen Zweifel daran geben, dass die interplanetarischen und interstellaren Räume nicht leer, sondern von einer materiellen Substanz oder einem Körper erfüllt sind, der mit Sicherheit der größte und wahrscheinlich der einheitlichste Körper ist, von dem wir wissen."

Im Laufe der Zeit ergaben sich jedoch immer größere Schwierigkeiten, die Existenz eines solchen Mediums, das den ganzen Raum erfüllte, aber durch mechanische Mittel unauffindbar war, mit den Er-

gebnissen der Experimente wie z. B. dem Michelson-Morley-Experiment in Einklang zu bringen. Darüber hinaus schien es ein absolutes Bezugssystem, in welchem die Gleichungen gültig waren, zu benötigen. Dies hätte zur Folge gehabt, dass die Gleichungen für einen bewegten Beobachter eine andere Form gehabt hätten. Diese Schwierigkeit regte Einstein zur Formulierung der speziellen Relativitätstheorie an und in diesem Prozess verneinte Einstein die Notwendigkeit eines Lichtäthers.
-Zitat Ende-

Im letzten Satz wird uns wieder vorenthalten, dass bereits 1920 Albert Einstein seinen Fehler einsah, und in einem Vortrag die Wieder-Einführung der Äthervorstellung forderte. Leider wird uns das bis heute an den Schulen und Universitäten verschwiegen.

A2.7 Die heutigen Maxwellgleichungen anders interpretiert

Das B-Feld gilt als geschlossen (quellenfrei), weil man den Wirbelcharakter hier schon sehen kann.
Das E-Feld mit $E = -\nabla \cdot Fi + -dA/dt$
(mit ∇ als räumlicher Gradient mit drei Komponenten)
ist offen, weil man nur ein Teilstück betrachtet, den zeitlichen Gradienten der Hülle von Überwirbel A ($\nabla \cdot Fi$ entspricht dem räumlichen Gefälle; $+ dA/dt$ der zeitlichen Änderung der potentiellen Subwirbelstruktur).

Das Vektorpotential steht stellvertretend für die Überwirbel-Strömung, bei der das Magnetfeld B die Drehachse stellt. Sie stehen lediglich zueinander senkrecht, sind aber in derselben Hierarchie.
Das Magnetfeld B
$B = rot\ A = \nabla \times A$
ist Teil des Überwirbels von E.

Nimmt man die zeitliche Ableitung von B (statt von A), wird ein elektrisches Wirbelfeld definierbar:
$rot\ E = \nabla \times E = -dB/dt$
DAS wiederum ist die Drehachse, der E als Hüllenströmung folgt. Das bedeutet: E und A sind beide Hüllenströmungen, aber in benachbarten Hierarchien, E als Subwirbel von A.

(Nachtrag 2024: In /md/ B3.3 bei Abb. B3.3.e und darunter wird A abweichend interpretiert, und zwar als doppeldeutig.)

Dass es elektrische Monopole (elektrische Ladungen) geben soll (im Gegensatz zu magnetischen)
div D = rho, div B = 0
widerspricht dem Wirbelcharakter von E bzw. D
(D=eps•E, B=my•H, eps und my als Materialgrößen)

Der „Haken" an den Maxwellgleichungen ist:

Das Vektorfeld A ist nur als Transversalkomponente gemeint, und B als Drehachse in Longitudinalrichtung.
Man sollte B und A, die zusammen einen Wirbel bilden, eine ununterbrochene Strömung, raumfüllend in drei variablen Richtungskomponenten, nicht getrennt betrachten. Die Einführung von Nabla (∇) durch Maxwell, hat die zu differentielle, meist kartesische Sichtweise wahrscheinlich begünstigt, obwohl sie auch die Lösung hätte sein können, wenn B und A zusammengeführt worden wären. Auch in Polar- oder Kugelkoordinaten wird es nicht einfacher.

Es fehlt bis heute die Kategorie „Wirbel-Koordinaten". Damit ist ausdrücklich NICHT die reine Torusform gemeint, sondern eine allgemeine Spiralenform, für verschachtelbare Torkados.

Die Behauptung, dass elektrische Ladungen eine separate Quelle sein sollen, verkennt ihren sekundären Charakter. Sie sind Senken von Druck in ihrer Mitte, immer, egal wie herum ihre Strömung dreht. Die Drehrichtung bestimmt aber die Bewegungsrichtung innerhalb der nichtparallelen Überwirbelströmung, was die Physik als Gegenladung sieht, immer nur den vorauseilenden Pol zur Kenntnis nehmend.

Die Verbindungsstellen zwischen B und A sind die beiden Pol-Phasen des Wirbels. Sie sind hier ganz und gar fehlgedeutet worden, und zwar als Quelle oder Senke des elektrischen Feldes.
Die dritte Komponente, die sowohl E als auch B lenkt, entsteht in Richtung Nabla, des räumlichen Gradienten von beiden. Ich meine den Sog, die Masse. Diese Deutung von Nabla fehlt natürlich in einer elektromagnetischen Theorie, die nur die transversale Ausbreitung favourisiert, und die longitudinale Ausbreitung woanders verortet, fast ausschließlich in Verbindung mit Teilchenstößen. Die Wahrheit ist, dass keines von beiden einzeln existiert.

Die Torkado-Wirbel können sehr flach und linsenförmig sein, oder lang und nadelförmig, denn die zweite und dritte Bewegungsrichtung ist immer anwesend, sonst wäre die existenzielle **Pumpfunktion des Gebildes nicht möglich.**

A2.8 Technik und Therapiegeräte

Die technisch erzeugten Hertzschen Funkwellen müssen mit großem Energieaufwand in den Häther gepumpt werden, denn sie sind keine eigenstabilen Torkados. Sie sind ähnliche Wellen, wie künstliche Meereswellen im Schwimmbad: Nachgeholfen durch Anheben und Drücken des Wassers mit einer starken Platte, einem dicken Elektromotor dahinter, gespeist womöglich aus einem Wasserkraftwerk? Im Naturmeer schafft es allein der Oberflächenwind, durch ständig wiederholten Sog am Wellenkamm.

Heutzutage kommen die Hertzschen Wellen aber zusätzlich stark gepulst daher, das fördert die Solitonenbildung, auch vom Wasser bekannt: langzeitstabile Minizyklone, die wie Geschosse aus Wassersäulen und Wasser-Kugeln unterwegs sind. Die Kugelblitze im Wettergeschehen sind eine sichtbare Variante von den Übeltätern im Mobilfunk-Smog.
Es hat keinen Zweck, den Hertzschen Anteil zu begrenzen, solange der solitäre Anteil gar nicht gemessen wird, denn nur dieser zerschiesst uns die Gene, zerklopft die gesunden Zell-Rhythmen. Würde man ihn hörbar machen, es wäre wie Maschinengewehrfeuer. Dem setzen wir uns freiwillig pausenlos aus, mit DECT, WLAN, UMTS und wie sie alle heißen.
Schon einfachste Lautsprecher sind ständig am Knistern und zerrütten zusätzlich unsere Nerven. Sie empfangen ungewollt die Smog-Wellen, aus der Luft, den Hauswänden, dem Stromnetz. Mit Tonsignal ist das Knistern nicht weg, nur versteckter.
Ein Trafo-Häuschen (wie oft in der Nähe des Hauses) kann, wenn es in die Jahre kommt, nicht nur vibrieren, sondern laut hörbar summen und knattern. In gleichem Maße sendet es, und zwar die Radiations, die solitären Wirbel, die mit H- und E-Feldmessung nicht zu detektieren sind. Sie sind ja Wirbel-Pakete (Teilchen) daraus, eine Art Eisregen, im Vergleich zur messbaren Wasserwelle. Die zunehmend flatternden Teile der Trafokerne zeigen uns an, dass da etwas unnatürliches abläuft. Mit großer Presskraft und viel Leim wird es die ersten Jahre verhindert, aber die Natur bevorzugt andere Bahnen und schüttelt sich frei. Die Bausubstanz der betroffenen Häuser leidet.

Eine Welle mit einer Gegenwelle auszulöschen (Schall, Elektrosmog), verdoppelt nur die Menge der Wirbeltrümmer, die den Ort des Geschehens verlassen. Auf den technischen Anzeigeskalen scheint alles in Ordnung zu sein, aber meist ist der biologische Körper breitband-empfindlicher. Viel entscheidender ist, ob die schädlichen Resonanzfenster verlassen wurden. Kranke Bewohner und abfallender Putz, aufsteigende Nässe, sind die Folge der Vibrationen.

Es gibt viele Therapiegeräte, die mit elektromagnetischen Wellen arbeiten, oder hoffen, ein Übermaß davon aufzulösen. Auch passiv können Spiralspulen oder andere Schwingsysteme ihre Wirkung tun. Für eine gewisse Zeit mag das sinnvoll sein, weil eingefahrene Gleichgewichte gekippt werden und sich neu und gesünder einregeln können.

Lakhovsky-Schaltung: Die Ringe, wie Schießscheiben, sind nicht leitend verbunden und abwechselnd um 180 Grad gedreht angeordnet. Jeder zweite Ring hat die Öffnung in die gleiche Richtung. Sind sie einfach aus Metall (Kupfer, Silber oder Alu), ohne jeglichen HF-Generator, arbeiten sie heute meist passiv als Ladungswandler. Lakhovsky hatte sie aktiv betrieben, mit Breitbandhochfrequenz im äußeren Ring, sie arbeiteten als starke Aktivierungs-Strahler. Als Medaillon am Körper getragen, können die passiven Ringe als Magnet-Antennen **Wellen aus der Umwelt einfangen**, im Nachbarkreis induzieren und wegen der Phasenverschiebung **gegen sich selbst zur Löschung bringen**. Das ist ein Wellenschredder. Auch die Biowellen erwischt es, sie müssen neu erzeugt werden, mit immer weniger Altlast. Dem Körper tut das gut, doch **emotionale Leere oder Starre ist ebenfalls der Preis**.

Ähnliches Schreddern erreicht ein Muster des Klassischen Labyrinth, oder ein in zwei Gegen-Spiralen aufgewickelter Drahtring, den man vorher zum bifilaren Draht zusammenlegte. Das wird eine brillenähnliche Form, auch Schlaufenspirale genannt, wenn man die Außenverbindung zur bifilaren Schlaufe vergrößert. Dr. Grün, der engagierte Entwickler von **BioProtect (sehr wirksame Karte zur Mobilfunk-Entstörung)**, benutzte diese beiden Formen (wie vor ihm andere), hatte aber messtechnisch festgestellt, dass Metalldraht dem Menschen zuviel Energie entzieht, es genügte weiße Farbe mit Metallanteilen, gedruckt auf weißem Papier und mineral- bzw. salzhaltigen Zwischenschichten.

Unter dem **Begriff Harmonisierung** werden manche Gegenstände (Pyramiden, Spiralen) oder Geräte zur Dauermanipulation **missbraucht**. Nur Wenige sind wirklich für diesen Zweck gut geeignet oder eingestellt (z.B. natürliche Salzkristall-Brocken, oder Originalspulen vom hellsichtigen Slim Spurling). **Das endgültige gesunde Einregeln könnte ansonsten gerade verhindert werden.**

Dass unser Körper davon beeinflussbar ist, zeigen die erstaunlichen Therapie-Erfolge. Aber wir wissen gar nicht, was dabei sonst noch passiert. Jeder darf seine Erfahrungen sammeln. Ich habe festgestellt, dass ein **Heilerfolg für den Körper immer mit einer psychischen Veränderung vor sich geht. Am besten wäre es, die psychische Veränderung käme zuerst. Das nennt man dann Spontanheilung.** Wenn mit energetischen Eingriffen gearbeitet wird, sollte uns klar sein, dass unsere Psyche nicht in irgendwelchen Hirnzellen fest eingebrannt ist, sondern dass sie von unserem Emotionalkörper gebildet wird, der höchstens ein zusätzliches Abbild seiner Inhalte im Hirn schafft (Beispiel DHS, siehe A7.7). Dieser **Emotionalkörper füllt auch einen großen Teil der Aura, seine gefühlsbetonten Erlebnisse halten sich dort als Erinnerungen auf wie Planeten im Sonnensystem.** Er IST astral UND somit auch physisch-elektromagnetisch und wird nun energetisch behandelt, und sei es nur mit Rotlicht spezifischer Frequenz. In ihm zerlegen wir nun diesen oder jeden festgefahrenen Gedankenwirbel, diesen oder jenen uralten, noch kreisenden Konfliktinhalt, so dass die Bahn frei wird zur Heilung der kranken Gegenstelle im Körper. **Mit Technik löschen wir aber völlig undifferenziert**, da kommt vieles unter den Schredder, was mit der Krankheit gar nichts zu tun hatte. Die Schwere der Krankheit sollte abgewogen werden mit der Nützlichkeit der Therapie im Ganzen.

Andererseits machen die unseligen Einflüsse der Technisierung auch nicht vor Veränderungen der Psyche halt, vielleicht sogar im positiven therapeutischen Sinne. Manche meinen, dass ein Mobilfunkturm oder die Starkstrom-Fernleitung ihnen die nötige Zusatz-Power für ihren stressigen Job bringt. Andere, in derselben Lage, verstehen ihre grundlose Unruhe und Zerfahrenheit nicht, die Streit, Hoffnungs- und Antriebslosigkeit mit sich bringt, letztendlich auch wirtschaftliche Armut. Es fehlt hier nur das Wissen, dass ein Umzug die Rettung wäre.

Wenn in unseren Breiten eine große Hochspannungsleitung in westlicher Richtung steht, ist die negative Wirkung in bis zu 1 km Abstand deutlich spürbar. Entweder wird, durch den häufigen Wind aus West, besonders viel störende HF-Ladung mit der Luft transportiert, oder durch die Fernleitung wird unsere notwendige, waagerecht fließende

Lebensenergie spürbar abgesaugt, die auf dem Planeten immer von Ost nach West fließt, das ist der Häther-Gegenwind der Erddrehung (feinere Ladung als die evtl. messbare Ladung in Luft). Stimmt dieser Fall, müsste er immer zutreffen, bei jedem Wind und auch auf der Südhalbkugel. Noch fehlt mir dafür das nötige Rückmelde-Material.

A2.9 Sucht als Ion

Unsere Systeme sind gut darin, zu jedem Übel ein Gegen-Übel aufzubauen, um das Ursprungs-Übel „kaltzustellen". Das ist tatsächlich Kondensation, eine Abkühlung, eine geordnete Zusammenführung gegensätzlicher Ladungen.

Man merkt das daran, wie leicht man abhängig wird von sonderlichen Speisen und Getränken. Sobald man es übertreibt und Regelmäßigkeit zulässt, er**schein**en unangenehme Entzugser**schein**ungen, wenn es mal fehlt. Dann wird das Gegen-Übel, weil es ausversehen noch produziert wird, plötzlich zu Gift. Das kann sich als Blutdruckabsenkung zeigen, wenn der Raucher nichts zu Rauchen hat oder als Blutdruckanstieg, wenn der Alkoholiker zu seiner Trinkzeit im Trockenen sitzt. Fast alle Medikamente machen süchtig, das Asthmaspray macht Asthma, auf die Minute genau nach fester Stundenzahl. Ein Kaffeetrinker unter Entzug bekommt höllische Kopfschmerzen, nebst Kreislaufschwäche. Erst nach einer Woche ist der Spuk nahezu vorbei, so ganz manchmal nie. Sogar fehlender Kamillentee hatte mir einige Tage Kopfschmerzen beschert, weil ich ihn vorher kannenweise trank.

Der Mediziner oder Hirnforscher wird sicherlich seine genaue biochemische Erklärung haben, doch es müsste klar sein (oder siehe die weiteren Abschnitte), dass es am Ende immer nur um Ladung und Gegenladung geht.
Auch von Lob oder Erfolg kann man leicht abhängig werden und später nur deshalb in ein Loch fallen, weil wieder Normalität eintritt.

Alle Emotionen sind Wirbel, besonders nicht-neutrale, und Ladung schafft Gegenladung.

Das Wort Sucht steht für das Suchen (des geladenen Übels), ausgelöst von der wartenden Gegen-Übel-Ladung. Wäre es kein Übel, hätte es keine Ladung.

Einen wunderschönen Eisbecher oder eine Tafel Schokolade möchte mancher nicht gern als Übel einstufen, umso leichter werden sie - nach Regelmäßigkeit - zur Sucht. Ob das auch auf Salat, Gemüse und Früchte zutrifft? Sind sie neutral oder auch geladen? Ist unser gesamtes Essen genaugenommen nur Sucht? Ein Pranier weiß die Antwort.

A3 Mikrowelt multidimensional (Grundlagen)

A3.1 Ansehen ist besser als jedes Modell: Bewusstsein als Instrument

Wer Probleme mit der Theosophie hat, darf an dieser Stelle gerne überlegen, ob er tatsächlich weiterlesen will. Die Arbeiten von Annie Besant, C.W.Leadbeater /lo/ und ihrem Mitarbeiter C.Jinarajadasa /jo/ gehören zu meinen inspirierendsten Quellen. Besant und Leadbeater waren Menschen, die sich bewusst mit ihren Körpern in den höheren Welten bewegen konnten, die darüber spannende Bücher schrieben und die sich die Mühe machten, ihre Fähigkeiten im Dienste der Wissenschaft einzusetzen: Sie analysierten um 1900 herum bereits die Atome des Periodensystems. Sie „sahen", wie Festkörper, Flüssigkeiten und Gase wirklich aussehen, während die Physiker nur Lichtspektren zur Verfügung hatten, also damals nur an Flammen (Plasmen) Messungen vornahmen. Plasmen sind ionisierte Gase, laut Physik, für mich schon ein höherer Aggregatzustand als Gas. Die Mainstream-Physiker berücksichtigen bis heute nicht, dass es jenseits des Gases vier weitere Aggregatzustände gibt. Und diese gehören sogar noch zur physischen Welt, werden jedoch schon als feinstofflich bezeichnet und damit schnell verwechselt mit der nächstfeineren, der astralen Ebene.

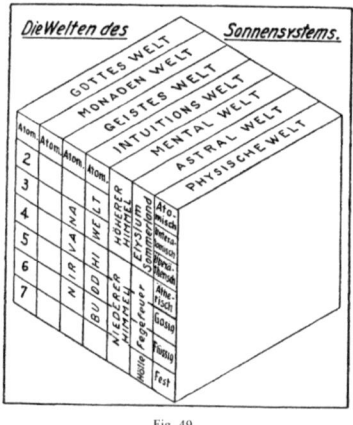
Fig. 49.

Der Begriff „Siebenter Himmel" weist in Richtung noch höherer Frequenzen, denn hinter der astralen Welt gibt es weitere belebte Welten, die immer feinstofflicher werden. Im Grunde ist DORT das Leben zuhause, und was wir hier sehen bzw. wie eingeschränkt wir es erleben, gehört zu den Ausnahmen im Universum.
In den Büchern „Okkulte Chemie" /lo/, und „Die Okkulte Entwicklung der Menschheit" /jo/ wurde dieser beobachtete kristall-

und blumenartige Aufbau erklärt, mit vielen ausführlichen Zeichnungen. Die Zahl der Uratome (Anu) pro Element wurde ausgezählt, und es ergab sich, dass auf 1 Kernmassenzahl genau 18 Uratome kommen. Wasserstoff (Z=1) besitzt also 18 Uratome, Sauerstoff (Z=8) 16•18, Kohlenstoff (Z=6) 12•18 und Gold (Z=79) besitzt 197•18 Ura-

tome usw. .
Unter anderem wird beschrieben, wie die Kondensation eines Uratomes abläuft, wie es von C.W. Leadbeater beobachtet wurde. Die zum folgenden Zitat gehörigen Skizzen stehen auf Seite 122 als Abb. A9.4. Hier ein Zitat aus /jo/ Seite 191 ff :

-Zitat Anfang-:
In Koilon, dem Urstoffe, „bohrt Fohat Löcher im Raume" wie die Geheimlehre sagt. Dann werden diese Löcher, nun mit dem Bewusstsein des Logos angefüllt, von ihm in Spiralgebilde gewirbelt. Wenn in dem Aufbau des physischen Atomes Spirillen der sechsten Ordnung gebildet worden sind, schlingt Er sie in drei Parallelreihen, wie in Fig. 78. Die Windungen laufen von rechts nach links im positiven Atom und von links nach rechts in negativen Atom. Diese drei Schleifen werden in geheimnisvoller Weise mit den drei Kraftarten des Dreifachen Logos geladen; „in den drei Windungen fließen Ströme verschiedener Elektrizitäten". Dann wickeln die sieben Verkörperungen des Dreifachen Logos, die sieben Planeten-Logoi, sieben Parallelwindungen, um das physische Atom zu vollenden.
Jede dieser sieben Parallelwindungen erstrahlt in einer Farbe des Sonnenspektrums oder lässt einen der sieben Grundtöne der natürlichen Tonleiter erklingen und damit den besonderen Einfluss ihres Planetenlogos, wenn sie von Licht oder Schall getroffen wird. Wenn das Atom vollendet ist, erscheint es im Umriss wie Fig. 79 und 80, in denen wir ein positives und ein negatives Atom abbilden. Wir dürfen nie vergessen, dass ein Atom nicht Stoff ist, sondern die Abwesenheit (Negation) von Stoff; die weißen Linien in Fig. 79 und 80 stellen die Bläschen in ihren Windungen vor und sind Kraftlinien. Die Substanz, der Grundäther, wird durch den schwarzen Hintergrund der Zeichnung vertreten. So ist ein Atom nur ein „Loch im Äther", wie Poincaré wahrheitsgemäß sagte. Doch dies „Loch im Äther" ist erfüllt mit Göttlicher Natur. Wenn es auch ein „Loch" ist, verglichen mit Koilon, ist es für uns, soweit wir zu erkennen vermögen, Wirklichkeit und wirkliche Substanz, weil der Kosmische Logos da ist und in uns den Gedanken von Stofflichkeit und Wirklichkeit schenkt. So wie Er denkt, und wie der Sonnen-Logos denkt, so denken wir, auf unserer Stufe, mit Ihnen.
-Zitat Ende-

In der folgenden genauen Zeichnung des Uratomes von Edwin D. Babbitt sind die Ausgleichsflüsse mit Pfeilen eingetragen. Der Wirbel selbst dürfte außen hinunter und innen hinauf fließen:

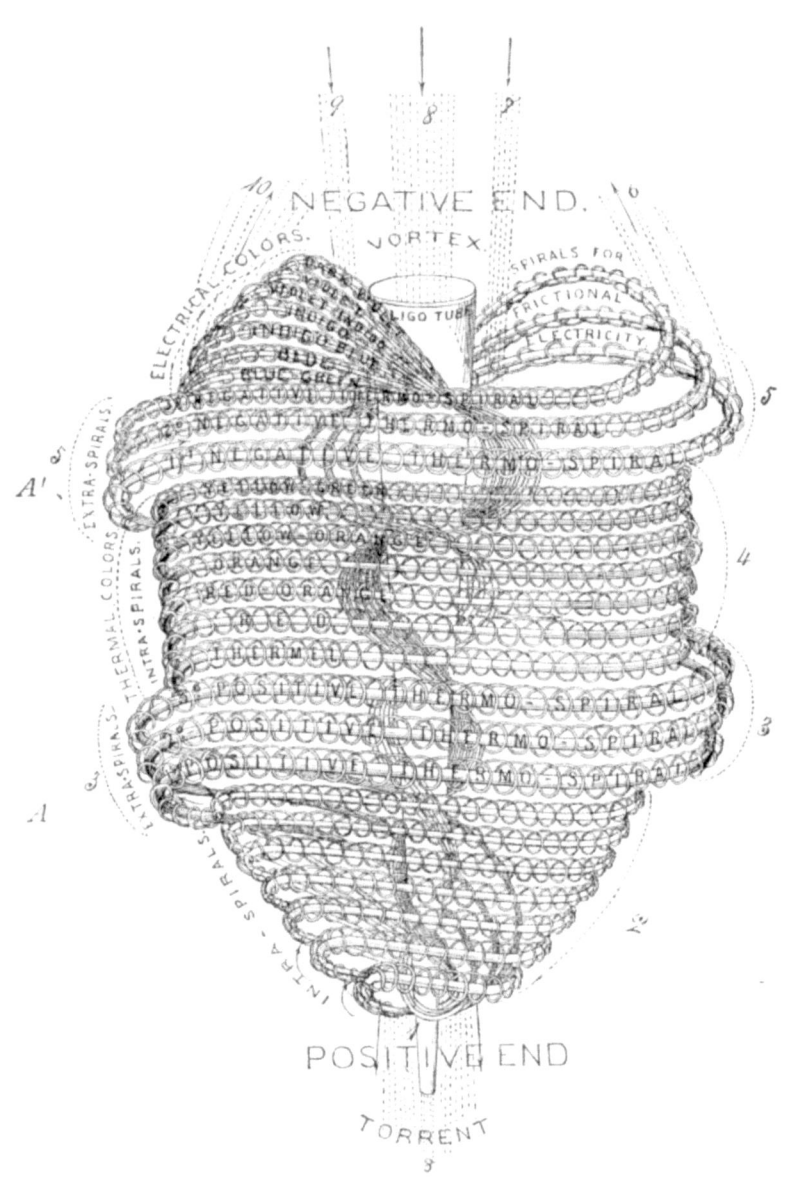

Abb. A3.1 Zeichnung von Edwin D. Babbitt, schon einige Jahrzehnte eher gesehen.

A3.2 Der Urzustand ist ungebändigt bewegtes Chaos

Eine festgelegte Ordnung in Form wiederholter Bahnen hält die Dinge, die vorher unablässig chaotische Bewegungen machten, besser am Platz. Beim Abkühlen nehmen auch die Teilchenbewegungen der Mikrowelt ab. Teilchen und Subteilchen jeglicher Tiefe sind jedoch nur kleine Hohlräume in einem letztendlich dichten Hintergrund (Koilon), der sich nur wenig am Platz bewegen kann, normalerweise ungeordnet zitternd (hier als Chaos bezeichnet), nun aber eine geordnete Nickbewegung (Welle) macht, um die kleinen Hohlräume in ihrer Bewegungsrichtung durchzulassen bzw. entstehen zu lassen. Alles, was „strömen" kann, sind Bläschenflüsse verschiedener Strukturgröße, die sich gegenseitig umströmen und auch ausfüllen.

Es ist jedoch ein Irrtum, dass das Abkühlen ohne Energiezufluss geschieht, wie es die Thermodynamiker glauben, weil es weitgehend von selbst geschieht. Das schrittweise Abkühlen erfordert das Vermeiden von Störungs-Impulsen, damit sich eine neue, stabilere Ordnung bilden kann oder in Neusprech gesagt: Ein sich Einordnen in einen gerade entstehenden gemeinsamen Überwirbel, der auch Zusatzordnung für sein stabiles Bestehen braucht.

In der Natur können nur ganze Wirbelpackungen, ein Wirbel im anderen, schrittweise das Chaos bändigen, das im zitternden Koilon herrscht. Es geschieht durch die sieben Aggregatszustands-Stufen schon in der allerersten Ebene, und in tieferen Ebenen wie der unseren, durch die gegenseitige Belüftungs-Verschachtelung der höheren (feineren) Welten-Ebenen, also dem Einfluss der Multidimensionalität. Das ist keine alleinige Eigenschaft unserer menschlichen Selbste.
Wenn eine bestehende Ordnung zerstört wird, wie durch Auftreffen der korpuskularen Sonnenstrahlung auf der Erde, oder durch die **Kettenreaktion beim Zünden einer Atombombe, ist sofort Wärme bzw. Hitze und Chaos zur Stelle, ohne dass man die Energie aus Tausenden Kraftwerken herbeischaffen muss.**
ES GIBT im KOILON entweder HEISSES CHAOS oder GEORDNETE LANGLEBIGE Hohlraum-WIRBEL.
Um lange zu existieren, muss ein Wirbel von bereits vorgeordneten Schichten umgeben sein und sich in ihnen ausrichten können. So kann er die trotzdem unvermeidbaren Verluste ersetzen. Es ist wie Ernähren, und auch Bewusstsein hat vorrangig die Aufgabe, das Ausrichten möglichst effektiv und gegebenenfalls intelligent durchzu-

führen, besonders wenn Hindernisse den natürlichen Weg der Strömung vereiteln.

Ich halte alle langlebigen Wirbelhierarchien für lebendig, weil es sie sonst nicht gäbe, und ich halte sie für identisch mit der Bedeutung von Bewusstsein. Das menschliche Bewusstsein ist aber vermutlich nicht zu jeder Wirbel-Skalengröße resonant genug, obwohl es der Menschenkörper durchaus ist.

Wir wissen: feste Materie stellt den kältesten sichtbaren Zustand dar. Flüssige Materie ist auch sichtbar, aber bereits wärmer, und noch wärmer bzw. heiss ist gasförmige Materie. Vor dem gasförmigen Zustand gibt es aber noch vier weitere, immer heißere Zustände, allesamt unsichtbar, aber interessanterweise wägbar (Dr. Klaus Volkamer /vf/).

Auf Stufe eins, der allerheißesten der sieben Stufen, finden wir die einzelnen Uratome. Diese lagern sich ab Stufe 2 zu Gruppen zusammen, und in weiteren Kondensationsstufen bzw. kühleren Aggregatzuständen bildet sich eine immer grössere Vielfalt an stabilen räumlichen Mustern aus. Der Festkörper hat die kompliziertesten Muster, die kaum noch beweglich sind, aber auch er besteht im Grunde nur aus Uratomen der physischen Ebene. Von Protonen und Neutronen ist im Festkörper nichts zu sehen.

Für mich stellt sich nicht die Frage, wie real Uratome und das Wissen der Theosophen sind, da ich von selber auf das gleiche Wirbelweltbild (Torkado, in sich Sog=Masse erzeugend) gekommen war, bevor ich dort davon las.

Mit Sicherheit geht es nach unten weiter in Welten, in denen Erde und Sonne nur Subwirbel sind (Abb. A4.1). Und ich kann nicht ausschließen, dass alle für uns sichtbaren Galaxien nur rote Blutkörperchen eines humanoiden kindlichen Riesen sein könnten, der Jahrmillionen braucht für einen Atemzug. Das wirkliche Ende des fraktalen Spiels ist weder ins Kleine noch ins Große zu erkennen. In der Zeichnung von Abb. A3.2 geht es speziell um das Fenster für die nach innen gerichtete Multidimensionalität der Menschheit. Dort halten wir uns im Traum auf, in tiefer Entspannung und im Tode. Wo genau, wer wohin schon oder wieder bewussten Zugang hat, das hängt vom Seelenalter ab und der Art, angstbefreit dort agieren zu können. Alle unnatürlichen Anhaftungen verhindern das Höhersteigen, erniedrigen die Resonanz-Frequenz.

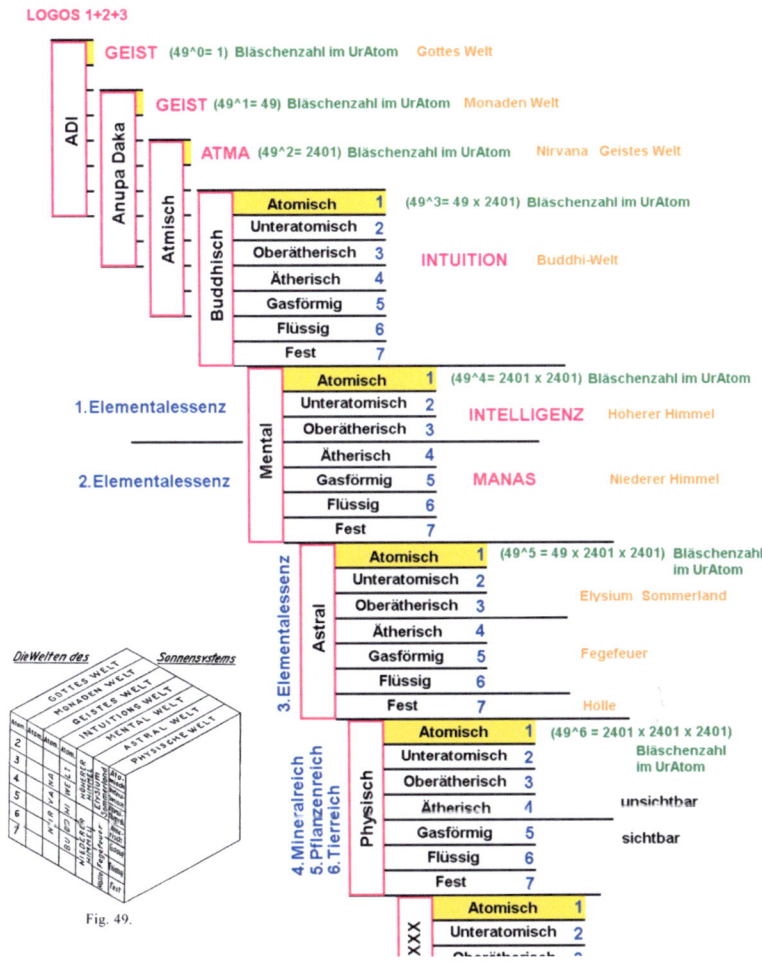

Abb. A3.2 Analoge Zeichnung zum Würfel in Fig. 49 aus /jo/, ergänzt mit dessen Texterklärungen. In Abb. A4.1 wird diese Reihe nach unten fortgesetzt, mit vorläufigen Größenangaben, die noch kritisch zu betrachten sind, weil auch die doppelte Schrittweite ($4^{13} = 2^{26}$) stimmen könnte, mit weniger Welteninseln im Großen. Die Feinstofflichen Welten liefern keine faktischen Hinweise für die Absolutgrößen der Anu.

A3.3 Ein immergleicher Grundwirbel: Das fraktale Uratom

Die physische Materie auf Stufe 5 bis 7 beinhaltet einerseits Subwirbel der physischen Vorgängerstufen, von Ausnahmen (wie Wasserstoff, da ordnet sich jede Stufe neu an) abgesehen, andererseits tragen die einzelnen Uratome in sich die Materie der feineren Vorgänger-Ebenen als Spirillen. Das wäre zunächst die Astralwelt, die aus ebensolchen sieben Stufen besteht, nur dort aus viel kleineren Uratomen. Aber auch das astrale Uratom braucht eine Reihe von Strömungen (als Spirillen), die es wirbelnd in seine Existenz heben, und die noch viel feinstofflicher sind: Aus den sieben Stufen der Mentalwelt. So geht es weiter und weiter.

Alles Physische trägt also durch die Spirillen auch eine astrale Kopie aller physischen Wirbel bei sich, und ist zusätzlich von strömenden originalen astralen Stoffen umgeben. Ebenso trifft das auf die mentalen Stoffe zu, die noch kleinere Lücken füllen und deren Urbläschen mit den physischen mentalen Spirillen wechselwirken, sie beim Entstehen gefüllt haben. Gleiches gilt für die nächstfeineren Welten.

All diese Kopien sind es, die man mit physischen Mitteln nicht zerstören kann, denn sie wechselwirken nicht in für sie tieferen Welten. Sie erzeugen aber die tieferen Welten, weil das Innere einer Uratom-Spirille eine leergepumptes Soggebiet darstellt, genau wie auch das innere Magnetfeld einer Kupferspule. **Das (physisch-materielle) Innere der feinstofflichen Spirille kann wieder völlig neu erzeugt werden,** solange die Spirille als Matrix existiert. Sie ist lebendig und hat ein höheres Bewusstsein als wir es, durch unser Gehirn gefiltert, es erkennen können.

Unsere derzeitige Physik erklärt Materie und Felder umgekehrt: „Die Ladung ist Quelle des elektrischen Feldes.", wird gelehrt im Zusammenhang mit den Maxwellschen Gleichungen. Materie mit Masse und Ladung geben demnach Felder ab, die sich ausbreiten und bei Dynamik ihrerseits Felder generieren können (E und H im Wechsel). Wo kommen diese Energien aber alle her? Immer aus der ursprünglichen Teilchenquelle?
Zum Teil stimmt das sogar, weil die energetische Rückkopplung tatsächlich in beide Richtungen läuft, aber älter und primär in der Kette sind die feineren Wirbelstrukturen, die sogenannten Felder. Ihre lebendige Wirbel-Vernetzung über viele Hierarchie-Ebenen bis hinauf zur All-Einheit wird von der Physik ignoriert. Ladung ist aber eine

mehrdimensionale Eigenschaft der Strömung (ihre Dichte, sowie Divergenz oder Konvergenz) in verschiedenen Wirbelphasen, in der sich Sub-Teilchen mit eigener Masse bilden und halten können oder auch nicht. Die experimentelle Quantenphysik stellt zwar Verschränkungen zwischen den Teilchen fest, kann sie aber nicht wirklich erklären, solange nur abstrakte Quanten (eine Teil-Eigenschaft von Wirbeln) definiert werden. Stattdessen wäre es besser, die ganzen verbundenen Wirbelhierarchien als reale Wirklichkeit zu erkennen.

A3.4 Gedanken-Experiment zur Anordnung im neuen Überwirbel

Warum bilden sich immer wieder die gleichen Muster, wenn ein Stoff abkühlt und kondensiert? Ein vereinfachendes Gedankenexperiment kann es verdeutlichen: schwimmende Korken statt Uratome-Wirbel.

Man nehme eine kleine Wasserschale und lasse Weinflaschen-Korken darin schwimmen. In die Korken stecke man Magnetnadeln, einmal den Nordpol nach oben, beim zweiten Korken den Südpol nach oben, dann wieder Nord nach oben usw., bis die Wasserfläche fast voll mit Korkpaaren ist. Die Korken sollen sich gerade noch bewegen können. Immer die gleiche Korkendichte ist hier die Randbedingung. Es wird sich dann bei fester Korkenzahl ein festes Muster bilden, wenn man die Korken verrührt oder kurz herausnimmt. Ist schon 1 Korken mehr oder weniger drin im entsprechend vergrößerten oder verkleinerten Bassin, bilden sich andere geometrische Muster. Ihre magnetische Ausrichtung ist mit dem Südpol nach magnetisch Nord, DAS ist die Ernährungs-Ausrichtung im Überwirbel.

Jetzt sollte man sich noch vorstellen können, man sei im Weltraum und die Wasseroberfläche sei nicht flach, sondern ein 3D-Volumen, in dem sich die Korken ihren Kräften entsprechend anordnen werden. Das äußere Ausrichtungsfeld (solare oder galaktische Strömungen) kann in der kollektiven Anordnung spiralig umgeleitet werden, hinein in das „System" und wieder heraus.
Das Feld einer einzelnen Magnetnadel steht natürlich für den kleinen Raumwirbel Uratom, der in 2 Drehrichtungen vorkommt, von den Beobachtern genannt männlich und weiblich.
Interessant ist, dass sich zuerst Gruppen aus einem bis sieben Korken bilden. Ein achter Kork bleibt draußen, wie eine neue Gruppe, falls es nicht eh schon mehrere kleinere Gruppen sind. Ein neunter Kork bildet mit dem achten ein Paar oder auch nicht, je nach Drehrichtung.
Aber jede neue Gruppe hat ein eigenes Wirbel-Zentrum. Die Grup-

pen ordnen sich untereinander wieder zu Ringen mit bis zu sieben Teilen an (niemals acht oder noch mehr Teile, ansonsten entstehen lineare Ketten), als wäre jede Gruppe nur ein größerer Korken, das wird dann ein gemeinsamer Überwirbel. Die neuen Gruppen aus Gruppen reagieren wieder wie ein einzelner Riesen-Korken. Über sieben Gruppengrößen (Stufen) geht das so, wenn es immer enger (kühler) wird.

Dann, unter entsprechendem Druck, löst sich das Kondensat der siebenten Hierarchie (fester Aggregatzustand) auf, und auch ihre Korken zerfallen und ihre Nadeln auch, da sie offenbar aus Einzelmagneten bestanden. **Wie in einer Schmetterlings-Metamorphose entsteht dann aus sehr vielen ein neues großes Riesen-Kork-Nadel-Paar. Das ist dann wieder Stufe 1 einer gröberen, dichteren, als kälter zu bezeichnenden Ebene.** Der neue Kork (als Uratom) ist nicht ganz derselbe, abgesehen von der Größe. Er ist fester. Seine Wirbelspiralen haben nun eine Spirillen-Ebene mehr.

Das alles ist nicht vom Zufall abhängig, es passiert immer wieder auf die gleiche Art. Der Platzmangel lässt normalerweise nur eine Lösung zu. Aber gerade der Platzmangel hält immer alle wirbelnden Systeme zusammen. Jegliche Wirbelform ist selbst nur Hohlraum, der im nahezu unbeweglichen Koilon (der letztendlich einzige Hintergrundstoff) vorwärts gedrückt wird. Eine zusätzliche Begrenzung muss nicht gesucht werden, wenn man Masse als Sog, als „Hohlraum in Nichtmasse" versteht.

Wenn es nur Korken mit einer Achsrichtung gäbe: Es ist klar, dass sich bei 7 Korken ein Sechseck mit einem Mittelkorken bildet, weil der Abstand der Sechseck-Kanten genauso groß ist wie zur Mitte. Schon die Korkenzahl 6 wird ein Fünfeck mit einen Mittelkorken.

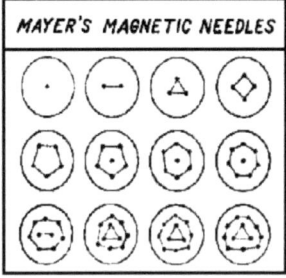

Auch die Korkenzahl 8 ist noch ein Siebeneck mit einzelnem Mittelkorken. Erst ab Gesamtsumme 9 beginnt sich die innere Formation (wegen 7+2) auszubilden, zunächst als Paar in der Mitte des 7-Eckes. Wir verstehen jetzt den geometrischen Grund, warum es nicht mehr als 7er-Ringketten werden:

Abb. A3.3: Original von Jinarajadasa

Der größere Platz in der Mitte erlaubt dann eine neue Gruppe. Abgesehen von der einseitigen Achsausrichtung sind die Korken nicht repräsentativ, weil die Uratome nicht in der Fläche liegen müssen.

A3.5 Die Elemente des Periodensystems

Nun zur Ausnahme Wasserstoff, auf der nahezu die gesamte Teilchen-Physik aufbaut. In /jo/ wird auf Seite 203 folgendes beschrieben:
-Zitat Anfang-:
„In Fig.89 sind die Stufen im Bau von Wasserstoff gegeben. Wasserstoff hat in jeder Einheit 18 Atome; aber es gibt zwei Wasserstoffarten. Eine besteht aus 10 positiven und 8 negativen Atomen; die andere setzt sich aus 9 positiven und 9 negativen Atomen zusammen. Fig. 89 stellt die zweite dar. Auf der nächsten Stufe, in der unteratomischen Unterebene, (siehe Fig. 49 ganz oben) ordnen sich die 18 Atome in 6 Gruppen von je 3 Atomen. Auf der nächsten Stufe, in der überätherischen Unterebene, findet eine Neugruppierung statt. Eine weitere Neuordnung findet auf der vierten Stufe, auf der ätherischen Unterebene, statt und wenn wir schließlich zur gasförmigen Unterebene kommen, ordnen sich die 18 Atome, die ein chemisches Atom Wasserstoff ergeben, in 6 Gruppen zu je 3 Atomen; drei von diesen 6 Gruppen sind besonders miteinander verbunden als die positive Hälfte von Wasserstoff, und die übrigen drei Gruppen verbinden sich miteinander zu der negativen Wasserstoffhälfte." -Zitat Ende-

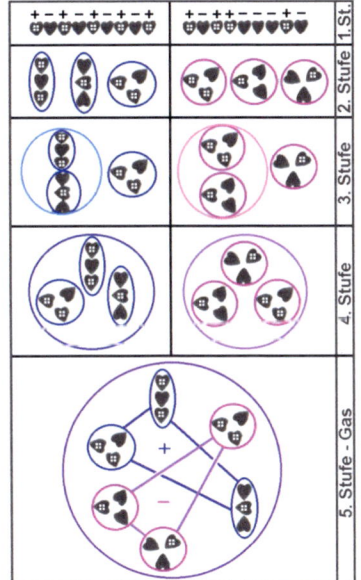

Der Aufbau von Wasserstoff, Variante 9+ 9-

Ein Kernphysiker wird hier mit Sicherheit auch seine Up- und Down-Quarks wiederfinden.

Außer bei Wasserstoff gibt es weder Quarks noch Protonen oder Neutronen überhaupt, dafür hunderte andere Strukturen. Es sind reine Rechenkunststücke, die in der Physik immer 18 Uratome zu einer virtuellen Einheit zusammenfassen.

Abb. A3.4: Entspricht Zeichnung Fig. 16 von Leadbeater/Jinarajadasa 1950 /jo/, nur die farbigen Einrahmungen sind neu. Rot ist Minus-Überschuss (linksdrehend) und Blau ist Plus (rechtsdrehend, in Bewegungsrichtung geblickt). Die genaue 3D-Anordnung konnte bisher nicht erkannt werden, da sich auch die Quellströmungen für Rechts- und Links-Anu unterscheiden. Neuer „Seher" gesucht!

Die kleinen Herzchen in Abb. A3.4 bis Abb. A3.6 muss man sich so klein vorstellen im Vergleich zu einem Zeichenblatt, dass sie selbst nur ein Punkt wären. Sie sind als Uratom der „Korknadelschwimmer" aus Abb. A3.3 und somit ein Teil des Urgrundes unserer scheinbar komplizierten sichtbaren Welt. Und als unsichtbare Welt bewegen sich dazwischen feinere Uratome auf mehreren kleineren Skalen.

Es ist ein herzförmiges Wirbelchen aus zehn einzelnen Spiralen mit Unter-Spirillen, das bei Abkühlung von selbst entsteht, aus ehemaligen Strömen noch feinerer Wirbel seiner Form. Diese werden wiederum Uratome genannt wird. Man müsste zumindest eine Nummer der Weltenebene anhängen an das Wort. **Das „Entstehen" ist immer ein Kondensieren, wie bei der Schneeflocke, deren unsichtbare Aura natürlich auch ein Wirbel ist. Das Kondensieren beginnt aber nur dann, wenn bereits ein Kondensationskeim existiert,** der **wie ein Funk- oder Schallsignal** die zukünftige Ordnungsmatrix vorgibt.

Die Gesamtzahl der perlenförmigen Bausteine in den Spirillen nimmt von Ebene zu Ebene um den Faktor 7•7=49 zu (Leadbeater/Besant). Das ist auch die Bläschenzahl, in die es wieder zerfallen kann, während seiner Metamorphose in 49 kleinere (bei Erwärmung) oder als Teil eines größeren (Abkühlung) Fraktal. Dass dabei eine Größenänderung von genau 2^{13} stattfindet, ist eine zusätzliche Hypothese von mir. Seit 2019 halte ich auch die 2^{26} für eine mögliche Längenschrittweite zwischen den Welten. Im Kleinen lässt es sich kaum überprüfen und im Großen stehen dann eindeutigere Strukturen zur

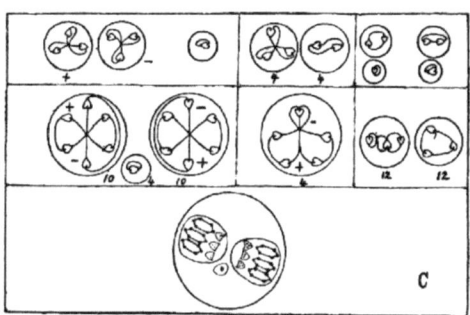

Verfügung: Zwischen Kopfradius/Organ hinunter zur DNA sind es 26 Halbierungen und zum Planetenradius hinauf sind es 26 Verdopplungen.

Abb. A3.5: Zeichnungen für den Aufbau von Kohlenstoff, aus /lo/ bzw. gutenberg.org/files/16058/16058-h/16058-h.htm ; dort finden Sie alle Elemente, auch das Ausnahme-Element Sauerstoff

Abb. A3.5 bis A3.6 sind Beispiele für die einzelnen Stufen der sieben Aggregatzustände (siehe auch Abb. A9.5):

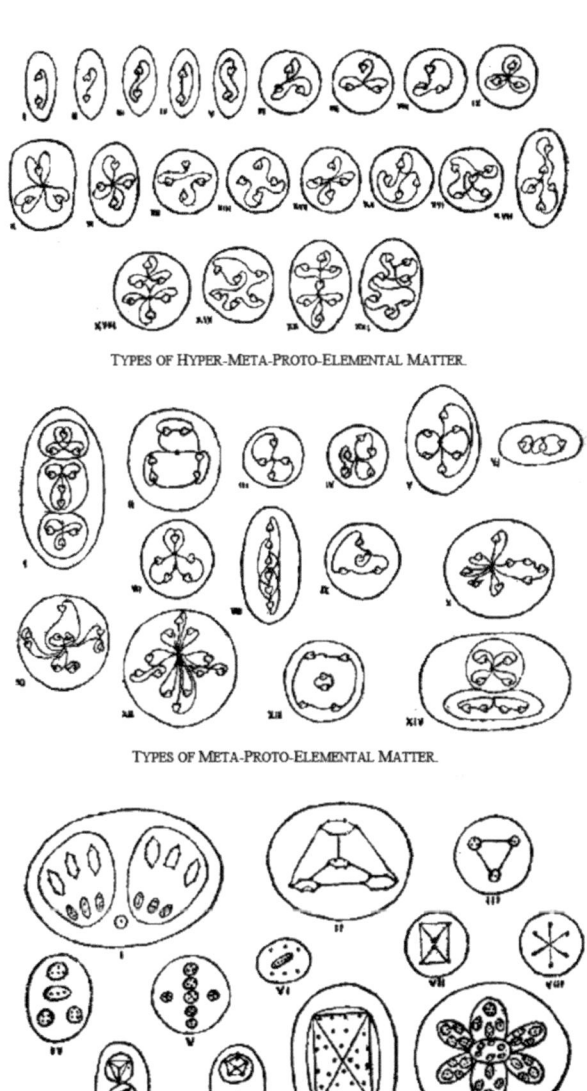

Abb. A3.6 C.W. Leadbeaters Skizzen als Struktur-Beispiele zu den Stufen der Aggregatzustände 2 bis 4 verschiedener Elemente des Periodensystems, nicht maßstabsgetreu. /lo/, auch aus der englischen Online-Version von „Okkulte Chemie" auf gutenberg.org und in perlenschnur.org/SucheOC/

A3.6 Zitate aus „Das höhere Selbst" von Charles W. Leadbeater, Edition Adyar

A3.6.1 Astralwelt

S.33:
Der Intellekt ist hier viel freier als in der niederen Welt, da er seine Hauptkraft nicht mehr damit zu verschwenden braucht, die schwerfälligen und trägen Partikelchen der physischen Gehirnsubstanz in Bewegung zu setzen. Auch gewinnen wir viel durch die Tatsache, dass alle Müdigkeit verschwunden ist, so dass wir imstande sind, ständig und ununterbrochen zu arbeiten.
.. Die Astralwelt ist die rechte Heimat der Leidenschaften und der Gemütsbewegungen, und jene, die sich einer Erregung hingeben, können sie daher mit solcher Kraft und Schärfe erfahren, wie es glücklicherweise auf Erden unbekannt ist.
S.35
.. Die viel feinere Astralmaterie folgt einer Willensanstrengung sofort, ... Der Mensch braucht nur seinen Willen in Kraft treten zu lassen, und die Leidenschaft verschwindet sofort. Diese Versicherung wird viele überraschen; aber ein wenig Nachdenken wird klar machen, dass kein Mensch zornig oder eifersüchtig oder neidisch zu sein braucht; kein Mensch hat es nötig, sich die Empfindungen einer Depression oder Furcht zu erlauben. Alle diese Erregungen sind unfehlbar Früchte der Unwissenheit, und wer immer sich die Mühe geben will, kann sie fortan in die Flucht schlagen.
S.36
In dieser Welt kann ein plötzlicher Schlag wirklich das Gewebe des physischen Körpers verletzen, aber in der Astralwelt sind alle Vehikel wie fließend, und ein Schlag, ein Schnitt, eine Durchbohrung kann keinerlei Wirkung verursachen, denn der Körper würde sich unmittelbar wieder schließen, genauso wie es das Wasser tut, wenn es mit einem Dolch zerschnitten wurde.
S.37
Wenn wir diesen Körper ablegen, gibt es weder Hunger noch Durst, weder Hitze noch Kälte, weder Ermüdung noch Krankheit, weder Armut noch Reichtum mehr. Was gibt es dann noch für Gelegenheit zu Kummer und Leiden?

A3.6.2 Mentalwelt

(Niederer Himmel, entspricht den dortigen Stufen 7 bis 4)

S.43
Wir wollen nun sehen, welche weiteren Vorteile der Mensch gewinnt, der sich das Mentalbewusstsein erschlossen hat. Noch einmal macht er die bereits beschriebene Erfahrung, denn er findet, dass diese höhere Welt von solcher Herrlichkeit und Wonne durchdrungen ist, dass daneben selbst das Glühen der Astralwelt mit all seiner sonst erstaunlichen Kraft zu wirkungslosem Feuerspiel herabsinkt. Wieder fühlt er, dass er nun endlich das wahre Leben erreicht habe, von dem er vorher nur eine unvollständige und ungenügende Vorstellung hatte. Wieder erweitert sich sein Horizont. .. Er erblickt nun die ganze Menschheit, - das unermessliche Heer jener, die zur Zeit nicht inkarniert sind, ebenso wie die verhältnismäßig wenigen, die die Leiber niederer Welten besitzen. Jeder Mensch mit einem physischen oder Astralleib muss unbedingt auch einen Mentalleib haben.
S.45
Unter jenen, die sich voll bewusst in der Mentalwelt befinden, ist eine viel engere Vereinigung, als auf einer niedrigeren Welt möglich war. Ein Mensch kann den anderen nicht mehr täuschen in Bezug auf das, was er denkt, denn alle Gedankengänge liegen dort offen vor jedermanns Augen. Meinungen oder Eindrücke können nun nicht bloß mit der Schnelligkeit des Gedankens, sondern mit vollkommener Genauigkeit ausgetauscht werden. .. anstatt sich durch das Labyrinth unklarer Worte durcharbeiten zu müssen.
In dieser Ebene kann der Mensch die Welt tatsächlich mit der Schnelligkeit des Gedankens durchmessen. Er ist auf der entgegengesetzten Seite derselben, sobald er nur den Wunsch hat, dort zu sein; denn in diesem Falle gehorcht der Stoff unmittelbar dem Gedanken, und der Wille findet ihn weit bereitwilliger als auf irgendeiner niederen Welt.

A3.6.3 Kausalwelt

(oberer Teil der Mentalwelt, Höherer Himmel, Stufen 3 bis 1)
S.53
Hier nehmen die Gedanken keine Form mehr an und treiben herum, wie das in niederen Welten der Fall ist, sondern fliegen mit Blitzesschnelligkeit von einer Seele zur anderen.
.. Hier haben wir es nicht mehr mit äußeren Formen zu tun, sondern erfassen die Dinge in sich selbst.
S. 54
Hier sind Ursache und Wirkung eins. .. Hier steht das Wesen jedes Dinges zur Verfügung. .. Es ist eine Welt der Wirklichkeiten, in der Täuschungen nicht mehr nur unmöglich, sondern undenkbar sind. ..

Was hier unten ein philosophisches System wäre, das vieler Bände bedürfte, um es zu erklären, ist dort eine ganz einfache Sache, ein Gedanke, der hingeworfen wird, wie man eine Karte auf den Tisch wirft.
S.55
Hier erblicken wir zum ersten Mal unsere Leben als ein großes Ganzes, von dem unser jeweiliges Herabsteigen in einen physischen Leib nur die vorübergehenden Tage waren.

A3.6.4 Intuitionswelt

S.59
das Verständnis .. es kommt von innen, anstatt von außen. Wir schauen nicht mehr auf eine Person oder einen Gegenstand, ... wir sind einfach diese Person oder Sache.
S.61
.. denn jetzt sehen wir die Ursachen, die uns früher verborgen waren. Sogar der böse Mensch ist, klar gesehen, ein Teil von unserem Selbst; ein Teil der Schwäche in uns. Daher wollen wir ihn nicht schmähen, sondern ihm helfen, indem wir in den schwachen Teil unseres Selbstes Kraft gießen, so dass der ganze Menschheitskörper gesund und kraftvoll wird.
S.62
da gibt es kein „Ich" und „Du" mehr, denn wir sind beide eins. Beide sind wir Seiten der Entwicklung eines Etwas, das uns überragt und einschließt.
.. jedoch kein Verlust des Individualitätsgefühles, wohl aber ein Verlust des Getrenntseinfühlens bis aufs äußerste. Der Mensch erinnert sich alles dessen, was hinter ihm liegt. Er ist er selbst, derselbe Mensch, der diese oder jene Handlung in längst vergangener Zeit vollbrachte. Er ist in keiner Weise verändert, außer dass er jetzt viel mehr ist, als er damals war, und fühlt, dass er ebenso viele andere Offenbarungen in sich einschließt.
S.66
In dieser Welt hat der Mensch noch einen bestimmten Körper, und doch scheint sein Bewusstsein in unzähligen anderen Körpern in gleicher Art gegenwärtig zu sein. Das Gewebe des Lebens (das, wie wir wissen, aus buddhischer Materie zusammengesetzt ist, Materie aus der Welt der Intuition), ist so ausgedehnt, dass es auch jene anderen Menschen in sich schließt, so dass wir anstatt vieler einzelne Gewebe ein einziges Gewebe erhalten, das alle anderen in einem einheitlichen Leben einschließt.

A3.7 Freiherr Karl von Reichenbach bewies Ätherwind

Die „Odisch-Magnetische Briefe" des Freiherrn Karl von Reichenbach sind aus dem Jahr 1852, doch seine wissenschaftliche Arbeit auf diesem Gebiet ist seitdem unübertroffen. Von ihm stammt der Begriff Od, der manchmal identisch mit Ladung zu sein scheint, manchmal wieder nicht. Manchmal entstammt ein Od einer rechtsströmenden Spirale, manchmal einer linksdrehenden. An Magnetpolen wird auch spiralig fließendes Od wahrgenommen. Karl von Reichenbach hatte über 20 Jahre lang Forschung betrieben unter Zuhilfenahme sensitiver Menschen, die im Dunkeln Magnetfelder, Aura und Biofelder sehen konnten, nachdem sie sich ungefähr zwei Stunden in totaler Dunkelheit aufgehalten hatten.
Sie konnten ohne Kenntnis voneinander auf gleiche Resultate kommen.
Dieses flammenartige Licht wird auch **Lohe** genannt. **Man kann zum Beispiel Tageslicht oder Mondlicht über ein elektrisch leitendes Kabel in einen dunklen Raum leiten**, als wäre es ein Lichtleiter. Es erscheint am anderen Kabelende als Lohe. Die Ausbreitung ist aber ungewohnt langsam. Deckt man den Kabeleingang lichtdicht ab, ist drinnen erst nach Sekunden keine Flamme mehr zu sehen.

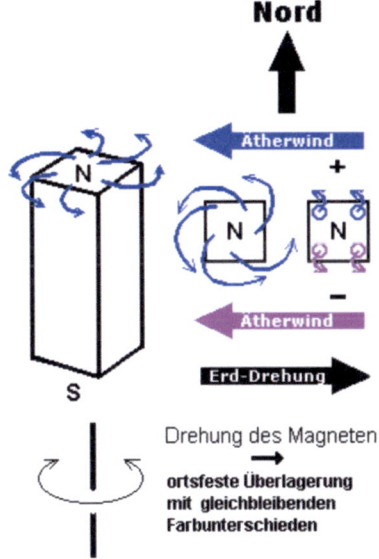

Abb. A3.7 *Magnetfeld farbig im Dunkeln*

Des Weiteren hat er einen Magneten untersuchen lassen, während man ihn senkrecht-stehend langsam rotieren lässt, zum Beispiel mit dem Nordpol nach oben. Auf dem oberen Pol wurden vier metallische Polschuhe aufgesetzt. Polschuhe sind so etwas wie metallische spitze Hütchen. Durch sie wurde die Lohe gebündelt und dadurch erst richtig gut sichtbar. Die „Magnet-Od-Flamme" erschien über jedem Polschuh in gleicher Spiralrichtung, aber jeweils einer etwas anderen Farbe, die aber während des Rotierens ortsfest (nicht magnetfest) blieb, also in Richtung Norden leuchteten die Flammen über den Hütchen blau.

Die anderen sahen rötlicher aus. Und wenn die Rötlichen an die Po-

sition der Blauen kamen, wurden sie auch so blau, und die anderen gegenüber wieder rötlich. Das bedeutet offensichtlich, dass diese Flammenverfärbung in Wechselwirkung mit der Erdrotation entsteht. Der umgebende Häther-Gegenwind (magnetischer Art) wird auf der einen Seite addiert, auf der anderen subtrahiert. Oder anders gesagt:
Diese richtungsabhängigen Farbveränderungen zeigen, dass der magnetische Hätherfluss, der den Magneten verlässt, auf der einen Seite durch den terrestrischen magnetischen Hätherwind verstärkt wird (Farbe höherfrequenter) und auf der anderen Seite ihm entgegensteht, also gebremst wird (Farbe niederfrequenter).

Anm. 2024: Der terrestrische elektrische Hätherwind korreliert eher mit den Wind-Zyklonen, fließt also in unseren nördlichen Breiten meistens von West nach Ost. Die Störeinflüsse durch Hochspannungsleitungen vom Westen her legen das nahe. Die elektrische Stufe liegt näher an Plasma und Gas, während der magnetische Aggregatzustand antiparallel zum zugehörigen Gas strömen könnte. Zwischen den Stufen liegen fast rechtwinklige Spiraldrehungen, schrittweise durch senkrechten Sog verursacht.

Das Ganze wird sich zwar bei so hohen Frequenzen abspielen, dass von Blau und Rot keine Rede sein kann, aber durch die Biofeld-Überlagerung (Schwebung) des sensitiven Beobachters wird die Lichtfrequenz heruntertransformiert ins sichtbare Fenster.

Karl von Reichenbach hat Schall als Lohequelle gefunden, indem er Stimmgabeln, Saiten und Glocken beobachten ließ. Durch den Schall wurde Bewegung ausgelöst, also auch Strukturzerfall. Deshalb meine Hypothese: Licht ist immer eine Begleiterscheinung von Wirbelauflösung.

Chemische Reaktionen waren ebenfalls eine Quelle von Lohe, weil neue Moleküle erst den Anschluss an ihr eigenes Resonanzen-Netz finden müssen, während dessen kommt es auch zu Zerfall.

Für mich ist Reichenbachs Magneten-Dreh-Experiment ein hinreichender Beweis für die Existenz des Hätherwindes bis hinunter zur Erdoberfläche. Die reine Absolutgeschwindigkeit der Erdoberfläche beträgt 30 km/s. Der die Erde umgebende Häther (E-Feld, H-Feld und höher) wird wahrscheinlich zu 2/3 bereits mitbewegt, denn er beträgt noch etwa 10 km/s auf der Erdoberfläche. Das sind die offiziellen Ergebnisse der Michelson-Morley-Miller-Versuche, über die uns damals im Physikhörsaal nichts berichtet wurde.
Lohe ist genau wie Licht eine Art Ätherdampf von sich auflösender

Struktur. Anschaulich gesagt, kann man es sich vorstellen wie rauchendes Trockeneis, das unter Umgehung der flüssigen Phase direkt verdampft. Ein Wassertropfen auf der glühenden Herdplatte wird zur Rakete, was für mich ein plausibles Modell für die Lichtausbreitung ist. Physische Materie (wie Trockeneis) besteht aus Hätherwirbeln hoher Ordnung, die untereinander fest vernetzt sind.

Karl von **Reichenbach** hatte genügend Vermögen, um den Zeitaufwand seiner sensitiven Gehilfen zu vergüten. Er hatte auch ausgeführt, über welche Kriterien sie zu finden sind, da er immer wieder neue brauchte, denen die Experimente unbekannt waren. Alles hat er mindestens 20 Mal wiederholt, mit sich untereinander unbekannten Menschen, um Suggestives auszuschließen.

Es gibt viele andere Aufzeichnungen sensitiver Menschen, z.B. **Korschelt** mit seinen Metallspiralen, oder **Lakhovsky** mit den alternierenden Ringantennen, oder aus neuerer Zeit von der aurasichtigen NASA-Physikerin **Barbara Brennan,** die berühmt für ihr brillantes Buch „Lichtarbeit" wurde. Ganz besonders zu betonen sind die atemberaubenden Beobachtungen zum Aufbau der Atome aus Uratomen von **Leadbeater** und **Besant** (siehe A3), die letztendlich alle anderen Experimente erklären können. **All das muss dringend mit heutigem Wissen neu interpretiert werden, sobald es überhaupt erst offiziell zur Kenntnis genommen wurde.** Auch Barbara Brennan hat sehr korrekt mit statistischen Methoden gearbeitet, indem sie Pressevertreter, Notare und Aurasichtige gleichermaßen als Zeugen eingeladen hatte. Die Aurasichtigen mussten unabhängig voneinander Zeichnungen anfertigen über die Vorgänge, die sie sehen konnten, obwohl es für andere unsichtbar war. **Ich halte es für dringend erforderlich, diese Art von Forschung fortzuführen oder wenigstens endlich zu wiederholen.**

A4 Makrowelt

A4.1 Skalenschritte - der Treffpunkt verschiedener Faltungen

Dass ein Uratom genau so und nicht anders aussieht, der Umriss in allen Größenordnungen immer wieder gleich, hat mathematisch-geometrische Gründe.
Die temperatur-typischen Bewegungsamplituden sowie der Takt und die Intensität des Ernährungs-Rhythmus bzw. seiner Spiralisierung definieren die Grundeinheit Eins jeder Skalierung. Dadurch ist auch seine Absolutgröße quantisiert und es gibt keine beliebigen Zwischengrößen, nur Verdopplungen. Beispielsweise entstehen erst zwei Dotter in einem Ei, bevor das doppeltgroße Ei erreicht ist, mit dem achtfachen Volumen. Aber kaum kommen variable Zwischengrößen vor, die gesund sind. Das hat physikalische und nicht etwa genetische Gründe. In Abb. A4.1, der nächsten Skizze, wurde Abb. A3.2 aus A3 in 2^{13}-er Schritten nach unten fortgesetzt.
Ein Uratom bleibt durch 13 Verdopplungen und Halbierungen mit seinen eigenen Nachbar-Fraktalen verbunden, denn 2^{13} ist ungefähr exp(9) und damit die erste Annäherung dieser beiden wichtigen Skalen, von mir genannt Super-Resonanz. Der Radius der Merkurbahn liegt bei $6*13=78$ Verdopplungen, relativ zum physischen Uratom.
Unsere Kopf- und Herzgröße ist um glatte 26 Halbierungen kleiner als die Erd-Kugel (2mal13). DESWEGEN können wir alle miteinander in Resonanz kommen, wir spiegeln uns in der Erde und die Erde spiegelt alles zu uns zurück. Um weitere 26 Verdopplungen spiegelt die Erde sich im gesamten Sonnensystem-Wirbel, und unser Herz auch noch in jeder DNA, nur rückwärts ins Kleine. Weiter geht es in den gleichen Schritten durch die beiden Seelen- und die vier göttlichen Welten: Astrales und Mentales Uratom, Buddhisches und Atmisches Uratom usw. (Abb. A3.2).

Die Abb. A4.2 zeigt: Der nächste, noch bessere Treffpunkt der 2^N und e^M -Skalen befindet sich bei 2^{88} und exp(61), der auch Ausgangspunkt einer ganzen Serie von 2^{13}-Superresonanzen sein kann, die immer um Faktor $8=2\cdot2\cdot2=2^3$ kleiner als die bisher bekannten sind, da beim Merkurbahnradius die siebente Superresonanz des astralen Uratoms von unten $7\cdot13=91$ stattfindet. Interessant ist, finde ich, dass ausgerechnet in der Nähe der siebenten Superresonanz ein völlig neuer Superresonanzen-Super-Schritt auftaucht, diese 2^{88}, der selbst als Schritt in unendliche Weiten schreiten kann, immer die von ihm ausgehende 2^{13}-er Unterschrittweite im Gepäck.

Die Faltungs-Kreuzungen sind die Bühnenbretter aller Welten!

zu je 7 Stufen in zusammen 13 Verdopplungen (Gabi Müller)

Fortsetzung:

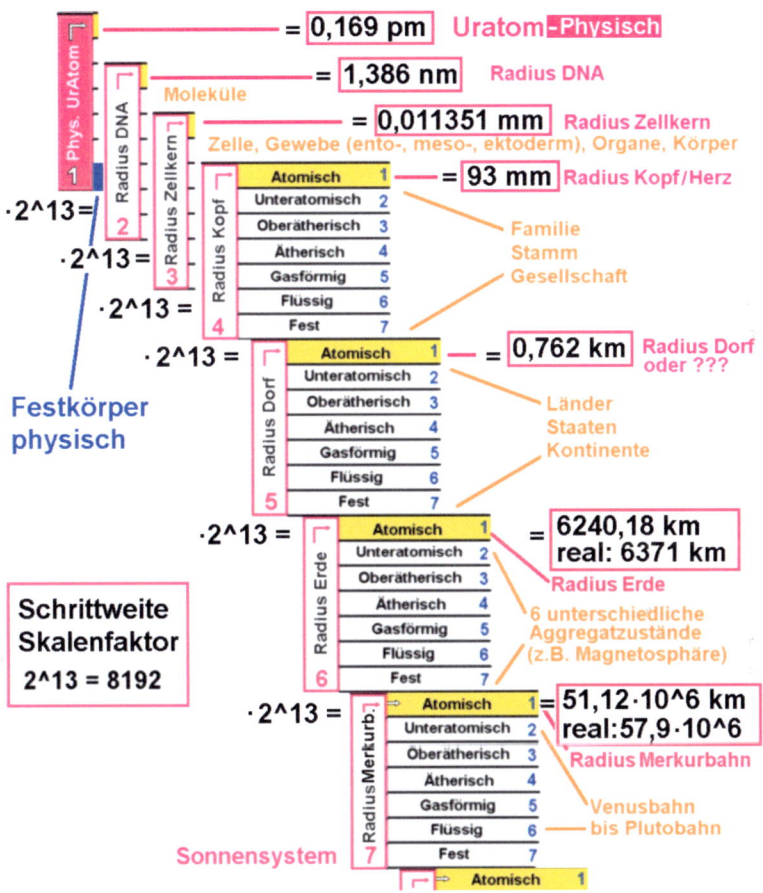

Abb. A4.1 Fortsetzung von Abb. A3.2 nach unten. Größenangaben als Vorschlag, mehr Erklärungen siehe A10.8. und A14.3.11 . Andere Berechnungen, mit Loschmidtzahl hier vivavortex.wordpress.com/2021/02/01/ungeklarte-grosen/ Falls es durchweg 2^{26}-iger Schritte sind statt 2^{13}, ist das physische Uratom 8192 mal kleiner als hier angegeben und entsprechend auch die feineren Welten. Die Ebene Radius-Zellkern und Radius-Dorf sind dann lediglich Stufen im Plasma-AGZ dazwischen, keine völlige Neu-Verwirbelung. Bin auch in Buch 2 darauf nicht wieder eingegangen, weil noch Fakten fehlen.

Vermutlich laufen in unserer Welt beide 2^{13}-Skalen aufeinander zu

und erlauben dadurch zwischen ihren beiden 2^13-er Super-Resonanzen lebendige Strukturgrößen mit maximal Faktor 8 (z.B. kleinste und größte Planeten-, Organe-, Früchte- oder Samenkerngrößen).
Alle größeren Skalen nach dem Sonnensystem sind als Entfernungs-Messwerte zu unsicher bekannt, um hier passend eingeordnet zu werden.

A4.2 Goldener Schnitt als stärkster Attraktor

Erst wenn alles genau zusammenpasst, bildet sich zwangsweise ein quantisierter holografische Wirbel, vermutlich im Zusammenhang mit dem mehrdimensionalen Goldenen Schnitt.

Der Goldene Schnitt als Iteration im Eindimensionalen hat die Eigenschaft, nach Inversion und Subtraktion von Eins immer stabiler beim gleichen Wert -1,6180339887.. zu landen:
$x = 1/x - 1$, unabhängig davon, mit welchem x man beginnt. Die Inversion ist der Durchgang durch einen Pol: $1/x$ bedeutet Klein wird Groß und Groß wird Klein. Die Minus Eins ist letztendlich ein Zuschuss von Sog, von mir bezeichnet als Ernährung. Andere würden es Verlustkompensation nennen, aber mir geht es gerade um die Parallelen zum Lebendigen.

Alles, was sich bewegen kann, besteht letztendlich aus Unterdruckteilchen und diese folgen prinzipiell jedem Sog. Also wird sie zusätzlicher Sog beschleunigen. Ein Druck würde ihre geordneten Bahnen beschädigen.

A4.3 Die Legende vom Planeten Vulcan

Die 2^88 landet, vom astralen Uratom aus gesehen, bei ungefähr 1/8 des Merkurbahn-Radius, für mich ein Hinweis auf den sagenumwobenen Planeten Vulcan. Er wäre dann nur 4 Sonnendurchmesser von der Sonnenoberfläche entfernt.
Es könnte aber sein, dass Vulkan wegen der 88-Superresonanz sogar zu einer ganz anderen Materieart mit anderer Sonnenwirbel-Feinstofflichkeit gehört(e) wie die astrale, so dass er auch eine andere, um den Faktor Acht kleinere Sonne besitzt, wobei für ihn die astrale Sonne in einem Parallelraum existiert.

Rein zahlenmäßig hat nämlich die Superresonanz $2^{88}=\exp(61)$ auch rückwärts ihre Inseln in 2^{13}-Schritten bei $2^{75}=\exp(52)$ und $2^{62}=\exp(43)$ usw. . Wenn es in einer Richtung aufwärts geht über $91=7\cdot13$ Verdopplungen (bis Merkurbahn), kann es auch 88 Halbierungen abwärts gehen bis zu einem anderen (1/8 großen) astralen Uratom, das es nur für Vulkanbewohner und temporär für seine (astralen?) Besucher gibt, falls es technisch/körperlich möglich ist oder war, dorthin zu gelangen. Dazu müsste man Samantha Carter (exzellente Wissenschaftlerin in der Filmserie „Stargate") befragen, wegen der Phasenverschiebung … ;

Wo liegt das Zahlenverhältnis beider Reihen sehr nahe an Eins ?

$(0.95 < ((e)\wedge N3 / 2\wedge N2) < 1.05)$ $1/(\ln 2) = 1{,}4426950409$

(N2=13, N3=9) exp(N3)/2^N2= 0.98914598725285 (N2-N3=4) (N2/N3=1.4444444444444)
(N2=26, N3=18) exp(N3)/2^N2= 0.97840978409842 (N2-N3=8) (N2/N3=1.4444444444444)
(N2=36, N3=25) exp(N3)/2^N2= 1.0478091911847 (N2-N3=11) (N2/N3=1.44)
(N2=39, N3=27) exp(N3)/2^N2= 0.96779011182989 (N2-N3=12) (N2/N3=1.4444444444444)
(N2=49, N3=34) exp(N3)/2^N2= 1.036436256867 (N2-N3=15) (N2/N3=1.4411764705882)
(N2=52, N3=36) exp(N3)/2^N2= 0.95728570561952 (N2-N3=16) (N2/N3=1.4444444444444)
(N2=62, N3=43) exp(N3)/2^N2= 1.0251867645234 (N2-N3=19) (N2/N3=1.4418604651163)
(N2=75, N3=52) exp(N3)/2^N2= 1.014059374313 (N2-N3=23) (N2/N3=1.4423076923077)
(N2=88, N3=61) exp(N3)/2^N2= 1.0030527609379 (N2-N3=27) (N2/N3=1.4426229508197)
(N2=101, N3=70) exp(N3)/2^N2= 0.99216561348461 (N2-N3=31) (N2/N3=1.4428571428571)
(N2=114, N3=79) exp(N3)/2^N2= 0.98139663526857 (N2-N3=35) (N2/N3=1.4430379746835)
(N2=127, N3=88) exp(N3)/2^N2= 0.97074454367936 (N2-N3=39) (N2/N3=1.4431818181818)
(N2=137, N3=95) exp(N3)/2^N2= 1.0396002489866 (N2-N3=42) (N2/N3=1.4421052631579)
(N2=140, N3=97) exp(N3)/2^N2= 0.96020807002804 (N2-N3=43) (N2/N3=1.4432989969072)
(N2=150, N3=104) exp(N3)/2^N2= 1.0283164146322 (N2-N3=46) (N2/N3=1.4423076923077)
(N2=163, N3=113) exp(N3)/2^N2= 1.0171550551597 (N2-N3=50) (N2/N3=1.4424778761062)
(N2=176, N3=122) exp(N3)/2^N2= 1.0061148412251 (N2-N3=54) (N2/N3=1.4426229508197)
(N2=189, N3=131) exp(N3)/2^N2= 0.99519445791338 (N2-N3=58) (N2/N3=1.4427480916031)
(N2=202, N3=140) exp(N3)/2^N2= 0.9843926045813 (N2-N3=62) (N2/N3=1.4428571428571)
(N2=215, N3=149) exp(N3)/2^N2= 0.97370794470298 (N2-N3=66) (N2/N3=1.4429530201342)
(N2=225, N3=156) exp(N3)/2^N2= 1.0427739000177 (N2-N3=69) (N2/N3=1.4423076923077)
(N2=228, N3=158) exp(N3)/2^N2= 0.96313935571647 (N2-N3=70) (N2/N3=1.4430379746835)
(N2=238, N3=165) exp(N3)/2^N2= 1.0314556188146 (N2-N3=73) (N2/N3=1.4424242424242)
(N2=241, N3=167) exp(N3)/2^N2= 0.95268542887225 (N2-N3=74) (N2/N3=1.4431137724551)
(N2=251, N3=174) exp(N3)/2^N2= 1.0202601863798 (N2-N3=77) (N2/N3=1.4425287356322)
(N2=264, N3=183) exp(N3)/2^N2= 1.0091862693115 (N2-N3=81) (N2/N3=1.4426229508197)
(N2=277, N3=192) exp(N3)/2^N2= 0.9982325486801 (N2-N3=85) (N2/N3=1.4427083333333)
(N2=290, N3=201) exp(N3)/2^N2= 0.98739771987211 (N2-N3=89) (N2/N3=1.4427860696517)

$(0.995 < ((e)\wedge N3 / 2\wedge N2) < 1.005)$

(N2=88, N3=61) exp(N3)/2^N2= 1.0030527609379 (N2-N3=27) (N2/N3=1.4426229508197)
(N2=189, N3=131) exp(N3)/2^N2= 0.99519445791338 (N2-N3=58) (N2/N3=1.4427480916031)
(N2=277, N3=192) exp(N3)/2^N2= 0.9982325486801 (N2-N3=85) (N2/N3=1.4427083333333)
(N2=365, N3=253) exp(N3)/2^N2= 1.0012799140116 (N2-N3=112) (N2/N3=1.4426877470356)
(N2=453, N3=314) exp(N3)/2^N2= 1.004336582221 (N2-N3=139) (N2/N3=1.4426751592357)
(N2=554, N3=384) exp(N3)/2^N2= 0.99646822124438 (N2-N3=170) (N2/N3=1.4427083333333)
(N2=642, N3=445) exp(N3)/2^N2= 0.99951020050604 (N2-N3=197) (N2/N3=1.4426966292135)
(N2=730, N3=506) exp(N3)/2^N2= 1.0025614662032 (N2-N3=224) (N2/N3=1.4426877470356)
(N2=919, N3=637) exp(N3)/2^N2= 0.99774361488291 (N2-N3=282) (N2/N3=1.4427001569859)
(N2=1007, N3=698) exp(N3)/2^N2= 1.0007894876165 (N2-N3=309) (N2/N3=1.4426934097421)

```
   88 = 11*2*2,      554 = 277*2,      277 =prim= 23*12+1,
  189 = 7*3*3*3,     453 = 151*3,      365 = 73*5 = 13*7*4 +1 ,
  642 = 107*2*3,    1007 = 53*19,      730 = 73*5*2,
```

Abb. A4.2: Hier wird nur die Faltung 2^N und e^M betrachtet. Die Treffer für Faktor 3 oder 5 mit Faktor e (Eulersche Zahl) sind aber viel seltener.

A4.4 Kühlende Berge und Steine

Jeder Wirbel lebt, und ohne Wirbel kann nichts auf Dauer existieren. Künstliche Formen, ohne durchgängige multidimensionale Anbindung, können nur in der Nähe lebendiger Wesen stabil bleiben, sie sind wie Parasiten. Auch Gegenstände, etwa ein Haus, zerfällt rasant, wenn es verlassen ist. Natürliche Steine hingegen sind selber lebendig. Wenn man sie in T-Form aufbaut (Steinkreise), oder wie ein Ei auf der Spitze aufstellt, mit breiterem Oberteil, dann verbreiten sie einen Landschaftswirbel, der das Wetter dynamisiert. Wenn der frontale Abstand zwischen zwei solcher T-Steine auch noch resonant zu Kohlenstoff ist (1 Meter mal 2^N, die Kohlenstoff-Super-Resonanz liegt bei 1/8 m: Zwerge), kann zwischen ihnen leicht lebendige Materie kondensieren, sobald zwischen ihnen eine feinstoffliche Vorlage (Matrix) gelagert wird. So können nichtphysische Wesen sich leichter einen physischen Körper materialisieren, der genau ihrem eigenen entspricht. Besonders Hochstehende brauchen nicht mal dieses Hilfsmittel.

Viktor Schauberger hat entdeckte, dass unser Quellwasser nur marginal aus dem Regen-Kreislauf stammt. Am Tag steigt Wasser durch die Sonnenwärme als Dampf und Gas nach oben. Aber ein großer Teil steigt viel höher als nur zu den Wolken, und wird schließlich in seine Substrukturen jenseits des Gases zerlegt, also in mindestens Stufe 4. **Es gibt also tatsächlich ein Wasser-Meer am Himmel**. Wenn es (zunehmend) polarisierend auf das Sonnenlicht wirkt, dann ist jede echte konvektive Wolke dann der zweite Polarisator und schluckt mehr und mehr vom Sonnenlicht. Auch Teile vom Luft-Kohlendioxid nehmen diesen Weg. In der Nacht, bei Abkühlung, fällt ein Teil des oberen Meeres herab, bleibt aber bis zum Boden noch im Aggregatzustand jenseits von Gas, wir können es weder sehen noch messen. Sobald es aber auf einen Berg trifft (Erde, Stein), und sei es ein kleiner Hügel, wandelt es sich zurück zu Wasser und tritt auf dem schnellsten Weg als Quellwasser aus, meist schon vermischt mit Kohlensäure, die darin auch neu kondensierte. Dadurch ist das Quellwasser sauber und endlich kann man verstehen, warum es überhaupt vom Berg herabfließt, vom oberflächlichen Regenwasser abgesehen. Die gängige wissenschaftliche Erklärung ist, dass es in Steinkapillaren noch oben gepresst wird. Nach den vielen Steinkapillaren, in fast jedem Feldhügel, sollte man mal suchen. Auf Google-Maps, der geodätischen Karten-Ansicht, kann man sich Millionen von Quellen ansehen, überall, auf jedem Hügelchen, auch in nahezu flachem Land, viele Bauherren hatten ihr Problem damit.

Dass zurzeit die Eisberge schmelzen, weiß jeder, aber niemand wundert sich, dass Holland noch nicht untergegangen ist. Wo ist das viele Wasser? Doch viele fragen sich **„Warum ist der Himmel neuerdings oft so dunkel, die Wolken so schwarz?"**
Das Meer am Himmel wird dicker und dicker, aber es schirmt mit sich selbst den Photonenring ab, was wieder die weitere Erwärmung stoppt. Das ist ein wunderbarer natürlicher Ausgleichsmechanismus. Begrüßt den dunklen Himmel! Wenn aber das Sonnensystem den Photonenring verlassen haben wird, passiert wieder das, was jedes Mal passiert: Die Sintflut. Wir haben bis dahin noch ca. 100 Jahre Zeit, wie ich hörte. Mit Cloudbustern kann man das „Obere Meer" auch anpieksen und vielleicht (?) dosierter herablassen. Aber nicht zu früh! Der Regelvorgang hat auch seinen Sinn. Das ganze Wetter besteht aus natürlichen Regelvorgängen FÜR den Planeten. Wenn das Prä-Wasser derzeit nicht oben bleibt, wird es unten zu heiß.
R.G.Hamer würde sagen: Unsere Erdathmosphäre bekam als Heilvorgang einen hilfreichen „Wasserbauch". Wenn die Einstrahlung aufhört, „öffnet der Himmel seine Schleusen" und das Wasser fällt in kurzer Zeit als Flüssigkeit herab. Eine Sintflut ist offenbar das „normale" Ende eines natürlichen Regelvorganges, genau wie das häufige Wasserlassen am Ende der Heilungsphase, die ja für ihre Stoffwechselvorgänge viel Wasser in Form von Ödemen gebraucht hatte. Verhalten wir uns also nicht wie symptom-verschiebende Schulmediziner und halten das obere Wasser und den dunkleren Himmel lieber aus.

A4.5 Ladungen als Strömungsqualitäten

Was wir elektromagnetisches Feld nennen, kann nichts anderes sein als Ströme von Uratomen oder Moleküle aus ihnen, wahrscheinlich vermischt mit Uratomen astraler und höherer Art. Für noch feinstofflichere Ströme, die für die Teilchen unserer elektromagnetischen Felder formbildend sind, haben wir keine Technik, außer den Sinneszellen unseres Körpers, die auch astrale und mentale Kopien besitzen. Unser Bewusstsein reicht bei Benutzung eines der feinstofflichen Körper viele Stufen höher in die Frequenzauflösung. So wurde auf diese Weise gesehen, dass physische Uratome sich in der elektrischen Feldströmung in Ketten anordnen. Also muss die Hintergrund-Strömung des meßbaren „E-Feldes" mindestens astral sein, von welcher Stufe auch immer. Genaugenommen müssten wir für jede Stufe jeder Ebene andere Bezeichnungen haben, wie etwa

elektrisch: E1(physisch), E2(astral) usw., oder E1(mental) usw.

magnetisch: H1(physisch), H2(astral) usw., oder H1(mental) usw. .

Über Ladungen lernt man in der Schule, dass sie entstehen, wenn man einen Plexiglasstab mit einem Wollappen reibt. Wir kennen Reibung und Ladungstrennung am Dielektrikum, oder Spannungserzeugung mit gegeneinander bewegten Spulen und Magneten, um statische oder dynamische Elektrizität zu erzeugen. Da diese Ladungen messbar sind, einen Zeigerausschlag erzeugen können, müssen sie physische Anteile haben.

Diese messbaren Ladungen sind aber nur die gröbste Form. Es gibt viele Arten anderer Ladungen, die auf ihrer Ebene den gleichen Gesetzen gehorchen. Aber sie sind in Bezug zur Festkörper-Ebene feinstofflicher. Freiherr Karl von Reichenbach hatte in seinen Experimenten (Odisch-Magnetische Briefe) den Begriff Lohe verwendet, um es von Coulomb-Ladung abzugrenzen (siehe A3.7).

Alles, was Struktur hat (auch ein Mehlteig), muss aus Einzelteilen bestehen, und trägt deshalb in sich geladene Subwirbel. Das sind einfach Wirbel, die nicht vollkommen im Gleichgewicht sind, die noch Außenwirkung haben, deren Mangel- oder Überschussstellen ausgeglichen werden müssen. Sie tauchen als Gegensatz-Teile bei Ordnungsverlust auf, wenn der Überwirbel zerfällt, der sie früher angezogen hatte, um sich möglichst zu Null zu kompensieren. D.h. es gibt ganz verschiedene Arten von Elektrizitäten, für jede Ursprungsebene und Unterstufe andere Quantisierungen und Qualitäten.

Jeder Bewegung, jedem Antrieb geht eine Ladungsveränderung voraus. Zuerst gibt es einen Druck, eine Wirbelstruktur zerfällt davon. Das kann ein Wetterwirbel sein, ein Blitz, ein Vulkanausbruch. Das kann eine Sinneszelle sein zum Tasten, Sehen oder Hören, ebenso eine Muskelzelle zum Bewegen. Die freiwerdende Ladung folgt dem Weg der Potentiale. In jedem Gehirn sind andere Wege vorgebahnt, je nach früheren Erlebnissen. Daraus folgt die subjektive Wahrnehmung. Aus dieser dann die subjektive Reaktion. Eine Emotion, ein Gefühl, ist einfach nur ein geladener Wirbel im Emotionalkörper. Wäre er neutral, würde er nur sauber kreisen, ohne Außenwirkung, er würde in seiner Hüllenphase keine „Wolkenbildung", wie eine Verdunkelung, in der Aura zur Folge haben, die auch andere Menschen beeinflussen kann, oder sogar im Raum gespeichert, am Ort seiner Entstehung, eine Zeit-Brücke bildend vielleicht über Jahrhunderte.

Alles, was von außen kommt, wirkt ein (wie Erwärmung), muss einen Wirbelzerfall anregen, deren Zerfallsprodukte sich getrennt weiterbewegen müssen. Sie folgen nicht nur dem umgebenden Druckgradienten, wie Wasser dem Höhengefälle folgt, sondern auch dem passenden Umgebungsdrall, der meist doppelwandig im Angebot ist und die Ionen trennt. Die Richtung der Strömung zeigt das Gefälle an, sie zeigt aber auch die strömende Ladungsart an.

Unsere Form von elektrischer Energieerzeugung beruht auf destruktiver Spannungs-Generierung. Was wir technische Energie nennen, ist ein anderes Wort für Leid, denn die astrale Welt, der E-und H-Felder vermutlich entstammen, ist auch die Substanz unserer Emotionen.

Womit kann man biologische Ladungen JEDER ART neutralisieren? Technische Ladungen sind zu grob, um passend eingebaut zu werden. Sie könnten nur zum Absaugen dienen, etwa bei Erdung. Besser sind Bäume, deren Ladung an diesem Tag, in dieser Situation als Gegenpol stimmt. Auch die Bäume haben am Stamm mehr positive Ladung als negative im Strömungstorus in und unter der Krone. **Unterschiedliche Menschen brauchen unterschiedliche Energien, auch tages- und stimmungsabhängig.** Da hilft kein Rezept, nur das Ausprobieren.

A4.6 Masse ungewohnt anders

Besteht ein Wirbel nur aus sich selber, ohne akkumuliertes Kondensat, das sich um den Hohlraum herum anordnet, wie bei einem Planeten, dann gibt es genauso die Anziehungskraft senkrecht zur schnellsten Wirbel-Schicht: Von außen auf die schnellste Schicht zu und gleichfalls von innen auf sie zu. Die äußere Kraft nennen wir Gravitation, das innere Leersaugen nennen wir Masse.

Der Kern eines Uratoms ist das Gleiche wie eine Sonne, nur in Klein. Die Eigenschaft Masse entspricht dem saugenden Unterdruck im Kern des Wirbels. Sie entspricht der Kraft im Schlauchring um das Auge des Tornado, das Dächer hochhebt und Lastwagen fliegen lässt. Protonen und Neutronen gelten auch als schwer, die Sonne gilt als schwer, aber ihr Inneres ist vor allem leer bezüglich dem, was sie umströmt. Etwas Feineres strömt augenblicklich ein, und so verhaken und vernetzen sich die Welten verschiedener Dichtigkeit.

Anders gesagt: **Alle Wirbel mit Masse (genannt Teilchen) bewegen sich wie Blasen im Umgebungsmedium. Deswegen sind sie sehr beweglich im dichteren Medium. Sie sind nur Löcher, die** sich darin vorwärts drücken. **Einen inneren Bewegungsantrieb brauchen sie nicht,** solange außen noch Druckunterschiede herrschen. Monde, Planeten, Sonnen und Galaxien sind Hohlräume in riesigen feststehenden Raumwirbelhierarchien. Sie bewegen sich da hindurch, wie ein Pulsschlag-Sog durch die Arterien und Venen eines Lebewesens. Der Pulsschlag-Sog hält den Kreislauf in Gang, aber er ist auch ein Produkt des Kreislaufs.

A4.7 Die Dynamik der Wirbel-Ernährung via Netz

Es nützt nichts, einen leergepumpten Wirbelhohlraum mal eben irgendwie zu füllen. Der Wirbel dreht sich weiter und schleudert über seine Pole alles wieder heraus, pumpt die Mitte aufs Neue leer.
Das „Ersatzmaterial", der Ausgleich, die Füllsubstanz muss nachströmen können. Strömungen gehören immer zu einem dynamischen Netz. Auf diese Weise vernetzen sich Netze mit Netzen anderer Hierarchien. Dies ist ein unglaublicher **Ordnungsfaktor**, denn der Störungsgrund des einen Netzes kann das andere Netz völlig widerstandsfrei durchqueren. **Eine Schüssel kann Wasser aufhalten, ein Sieb nicht.** Das Sieb könnte ein Kleintier einfangen und besser überleben lassen als in der Schüssel. Und wenn die Schüssel die gleiche Form wie das Sieb hat, weil sie in ihm gewachsen war (das Sieb als Matrix gesehen), aber nun zerbrochen ist, kann sie möglicherweise erneut im kraft-durchlässigen Sieb zu ihrer alten Dichte heranwachsen.
Auch das Sieb hat eine Matrix, die ihm von einer feineren Ebene aus vorgibt, wo sein Ernährungsnetz liegt.

Jeder Wirbel kann nur so lange leben, wie er seine Verluste ersetzt bekommt. Jede mechanische Bewegung hat Verluste, egal wie feinstofflich der betrachtete Wirbel auch ist.
Bedingung für die Wirbel-Langlebigkeit: Die Wirbelachse muss exakt ausgerichtet sein in einer langzeitstabilen Strömung, und zwar bezüglich Wirbelkernfluss antiparallel. Diese äußere Strömung kann außen in der Wirbelhülle, bei großen Radien, die Bewegung der zum Wirbel gehörigen Strömung bzw. seiner Subwirbel nach unten beschleunigen, wie im Freien Fall. Das ist Energie-Aufnahme. Auf dem Rückweg nach oben in Nähe der Wirbelachse wird laut Physik die gleiche Energie wieder verloren. Aber das stimmt nicht, weil das Aufsteigen auf kürzerem Weg und höherer Geschwindigkeit erfolgt und damit viel schneller geht, denn **fast alle waagerechten Bewegungskomponenten wurden in Eigendrehung und in die senkrechte Aufwärtsbewegung umgewandelt.** Und das extrem effektiv,

wenn der Goldene Schnitt mit der Polbildung am Wirbel zu tun hat, ein Erfahrungswert (siehe Prof.K.Meyl /mg/). In der Physik wird Weg- und Zeitunabhängigkeit von potentieller Energie gelehrt. Ich schätze, Vortex-Physiker wissen genau, dass das bei Wirbeln nicht stimmt.

A4.8 Hypothese zur stabilisierenden Wirbelkonvergenz

Je weiter innen eine Ausgleichsströmung im Kernbereich liegt, desto weiter entfernt liegt ihr eigener Wirbelhüllenbereich, weil die Inversion 1/r zweimal pro Umlauf (2 Poldurchgänge) für die Extreme sorgt. Gemeint ist z.b. eine planetenweite Reichweite einerseits und eine tief verschachtelte Kern-Substruktur andererseits. **Die feinsten Substanzen bilden nicht nur die kleinsten Wirbel (Uratome ihrer Skala), sondern gleichzeitig auch die größten, weil sie auch alle gröberen Wirbellinien umhüllen, denn sie sind Teil von deren Erzeuger-Kette.** Die Inversion ist hier als Denkmodell eine Vereinfachung, weil es sich um multidimensionale Radien handelt. Für Komplexe Zahlen (zunächst zweidimensional) könnte folgendes rekursive Modell (2 Iterationen = 1 Umlauf) gelten:

$Z = Z^{\wedge}(Z^*) + C$, mit $C = -1$ und Z^* konjugiert-komplex bezüglich Z, was $r = r^{\wedge}(-1) -1$ (Kettenbruch für Konvergenz zum Goldenen Schnitt) in spezieller Weise verallgemeinert. Mehr dazu im Abschnitt A13.

Der Goldene Schnitt (GS) findet den Ort der größten Trennung zwischen zwei Schwingungen. Es gibt keine irrationalere Zahl als $r = -1,6180339887..$, auch mehrdimensional als Z, verstanden als Anfang einer Dimensions-Hierarchie für Inversion und Minus 1. Der GS führt zu abgetrennten Schwingsystemen, um ihnen einen eigenen individuellen Fokus zu geben, vorwiegend ungestört von anderen Schwingungsquellen im Umfeld. **Die existierende Wirbelgeometrie ist Ursache für unsere Mathematik, nicht umgekehrt.**

Trotz Abgrenzung gibt es Interaktion (Ernährung): Die Größe C in dieser hypothetischen Formel entspricht der normierten Verlustmenge pro halbem Umlauf (2 Inversionen sind erst 1 Wirbel-Umlauf), die durch gewachsene Baugrößen-Resonanz aus dem noch erreichbaren Schwingungsumfeld als Sog aufgenommen werden kann. Verändert sich die Umfeld-Wellenlänge, springt die Wirbel-Baugröße in eine andere stabile Quantisierung. Der Additionsterm C bleibt nach wie vor die normierte Einseinheit (C=-1) in Umfeldwellenlängen.

Unsere Körper sind nachts viel größer als am Tag, oder wären größer auf dem Mond und viel kleiner auf dem Jupiter, ohne dass man es merkt, weil alle mitgenommenen Maßsysteme mitschwanken.

A4.9 Kabelbaum-Hologramm

Schon die relativ unbekannte Funktion $f=x^x$ mit dem eindimensionalen x (zur Umkehrfunktion Logamentus x = LM(f) siehe auch A10.4) kennzeichnet einen vereinfachten holografischen Hierarchie-Wirbel im Kern-Querschnitt (mit x Musterdimensionen in x Ebenen).
Wenn sich x als Musterdimension um Eins vergrößert, muss eine neue Hierarchie-Ebene hinzugefügt werden. Nur so ist es fraktal vergrößerbar. Potenz verändert Basis. Man kann auch keine Hierarchie-Ebene hinzufügen oder weglassen, ohne den inneren Aufbau jeder Ebene an das neue x anzupassen (**wie innen so außen, wie oben so unten**).
Auf diese Weise wird biologisches Wachstum erzwungen. Der gesunde erwachsene Organismus hat alle seine möglichen Wirbel-Ebenen mit Materie gefüllt, analog der Elektronenkonfiguration der Edelgase im PSE (aus dem Strahlungsmodell der Physik).
Wird ein Lebewesen im Keimstadium einem starken elektrischen Feld ausgesetzt, erhöht man die Zahl der Ebenen (bei Spektren: Aufhebung der Entartung, mehr Linien entstehen). Dann muss sich auch die genetische Information angepasst entfalten. Es entstehen urzeitliche Pflanzen- und Tierformen (siehe A5.3). Das ist ein physikalischer, kein evolutionärer Vorgang.

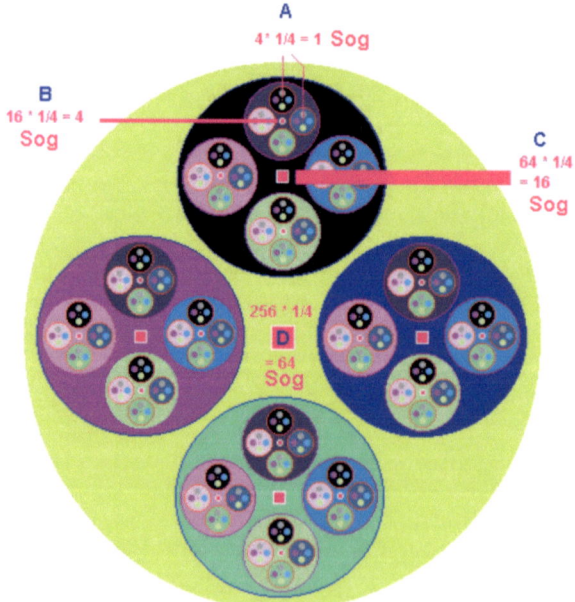

Abb. A4.3: x^x als 4^4 symbolisiert. Im Westen liegt die Farbe Violett, im Osten Blau, im Norden Schwarz, im Süden Grün, auf allen vier Ebenen.

In Abb. A4.3 sehen Sie ein Beispiel für x hoch x mit x=4, vorzustellen wie ein Schnitt durch einen Kabelbaum mit 4 mal Vierfach-Litze in genau 4 Ebenen. Mit x=7 wäre es realistischer (7 Stufen von Uratom zu Uratom, vermutlich auch 7 DNA-Basenpaare statt 4-5), aber als Zeichnung zu unübersichtlich.

Man erkennt: Bei mehr Hierarchien muss sich auch innen die Symmetrie verändern – durchgängig von Vierer-Struktur auf Fünfer-Struktur bei fünf Hierarchien.
Wären mehr Hierarchien vorhanden, also strukturell kodiert, würden innen noch Dreh-Anteile fehlen, um außen die neue Achse zu bilden.

Falls aber die Gesamtdrehung Null sein soll, sind theoretisch mehrere Varianten denkbar. Wenn es eine Berührungsreibung gibt, könnten Violett und Blau in gleicher Richtung drehen, Grün und Schwarz entgegengesetzt. Ungerade Gruppen (3,5,7 statt 4) ließen sich dann wieder nicht kompensieren. Die beiden hier jeweils falsch gedrehten Unter- und Überwirbel hätten dann ein Problem mit der Reibung. Letztendlich müsste im hellgrünen D-Wirbel auch nur eine einzige Drehrichtung übrigbleiben. Das führt zur Annahme, dass eher von Ebene zu Ebene die Drehrichtung wechselt, um Ausgleich zu schaffen, was bei insgesamt 4 Ebenen auch zum Drehimpulsausgleich führen könnte. Aber da stören sich immer die zwei benachbarten Wirbel derselben Ebene, und es haben ALLE ein totales Gegensatz-Problem mit ihrem Über- und Unterwirbeln.

Deswegen nehme ich an, dass in einem solchen System die Gesamtsumme der Drehimpulse nicht Null ist, sondern dass die äußerste Dreh-Ebene die Hauptdrehrichtung vorgibt, und sich stattdessen die Größenverhältnisse zwischen verschiedenen Ebenen so einstellen, dass sich benachbarte Drehungen durch genügend Abstand nicht mehr stören. Sie liegen dann nicht so eng benachbart, wie hier gezeichnet. Sie haben breite, viel feiner besetzte Pufferzonen dazwischen (wahrscheinlich Faktor 64 oder 128 relativ zum Durchmesser bzw. Radius). So wurde es in /lo/, /jo/ berichtet.

WENN benachbarte Ebenen zwar optisch von oben gesehen gleiche Drehrichtung haben, aber mal abwärts und mal aufwärts fließen, DANN ist das Rätsel auch gelöst. Genauso hat es schon Babbitt gezeichnet. Die feinere Ausgleichströmung baut sich einen Kopfstand-Wirbel, um in derselben Draufsicht-Drehrichtung alle Lücken zu füllen und es nicht zu Stromlinienkreuzungen kommen zu lassen.
Zu den Begriffen Südpol oder Nordpol muss dann immer gesagt wer-

den, bezüglich welcher Ebene (Kabeldurchmessergröße) es gemeint ist, da wechselweise umgekehrt angeordnet.

Der „richtige" Wirbel hat (im Gegensatz zur hier gezeichneten Kern-Skalarwelle) natürlich seine zwei Pole. Das ist dann der mit $1/r$ geöffnete Kabelbaum. Das bedeutet, dass $x^{\wedge}x$ irgendwie zweimal mit $1/x$ kombiniert werden müsste, um einen vollen Umlauf zu bekommen (siehe 4.8). Dies legt nahe, das zweidimensionale komplexe $Z^{\wedge}(-Z)$ zu benutzen. Das tat ich auch (2005) beim Programmieren meiner Fraktale (als Java-Applets), hatte aber einen Rechenfehler drin und es wurde unbeabsichtigt $Z^{\wedge}(Z^*)$ programmiert, was mit Zwillingsverfahren und $C=-1$ überraschend und sofort zum Schädelfraktal führte. Spätere Rechnungen mit dem richtigen $Z^{\wedge}(-Z)$ brachten nur (für mich) uninteressante Fraktale hervor. Weiteres bitte in Abschnitt A13 lesen.

Es geht aber hier bei $x^{\wedge}x$ um den Aufbau einer einzigen Wirbellinie, das sind – nach Öffnung des Kabelbaums, nach totaler Invertierung - die Spirillen im EINZELNEN Uratom, siehe Abb. A8.3 und Abb. B5.3.a2 in Buch2. Wie sich Uratome in den Mustern der Stufen 2 bis 7 anordnen, um vielfältige Elemente und Moleküle zu bilden, wird ausführlich in A3 beschrieben.

A5 Indizien zum Thema Zeit

A5.1 Hypothesen zu Raum und Zeit

Die Raumeinheit ist gekoppelt an den Abstand zwischen den Einheits-Feldlinien, also Linien gleicher Fluss-Stärke oder Achs-Ausrichtung, messbar zum Beispiel als E- und H-Feld. Für andere Ebenen der Häther-Feinstofflichkeit muss H und E einen Index tragen, weil sie nur analoge Größen, aber nicht dieselben sind. Noch fehlen entsprechende Namen. Verzichten auch wir einstweilen noch auf den Index. Wenn die terrestrischen H-Feldlinien enger liegen, erscheint innen drin der Raum unverändert, die darin befindlichen Objekte schrumpfen einfach, denn ihre Einseinheit (z.B. „Pikometer") ist feldabhängig (Überwirbel-abhängig), da jedes Uratom von Moment zu Moment wirbelnd aus dem Umfeld neu erzeugt wird. **Die Wellenlänge des „Ernährungsangebotes" zum Verlustausgleich bestimmt die Skalierung.** Auch im Verbund als Element, Molekül, Zellorganelle, Zelle, Zellverband (Organ) oder Organismus richten sich die nachfolgenden Wirbelgrößen nach ihrem Anfangswirbel, dem Uratom.
Auf diese Weise passt eine ganze Hohlwelt in den Bereich der Erdmagnetfeldachse. Ein Flugzeug, das hineinfliegt, wird winzig, von außen betrachtet, aber für das Flugzeug und seine Insassen weitet sich unbemerkt der Raum, der von außen nur ein Schlauch ist. So haben alle Recht, die Vertreter der Hohl- und der Vollweltsicht. Die Erdkruste und der Magmabereich sind vermutlich viel dicker, als auf den Hohlweltbildern gezeichnet, trotz dass das Volumen der Hohlwelt richtig gezeichnet ist - gesehen aus der Sicht der Hohlweltbewohner.

Als Modell nenne ich gern die weiche **weiße Faserstruktur in der Mandarine**, die einerseits die Mittelachse füllt (Atmosphäre Innenerde) und andererseits die dicke Schale bildet (Atmosphäre Außenerde). Beide sind verbunden wie das Holz eines Baumes, dessen Krone entlang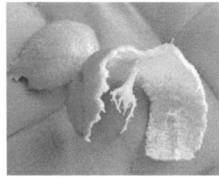

Abb. A5.0

der Kugel (bei Mandarine/Apfelsine) zur Wurzel wächst und via Mittelstamm-Wirbelachse zurückfließt, oder **wie ein an beiden Enden als Kabelbaum geöffnetes Kabel**. Im Mittel-Kabel bzw. der weißfaserigen Apfelsinenachse und in der Kugelschale ist die gleiche Fasermasse „verbaut", denn der weiße Wirbel umspannt und umwebt das saftige Fruchtfleisch wie ein Netz.
Der hier weißgefaserte Wirbel markiert im modernen Sprachge-

brauch etwas Leichtes: DAS FELD und dieses definiert zwischen seinen Wirbellinien DEN BEGEHBAREN RAUM, während Fruchtfleisch und Saft der Orange auch für Masse stehen könnte, ebenso passend auf Neutron, Planet, Sonne oder Galaxis. Sind wir selber im betrachteten System, sehen wir nur Strukturen aus derselben Phase wie unsere eigene, etwa die Äquatorregion der Galaxis, denn nur sie hat UNSERE ZEIT.

DIE ZEIT ist vermutlich ein Maß für nichtparallele Wirbel-Linien, für das Vergrößern oder Verkleinern ihrer Abstände, die in einem Wirbel nie wirklich parallel sind. Auch wenn man sich nicht bewegt, vergeht diese oder jene Art von Zeit, weil Galaxien, Sonnen und Planeten in ständiger Bewegung sind und damit sind auch ihre spiraligen Wirbellinien „am Atmen". Das bedeutet: Auch Zeit muss Einatmen (Konvergenz der Strömungen) und Ausatmen (Divergenz). Damit bekommt der Begriff „Zeitqualität" eine erste Einordnung. Er korreliert mit globaler Ladungsänderung, die wieder mit der Flusslinienendivergenz verknüpft ist.

Scheinbar schwindender Raum ist beschleunigte Zeit. Fragen wir die Eintagsfliege? Alles was klein ist, hat, von außen gesehen, einen schnelleren Takt.

Unsere Arterien und Venen passen auch zum Bild von Krone und Wurzel, das Herz ist der Stamm, der Kern des Herz-Wirbels; ein zweiter Wirbel gehört raumnah dazu, er hakt sich ein in den anderen Kern und übernimmt die Rolle der Blätter: Unsere Lunge mit dem Kleinen Lungenkreislauf.

A5.2 Wirbel-Hierarchien mit eigener Raumzeit

Um in der Ebene M zeitlich zu springen (Zeitreise im Sinne unseres Zeitbegriffes), müsste man erst einmal in die Ebene M+1 wechseln, um dort (also im Überwirbel) vorwärts oder rückwärts zu gehen (Einstein hatte das mit „irdischer" Beschleunigung verwechselt), in eine andere Wirbelphase, wo die Häther-Umgebungsdichte anderes ist (am oberen Pol abnehmend, am Äquator am Geringsten, nach Südpol wieder zunehmend), womit auch die Eigendrehung korreliert (minimal am Äquator, maximal mitten im Kern).
Beispiel: Der Planet bewegt und dreht sich verschieden schnell, während seines solaren, sirianischen und galaktischen Jahres (drei Wirbel-Ebenen über dem Tag); aber seine inneren Skalen gehen mit, nichts ist davon zu merken, noch nicht einmal zwischen Tag und

Nacht, wo es bereits deutlich passiert.
Es wird berichtet, dass in der astralen Welt (und erst recht in den noch höheren) die Zeit anders verläuft. Was dort Sekunden sind, können hier Jahrzehnte sein und umgekehrt. Auch Inkarnationen müssen nicht in unserer Chronologie stattfinden. Es kann Rücksprünge geben, die dazu führen, dass ein Mensch sich während des früheren Lebens an das spätere (heutige) Leben erinnert, auch ohne Pyramiden-Sarkophag (wie im Buch von Elisabeth Haich /he/). Ich vermute, nur so kommen perfekte Prophezeiungen zustande. Im Falle der Nutzung eines Sarkophag inmitten einer Pyramide wurde sicherlich ein künstlicher Wirbel benutzt (alle Pyramiden erzeugen in ihrer Mitte einen Wirbel, siehe A6.6), der (je nach Drehrichtung) für den Sarkophag-Benutzer einen Weg in Zukunft oder Vergangenheit bahnte, sogar inklusive Körper, wenn dieser vorübergehend ins Feinstoffliche „verdampfen" konnte. Der Sarkophag bekam seine Funktion durch seine Position, vergleichbar mit einer Kathode in der Elektronenstrahlröhre. Sich zum Zurück-Kondensieren der Masse eine natürliche Anode zu suchen, war vielleicht dem Zeitreisenden selbst überlassen? Ist natürlich reine Spekulation von mir.

A5.3 Parallelwelten

Schauen wir uns die Spiralen in Fraktalen an, dann bestehen sie lückenlos aus Unmengen von Unterspiralen. Das sollten wir ernst nehmen. Möglicherweise sehen wir in allen Hierarchien immer nur eine einzige davon, nämlich die, die in gleicher Phase (Bahnstellung) mit unserer eigenen Subwelt ist. Und möglicherweise entscheidet unsere eigene innere Denkhaltung (eine Art mehrdimensionale Frequenz), in welchem Körper welcher Subwelt wir morgens aufwachen – und dessen ganze eigene Erinnerung ohne zu zweifeln übernehmen. Bewusstseine können sich auch zusammenschließen oder teilen, wie es Wirbel können. Bei sehr naher Verwandtschaft, demselben Höheren-Selbst, wird das vermutlich gar nicht bemerkt. Die Überlegung, ob das Wechseln der Parallelwelt sogar den Umzug des Höheren Selbst bedeuten könnte, falls jede Parallelwelt ein eigenes Höhere Selbst hat, scheitert an der Anbindung der vielen Inkarnations-Leben (Blätter des Selbst-Astes am Baum der Seelenfamilie), die zweifellos auch in ganz verschiedenen Parallelwelten unterwegs waren.

Der Vergleich mit einem Baum könnte höchstens so gelingen:
Die Blätter sind ALLE Parallelwelten von ein und demselben Selbst. Aber jeden Herbst fallen sie ab und im Frühjahr wachsen neue.

Wenn der Baum 120 Jahre zählt, hat es 120 inkarnierte Leben gegeben, alle mit tausenden Parallelwelt-Erfahrungen. Und erst der Wald, in allen Zeiten, ist die Seelenfamilie. In früheren Texten sah ich den Baum (oder die Pusteblume) in einem Sommer als Modell für die ganze Seele, da wurde der Faktor Zeit ausgeblendet, weil die Seele keine Zeit in unserem Sinne kennt. Die Zahl der Inkarnationen von maximal ca. 150, wie es Varda Hasselmann /hs/ gechannelt bekam, passt hier besser. Ein Baum hat viel mehr Blätter als gelebte Jahre.

Das Thema parallele Universen ist vermutlich der Grund, wenn Prophezeiungen nicht eintreffen. Wir selber haben den Zeit-Ast des Prophezeienden verlassen, während sein heutiger Anteil dort verblieben ist. Deshalb sollte man den Kontakt zu Liebhabern unangenehmer Weltversionen lieber ganz abbrechen, um befreiter die eigene Zukunft wählen zu können (den Sprung in lichte Wipfelhöhen, statt an alten verdorrten Ästen noch mit zu leiden).

Um bestimmte kosmische Ereignisse kommt man vermutlich nicht herum, etwa die Polsprünge aufgrund der Sonnenbahn in ihrem ladungs-atmenden Überwirbel. Die Bahn der Erde wechselt allerdings auch zwischen einwärts- und auswärtsfließender Sonnensystem-Hätherspirale (/mw/, Teil2) hin und her, mal anhängend, mal aufsitzend, unter Beibehaltung ihrer Achsen. Liegen diese gegensätzlichen Spiralen IMMER so nah beieinander, und das könnte zutreffen bei tellerförmigen Galaxien, müssten Polsprünge wieder nicht unbedingt passieren. Die Form des Zwischen-Systems der dunklen Sonne, um die Sonne und Sirius gemeinsam kreisen sollen, ist mir leider nicht bekannt.

A5.4 Die innere Uhr

Warum wachen wir auf die Minute zur selben Zeit auf, oft wenige Sekunden vor dem Wecker? Wie funktioniert die innere Uhr?
Ich stelle mir vor, Erlebnisse (später Erinnerungen genannt) werden ständig zusammen mit einer Art Tonsignal aufgezeichnet, wie bei einer Schallplatte. Das „Tonsignal" hat mit der Tageszeit zu tun, aber nur wegen der sich stets verändernden Umwelt-Qualität. Das ist die Schere der Richtungswinkel zwischen atmendem Erdmagnetfeld (Subwirbel im Sonnensystem-Häther), aktuellem Sonnen-Häther anderer Dichten, sowie dem Dunkelsonnen- und dem galaktischen Häther. Möglicherweise auch der Mondstand, aber dessen Einfluss ändert sich von Tag zu Tag (zur selben Minute) sehr stark, das müsste sogar stören. Jedenfalls werden all diese Richtungszeiger mit auf-

gezeichnet, wie Sprungadressen mit Parametern zu Unterprogrammen (hier je ein mehrspuriger „Tongenerator"), und am Tag darauf sind sie es, die sich beim (sowieso ständigen) Abspielen mit Resonanz zur Realität verstärken und den tonähnlichen, aber unhörbaren inneren Alarm geben: gestern war Aufwachzeit. Oder genau nach 7 Jahren kommen grundlos Erinnerungen an beliebige Erlebnisse hoch, oft über Wochen und Monate dieselben, wenn sie stark waren. Bei einem meiner Patienten waren es sogar 7•7=49 Jahre, die unerklärliche starke Angstattacken auslösten, ohne dass er sich konkret an die Kriegserlebnisse aus seiner frühen Kindheit erinnern konnte.

A5.5 Experimente und Phänomene

A5.5.1 Technische Drehfeld-Generatoren

In Büchern und Filmen vorgeschlagen: Flux-Generator, oder elektromagnetischer Drehfeld-Generator (Merkaba-Form), sogar eingesetzt beim Kriegsschiff Eldridge, das als Sub-Universum ausversehen zwischen 1943 und 1983 in Raum und Zeit herumsprang (weil 1983 der passende Gegengenerator gebaut wurde) und damals eigentlich nur getarnt werden sollte. Die Eldridge hatte aber auch Zwischenlandungen im eigenen Heimathafen (also auch nach früher als 1943) und in anderen Jahren, offenbar reichen auch resonante, feldgenerierende Wetterphänomene, wie Sandstürme in der Wüste, um diese Tunnel aufzubauen, durch die sich das künstlich erzeugte EM-Sub-Universum hindurch quetschen konnte. Menschen reisten mit, verbrachten den Rest ihres Lebens in einer anderen Zeit, weil sie über Bord sprangen. Andere kehrten zurück, viele verrückt oder verstümmelt oder tot, es war das Desaster von Zauberlehrlingen, die es ohne den Meister tun. Seit 1983 soll das Ereignis uns eine neue Zeitlinie beschert haben. Hat es unseren Zeit-Ast am Weltenbaum in eine neue Höhe gewippt? Oder hat die stehende Tunnelbrücke 1943 bis 1983 einen Kurzschluss erzeugt, der nun (für immer, es gibt Zeit nicht wirklich) tiefste Frequenzen von uns fern hält? Oder höchste? Oder beides und es gibt eine neue Extrem-Verzweigung?

A5.5.2 Skalarwellen

Prof. Konstantin Meyl macht mit seinen Flachspulen nichts anderes, nur im Raum statt in der Zeit (aber wer weiß, ob nicht doch auch in der Zeit?). Die Übertragung erfolgt von Spulenmitte zu Spulenmitte. Sende- und Empfänger-Flachspulen simulieren die Wirbel-Pole. Was Prof. Meyl Skalarwellen nennt, sind langgestreckte Kernphasen von

EM-Wirbeln, wo die gesamte Information schnellrotierend auf engen Raum zusammengeschrumpft ist. Dort ist das Magnetfeld sehr groß, und Raumausdehnung ist sowieso nur Synonym für Magnetfeld, also der erlebte Platz zwischen zwei (normierten) Magnetfeldlinien bleibt immer gleich, egal wie eng sie liegen. Nun muss man nur noch in Flüssen denken, statt in Feldlinien: Physisch messbare Flüsse, also der Ladungsteilchentransport, sind im Plasma. Sie sind die Soglinien des raumvariablen E-Feldes, und E folgt dem raumvariablen Sog des H-Feldes. Umgekehrt folgt das E-Feld zeitvariablen Bewegungen des Plasma, und H als Sog aus den Zeitvarianzen des E-Feldes.

Alle Wirbellinien sind in ihrer Substruktur skalarwellenähnlich, weil sie Spirillen mit Spirillen (Abb. A8.3) tragen. Das sind ordnungs-erhaltende „Formatierungsreste" aus der jeweils letzten Kernphase.
Die Spirillen in der Hüllenphase sind auch gleichzeitig Potential und „Mechanismus", an jeder Bahnposition einen vollständigen Subwirbel (als Subteilchen im Atom, als Organ im Körper, oder als Planet(en-)magnetfeld) im Sonnensystem usw.) ausbilden zu können. Denn der Spirillen-Windungswinkel (Straffheit der Windung, Planetentaglänge von „außen") ist auch am Pulsieren, wenn er zentral (Kern: z.B.Organ) oder dezentral (Hülle: Aura-Organabbild, gestört z.B. im Radiowecker-Magnetfeld) beeinflusst wird. In der Hörnchenstruktur des Sonnensystemwirbels liegt das Perihel (1) der Planeten in der flachen „Furt", wo sich Ein- und Auswärtsfluss fast berühren (siehe Abb. A1.4). Hier dasselbe in der Galaxis (symbolisch), eine Abbildung mehr von der Seite:

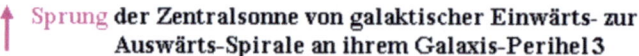
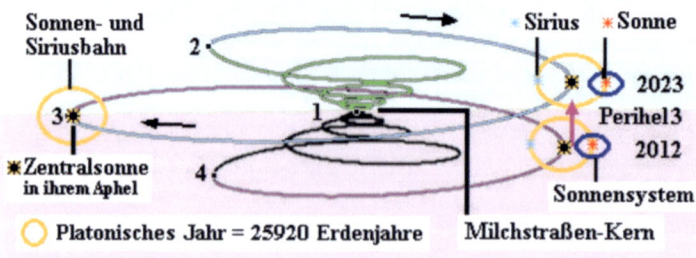

Abb. A5.1 Milchstraße vereinfacht, Spiralenzahl, Balkenanzahl, Maßstäbe unbeachtet.

A5.5.3 Urzeitcode

Ciba-Geigy Urzeitcode: Allein die Lagerung in einem starken statischen E-Feld bringt ein Forellen-Ei (oder Farn/Mais-Samen) dazu, seine Atom- und Ei-Wirbel schneller rotieren zu lassen, wodurch seine multidimensionalen Lebens-Wirbel plötzlich woanders andocken, für eine völlig andere Fisch-Seelenfamilie (falls es das gibt) resonant werden, und dort ihre genetische Matrix aus dem Speicher einer fernen bzw. anderen Vergangenheit (energiedichteren, als die Sonne näher am Galaxiskern war oder wieder sein wird) auslesen. Die Gene halte ich für Antennen, um Kontakt zu halten mit größeren (morphogenetischen) Speicherplätzen. Dass diese Wesen stabil hier weiterleben können, ist für mich ein Rätsel. Ich würde sie niemals essen, eine völlige Subjektivzeit-Verwirrung könnte die Folge sein.

A5.5.4 Kosyrev-Spiegel

Der Kosyrev-Spiegel ist ein walzenförmiger Hohlraum aus Aluminium mit Granit, irgendwie gesintert. Damit sind Raumzeit-Phänomene beobachtet worden. Sitzen zwei Menschen in zwei baugleichen Spiegeln, auch tausende Kilometer entfernt, sind sie mental miteinander verbunden, und was der eine denkt, kann der andere leicht mitdenken. Man hat da Experimente-Serien gemacht, indem in einem Spiegel ein Text vorgelesen wurde, der dem Menschen auf der Empfängerseite unbekannt war, aber von ihm niedergeschrieben werden konnte, nur per Gedankenübertragung. Dann ist es einmal vorgekommen, dass eine Sendung empfangen wurde, und dann per Telefon der Empfang quittiert wurde, wobei herauskam, dass die Sendung verschoben werden musste und noch gar nichts rausgegangen war. Sie war ca. 15 Minuten zu früh angekommen! Wie erklärt sich das? Da der Zeitversatz nicht ständig passiert, könnte ein Wettervorgang dahinter stecken.
Erstmal die Übertragung erklären: Die Zylinderform der „Antenne", die vielleicht (per Herstellungsart) nichts anderes ist wie ein Stapel Flachspulen, in deren Mitte der Mensch sitzt und seinen Kopf in den Tunnel hält, wobei er „elektromagnetische" Gedanken losschickt, und der Tunnel sie ausrichtet und wie eine Riesen-Skalarwelle (relativ zu K.Meyls Draht-Baugrößen) absendet und sich den erstbesten oder einzigen Empfänger-Zylinder sucht, wo auch ein (baugleicher?) Kopf wartet. **Skalarwellen funktionieren wie Blitze, sie tasten nach ihrem Ziel und die Funkstrecke bleibt dann stehen, wenn sie eine Resonanz „entdeckt" haben.** Der gleiche Empfänger daneben (als 2. oder 3.) kann gar nichts empfangen, so lange ein anderer

empfängt. Das wurde genutzt für die BioProtekt-Karten von Dr. Grün. Die Karte fängt die E-Smog-Skalarwellen ab, siehe seine Berichte / gb/ über Mutter und Tochter, die beide elektrosensitiv waren, aber immer nur eine von beiden die Beschwerden hatte, später (mit Karte) keine mehr. Ähnliches hatte schon Nikola Tesla beobachtet.

Ein verspätetes Signal würde man als verirrtes Signal verstehen, wie vom Echo bekannt. Aber ein verfrühtes?
Die Zeit korreliert mit der fallenden Dichte im Tages-Wirbel der Erde. Wenn nun während der Übertragung der Kosyrevspiegel-Skalarwelle Umgebungsströmungs(=Feld)-Differenzen auftreten, etwa ein Hurrican auf der Funkstrecke, mit geladenen Teilchen im Gepäck, oder auf der Erde kamen Ausläufer eines Sonnensturmes an, dann kann der Wirbelkernschlauch zwischen den beiden bemannten Alu-Granit-Rohren (nach Kosyrev) stark erhitzt werden. Das Signal wird behandelt wie negative Ladungen an einer geheizten Kathode. Es geht kurzzeitig in den Kanalstrahl-Zustand über, bewegt sich dann ganz anders, dissoziiert, vielleicht auch schneller, bis es am Ziel (der Anode) wieder kondensiert und damit eintaucht in die alte Dimension. Die Frage ist nun, wo taucht es ein? Der reine Ort ist klar, es gibt nur einen Ziel-Kosyrev-Zylinder. Landet es bei gleicher Dichte (=Zeit) im hingehaltenen Kopf oder woanders (wenn ein Kopf bereits wartet oder noch wartet) aufgrund der Zusatz-Beschleunigung? Anders formuliert: Welche angebotene Anode bevorzugt das Signal jetzt? Die erhitzte Kathode (Signal unterwegs) lag vielleicht in einem Tal, aber nun zeigt sich in der Zeitenlandschaft eine Bergspitze, die als Anode energetisch günstiger ist, wenn auch höher (dichter = zeitlich früher). So gesehen, ist ein verfrühtes Signal auch verirrt gewesen, aber in einer höheren Dimension, der mehr verschiedene zeitliche Richtungen offen stehen.
Anmerkung 2024: Höhere Dimensionen sind lediglich höhere Aggregatzustände, für umkehrbare Umwandlungs-Vorgänge ohne entropische Verluste, wegen verketteter Wirbelpaare auf allen Ebenen.

Wenn der Empfangs-Experimentator so etwas nicht für möglich hält, wird er immer nur pünktlich anfangen, nie zu früh, und die wetterbedingte Bergspitze in der Zeitlandschaft ist ständig ohne Antenne, also ohne dem empfangenden Kopf und fällt als mögliche Anode aus.

A6 Wirbel-Entstehung von selbst und die Wirkung von Pyramiden

A6.1 Reflexion, Inversion, Pulsation

Alles Lebendige wirbelt. Wo fing es an, wie fängt es (heute noch) an?

Sobald Strömungen konvergieren (schmaler werden) oder divergieren (breiter werden) und die Möglichkeit finden, an einer passenden Fläche zu reflektieren, können sie - im Resonanzfall - auch einen eigenen räumlichen Wirbel bilden, indem sich der Strömungsweg letztendlich Umlauf für Umlauf wiederholt. Auch wenn die Strömung nahezu parallel verläuft, aber auf ein gekrümmtes Hindernis trifft, entsteht nach der Reflexion eine nicht-parallele Strömung, etwa an einer Kugel, da invertiert sich der Weg: $w = 1/w$ (Inversion am Einheitskreis, bilineare Funktion). Ein zeitlich stabiler Wirbel braucht aber eine Reihe von Freiheitsgraden, er ist nicht lange als reines Pendel oder als symmetrische Zylinderspirale in Gang.

A6.2 Goldener Schnitt im Energie- und Ortsraum

Die Ein- und die Auswärts-Strömungen würden sich kreuzen und den Flussablauf massiv stören. Aber immerhin: So entstanden die ersten Begegnungen „in sich selbst", wenn sie auch selten zur Grundlage neuer Ordnung werden konnten. Doch offenbar kam es vor. Sobald die ersten stabilen Wirbel existierten, waren sie als Reflexionsfläche ($1/w$) und Schwingungsquelle (-1 als Quantengröße in skalierten h-Einheiten) die ersten Keime neuer wirbelnder Strukturen. Radius und Verdrillung pendeln gegeneinander mit $w=1/w-1$ pro Poldurchgang. Diese Rückkopplung wird sehr schnell stabil und das $w=E/H$-Verhältnis wird der Goldene Schnitt von der normierten Quellen-Größe $H=1$ (Wirkungsquantum h). Eine Lawine kommt ins Rollen.
Weiterhin erinnere ich: Nur das Vorhandensein von Subwirbeln garantiert den stabilen Krümmungsverlauf der Strömung, dann völlig ohne externe Reflexionswände.

A6.3 Begegnungen, aber kein Zusammenstoß

Wenn sich eine drehende Strömung (H) mit einer (fast) linearen Strömung (E) trifft, entsteht zwangsläufig das Ausweichen in die dritte Richtung ($dP = E \times H$). Durch den Sogzuwachs dP, der senkrecht auf der Subwirbelachse H und der Strömungslinien-Tangente E steht, wird in jedem Moment die Position des Subwirbels korrigiert, er wird nach einer Richtung abgelenkt, genau wie die Anhebung beim dynamischen Auftrieb am Tragflügel. Und gleichzeitig (als Fernwirkung der „Begegnung") wird E leicht in die Gegenrichtung (dem späteren Innen) gekrümmt, das entspricht der Luftverdichtung unter dem Tragflügel. Die Zusatzkrümmung von E führt letztendlich zu E' und zum stabilen geschlossenen Wirbel H', in dem nun erst innen und außen benennbar wird (siehe Abb. A8.1 und Abb. A8.2).

Der Subwirbel H muss vorher vorhanden sein oder gleichzeitig mitentstehen.
Beispiel: Organwirbel im Embryo-Organismus, deren Zellwirbel, deren Zellorganellenwirbel, deren Molekularwirbel (z.B. DNS), und eher abgekoppelt: der Atomwirbel und Uratomwirbel. Schnell geraten wir in den subatomaren feinstofflichen Bereich, und können vermuten, dass an dieser Stelle Querverbindungen zur seelischen Formen-Matrix bereitstehen, in die das Embryo hineinwächst, neben seinen genetischen Vorgaben, die in jeder Zelle „den Ton angeben", womit ein holografisches Energie-Urbild erzeugt wird. Die DNS ist eine Empfangsantenne mit Schlüsselfunktion wie eine URL, die überzeitlich zu den Eltern und Ahnen reicht, in denen sie auch schon gewachsen war. Sie sind keine Konzentrat-Information, sie sind nur Zeiger auf deren tatsächliche Körper, vermutlich auf die feinstofflichen Anteile, auch wenn die physischen Körper längst verstorben sind.

Vorhin schrieb ich: „eher abgekoppelt: der Atomwirbel..". Ich meinte damit, dass diese Wirbel unabhängig weiterexistieren werden, auch wenn dieses Embryo stirbt. Sie beziehen ihre Wirbel-Nachschub-Energie aus anderer Quelle, die zu einer Umweltströmung gehört.

A6.4 Fraktale Skalen wachsen wie Kristalle

Gleichzeitig ist die Art der Atome maßgeblich für die Gesamtform des Wesens, das sich gerade bildet. Es ergibt sich am Ende ein Super-Kristall von ihnen, ein wahrhaftes Hologramm. Da wir (teilweise) Fleischesser sind, müssten wir uns eigentlich wundern, dass das Fleisch jeder Tierart einen anderen Geschmack hat, also eine andere Zusammensetzung. Die andere Tier-Form folgt aus der anderen Zellen-Zusammensetzung und umgekehrt. Genau, wie sich die Substrukturwirbel der C-Atome (Z=6=5+1) gegenseitig „verhaken", so ordnen sich schließlich unsere größten Chakren an (5 waagerecht, 1 senkrecht, beim stehenden Menschen betrachtet). Die Energie fließt nach außen und nach innen im Wechsel, über so viele Hologramm-

Ebenen, doch alles passt automatisch zusammen. Ein Wunder?

Ein Wunder ist, dass es auch anders geht, dass man z.B. Organe transplantieren kann. Aber kann man das wirklich, ohne sich seltsame Verflechtungen (andere Eltern und Ahnen, deren Eigenschaften und Erinnerungen) einzubauen?

A6.5 Kein Wunder: Weg des geringsten Widerstandes

Dass ich hier von Strömungen spreche, die eigentlich aus Hohlräumen bestehen, jeder Hohlraum selber als eine in sich geschlossene Welt, umgeben und erzeugt durch einen Wirbel aus noch feineren Hohlräumen, das wird in anderen Texten hier näher erläutert (z.B. A8).

Die Wirbelkerne bilden wieder eigene Welten, als Substrukturen im Zustand stark erhöhter Eigenrotation. Sie sind Sonnen und Schwarze Löcher gleichzeitig. Das Beachtenswerte daran ist, dass die Bewegung dieser Wirbelkerne nur selten aus sich selbst heraus geschieht, sondern vor allem durch die Umgebungsdichte erfolgt, genau in Richtung des kleinsten Druckes. Die Hintergrund-Gesamtheit hat immer einen Druck, und der Hohlraum sucht sich den leichtesten Weg, den einzigen mit dem kleinsten Widerstand. Er wird als Blase hindurchgedrückt. Wenn es auch nur den kleinsten Gradienten gibt, dann folgt ihm der hohle Wirbelkern. Ist das ein klares Druckgefälle, dann wird es kein zielloser Weg. Eine zwingende Ordnung ergibt sich daraus, innen von Pol zu Pol und weiter oft mittels Drehpendel-Schwung in die nächste Runde des Überwirbels.

Genauso findet auch der Blitz (ein nichtauflösbares Feuerwerk aus Mini-Kugelblitzen) seinen Weg, entlang dem Gefälle des Ladungsdrucks. Seine Ähnlichkeit mit dem verästelten Verlauf von Gewässern ist kein Zufall. Hier zeigen sich elektrische Sturzbäche im momentanen Ladungsgebirge der dynamischen Athmosphäre.

Nichts anderes passiert beim mechanischen Bruch in der berstenden Glasscheibe.

Auch Nicola Tesla's „radiations" und Prof.K.Meyls Skalarwellen sind solche langgestreckten Kernwirbelphasen mit der fraktalen Dynamik des Mäanderflusses. Der Sender und der Empfänger gehören zum gleichen „elektromagnetischen" Über-Wirbel, wenn die Verbindung hergestellt ist. Zwei total gleiche Flachspulen sind Ausgang und Eingang des „Wurmloches" von Flachspulenmitte zu Flachspulenmitte, analog zu unseren Chakren.

Die gesundheitlichen Nebenwirkungen des Mobilfunkes und E-Smog überhaupt haben mit den immer nebenher entstehenden solitären

„radiations" zu tun, nicht mit dem genutzten und leicht messbaren Hertzschen Anteil. Die Grenzwertmessungen haben keinen Sinn, weil sie das Falsche bewerten. Erkannt und nachgewiesen hat das u.a. Dr. Grün, der Erfinder von „BioProtect", einer nützlichen E-Smog-Kurzschluss- und Ablenkungs- Antenne in Checkkartengröße.

Die aufsteigende Gasperle im Mineralwasser ist auch nur ein Wirbelkern in Eigenbewegung. Genau über ihr lastet schon etwas weniger Wasserdruck, deshalb steigt sie auf. Das Hüllengebiet dieses kleinen Gasperlen-Wirbels liegt unsichtbar im Hintergrund des sie umgebenden Wassers.

Wird der Druck im Mineralwasser sehr groß, kommt der Gasblase die Form und damit die Masse abhanden, weil ihre Blasen-Wirbelstruktur die Pumpfähigkeit verlor. Sie weicht in feinere Aggregatsstufen aus, in den Hintergrund des Wassers, aber keineswegs für immer. Erlaubt es der Druck, kondensiert es sofort zum Gas mit der sogbehafteten Perlen-Wirbelform.

Zum Thema Kavitation kann sich jetzt jeder selber die starken Kräfte beim Platzen erklären, hier knallt es, während das Mineralwasser nur säuselt. Die alles verursachende Wirbelhülle um die Blase herum wird sicherlich nicht in die bisherigen technischen Berechnungen mit eingeflossen sein.

A6.6 Metalle leben und wachsen im Erz

Die Elemente des PSE sind auch nur Wirbel (Wesen, Lebewesen, wie auch der Mensch) mit integrierten Subwirbeln, die wir bei uns Organe nennen würden, und deren Subwirbel Organ-Teile/-lappen oder Zellen. Sie gedeihen in ihrer angestammten Umgebung, in der Natur, wo sie hingehören. Dort waren sie an- und eingebunden in natürliche Energiekreisläufe, die ihnen gut taten. Ihre Torkados waren dort so stabil, wie es jeweils nicht besser ging.

Die Metalle „lagern", sie lagen in ihrem Erz, das sie hervorgebracht hat, wie in einem warmen Bett. Man könnte auch sagen: Das umgebende Erz fungierte wie das Pilzmyzell zum Pilz und zum Wald, hielt sie stabil, also energetisch-satt. Ab und zu fand sich die Gelegenheit zu einer Kernumwandlung, und es konnte älter und reifer werden. Unedle Metalle verwandeln sich in edle, beginnend mit Blei(82)/Saturn, über Zinn(50)/Jupiter, Eisen(26)/Mars, „Erde", Kupfer(29)/Venus, Quecksilber(80)/Merkur und schließlich Silber(47) und Gold(79). Silber steht für den Mond, Gold für die Sonne. Zu den genannten Himmelskörpern werden starke Resonanzverbindungen vermutet. Ihre Position im Sonnensystem-Wirbel entspricht der zugehörigen

Hätherdichte, immer schrittweise verdoppelt.
Der moderne Mensch reißt diese „Pilze" aus ihrem Myzell und bricht damit die weitere Reifung in natürlichen Abläufen ab. Eine Material-Ermüdung, mit der Zeit, wird dadurch festgestellt.
Spezielle Substanzen, weit weg vom stabilen Edelmetall Gold, werden extra herausgetrennt und angehäuft, etwa Radium und Uran, um es technisch zu nutzen.
Kernumwandlung heißt lediglich, dass der das Atom erzeugende Hauptwirbel (Plasmazustand betreffend! Im Folgenden wird über die Überwirbel der betrachteten AGZ gesprochen) eine etwas optimalere Bahnform im Kern- und Hüllenbereich seiner Strömung finden konnte. Eine Umdrehung in der Hülle weniger, bedeutet 1 Proton weniger. Eine Umdrehung im Kernschlauch mehr, bedeutet 1 Neutron mehr.
Alpha-Strahlung bedeutet die gleichzeitige Auskopplung von zwei Hüllen- und zwei Kernumdrehungen, also von insgesamt 4•18 Uratomen, die anschließend als getrennter stabiler Helium-Wirbel den Verband verlassen. Helium im Plasma-Aggregatzustand ist der kleinste physische Wirbel, der im Kern überhaupt Windungen (genannt Neutronen) besitzt. Wasserstoff hat offenbar nur eine Windung in der Hülle, zusammengesetzt aus zweimal drei Dreiergruppen als Subwirbel-Strukturen (siehe A3.4), und offenbar einen kurzen, fast linearen Kerndurchgang. In den Zeichnungen der Okkulten Chemie OC sieht es beim Gas ganz anders aus, siehe auch die Tetraeder in Abb. B2.8.e+f)

Bei Beta-(Minus)-Strahlung wird eine Kernschlauch-Windung nach außen in die Hülle gedrückt und verbleibt als zusätzliche Hüllen-Windung. Die Gesamtzahl der Windungen, und damit die Massensumme (Sog-Summe), bleibt hier erhalten. Der umgekehrte Vorgang wird Beta-Plus-Strahlung genannt, kommt viel seltener vor, eher wie ein Neutronen-Einfang, wenn in der Nähe ein anderer Wirbel zerfällt. In beiden Fällen wird das feinstoffliche Umfeld etwas „ins Wogen" gebracht, der erste bekommt einen Strömungs-Impuls nach außen (negative Ladung), weil in der Kernphase mehr Eigendrehimpuls steckt, als außen zusätzlich integriert werden kann, im zweiten Fall ist ein eindrehender Strömungs-Impuls nach innen passiert. Sog kann nur sekundär entstehen, senkrecht zu jeder primären Strömung in Schichten mit seitlichem Geschwindigkeitsgradient.

Was sind Neutronen oder Protonen im Teilchenbeschleuniger, wenn es sie einzeln gar nicht gibt im Wirbelweltbild?
Es sind verzerrte Torkados im Nichtgleichgewicht. Das sogenannte Neutron hat eine Nadelform, ist ein schmaler spitzer Wirbel, der sei-

ne Hülle wie einen Rucksack hinter sich her zieht, und fliegt mit dem Kern als Spitze voran. Die Neutronenmasse verteilt sich langgestreckt im Vortex-Zylinder, überwiegend longitudinal angeordnet. Bekannt ist diese Ladungs-Konstellation auch vom Biefeld-Brown-Effekt, am asymmetrischen E-Feld eines Kondensators mit kleinerem Pluspol. Solch ein Kondensator setzt sich in Richtung des Pluspols in Bewegung, wie auch der Wendekreisel, dessen schmaler Plus-Stiel nach dem Sprung am negativ geladenen Erdboden landet. Sobald die Wirbelhülle (um den Pilzhut) abreißt, muss auch der Kreisel „Neutron" zerfallen. Ein Wendekreisel-Stiel rotiert auch nicht allein weiter.

Ein sogenanntes einzelnes Proton ist das Gegenteil. Es hat eine flache Linsen- bzw. UFO-Form (3 Ebenen in Abb. A5.1), aber fliegt „halb aufgestellt" mit der flachen großen Fläche voran. Der innere Kern ist nur kurz oder hängt wie der Stiel eines Pilzes hinten heraus. Auch der Atompilz-Wirbel steigt so auf und kann gut den Begriff Proton illustrieren. Die eigentliche Sogwirkung steckt im Torus als transversaler Ring.

A6.7 Fehlerfreie Abkühlung durch äußeren Häther-Unterdruck

Das ist wahrscheinlich der natürliche Normalfall: Weniger Stöße, mehr ungestörte Einschwingzeit auf energie-optimierte Positionen in Anlagerung an bereits vorhandene Kondensate, genau hineinpassend in deren Schwingungsmuster, sodass am Ende exakt-wachsende Kristalle entstehen. Die neuen kühleren Strukturen sind nun viel dichter gelagert, aber vollkommen stabil. Hier hatte das System viel Zeit gehabt zum Kondensieren.

A6.8 Erzwungene Ordnung durch äußeren Häther-Überdruck

Eine falsche Umgebung, etwa Platzmangel, muss zunächst das Nichtgleichgewicht fördern, den Wirbel (Atom, Organ, Wesen) stören, krank machen oder gar zum Zerfallen bringen (radioaktiver Zerfall). Das geht so vor sich: Wenn der Wirbelströmung der Rückfluss zum Kern behindert wird, etwa durch zu nahe Nachbarwirbel, schießt die eng gewundene Kernströmung zwar weiterhin tangential hinaus, wobei sich die hohe Eigenrotation wie vordem mit wachsendem Bahnradius in eine gekrümmte Bahn umformt, was zwar weiterhin Sog am Gegenpol erzeugt, der für den Kreisschluss auch wieder zum Ziel der Bewegung werden sollte und doch nicht eindeutig kann, wenn fremde Sogquellen dazwischen sind. Die fremden Absaugungen verändern oder bremsen den Kreislauf. Wenn es den benachbarten Wirbeln genauso ergeht, kann im Austausch das eigene Leid gelindert werden, indem der eine Wirbel die Strömung des anderen einsaugt, letztendlich unter Nutzung der äußeren ordnenden Strömung, für deren Aufnahme ein Mitglied der Gruppe die prädestinierte Lage hat. Anschließend ist eine neue chemische Bindung entstanden, die Kollektiv-Ernährung als Kompromiss, das Ende des gegenseitigen Einschwingens. Im Grunde ist es eine erzwungene neue Ordnung, die dem Druck des Platzmangels Rechnung trägt. Sind stabile Bindungen entstanden, kann der Druck auch nachlassen, ohne dass sie gleich zerfallen. Es kann aber auch sein, dass die Bindung nur so lange hält, wie der äußere Druck andauert, anschließend findet der Zerfall trotzdem statt.

Wie bei eine erzwungenen Ehe, die ausschließlich wegen der kleinen Kinder aufrecht erhalten wird und dann sofort zerfällt, wenn die Kinder ausziehen.

In einer Welt ohne Druck bzw. mit genug Raum (und ohne unsichtbare Parasiten), wären Mangel, Leid und Krankheit kein Thema. Im Astralraum und höheren Räumen ist das in der Regel der Fall.

A6.9 Einsatz von geometrischen Formen

A6.9.1 Radioaktivität

Können keine neuen Gleichgewichte erreicht werden, fehlt Bindung und Ordnung. Die Temperatur gilt als gestiegen und man nennt es Ionisierung, Polarisierung, oder Raub, Leid und Krankheit. Die Erwärmung ist ein Zeichen von Ordnungsverlust, die aber notwendig ist für Bewegung und Umwandlung.

Ein radioaktiver Stoff müsste weniger strahlen, wenn man ihn entweder neu ordnet oder einfach nur stark abkühlt.

Außer mit Kühlmittel müsste es auch helfen, solche instabilen Atome in eine Umgebung zu bringen, die ihnen „gut tut", wo sie wieder Bindungspartner mit den notwendigen Gegenkräften finden können, die ihre „Wunden heilen". Die Kernphysiker meinen, so etwas ginge nur mit großen Energien, mit großer Gewalt. Sie beachten dabei nicht, dass es sich um Wirbel handelt, die sehr gut auf Resonanz ansprechen. Kalte Fusion oder Transmutation in Biosystemen beweisen es. Es gab sogar gelungene Experimente, wo via Mikrowellen Gen-Informationen durch Glaswände hindurch auf befruchtete Eier einer völlig anderen Art übertragen wurden. Aus den Eiern schlüpften lebendige Mischwesen beider Arten. Ethisch gesehen, sind solche Experimente abzulehnen, aber sie zeigen den unkomplizierten Wirbelcharakter der Materie.

Warum sollte dann nicht auch ein radioaktiver Stoff durch Mikrowellen „geheilt" werden können? In den Atommüll-Brennstäben ist ja auch nur noch ein kleiner Prozentsatz am Strahlen, sonst wäre es längst vorbei. Die übrigen Atome sind also NOCH stabil. Geben wir ihnen doch das, was sie brauchen, um für immer stabil zu sein! Welche Varianten sind also denkbar?

A6.9.2 Heilung der Radioaktivität

Variante A *(absorbierende Heimat geben)*
Die hohe Konzentration des Materials muss verschwinden, die radioaktiven Reste sollten wieder vermischt werden mit den Materialien, woraus man sie ursprünglich entnommen hat. Und in dieser Mischung können sie endgelagert werden, und zwar dort, wo sie herkommen, wo sie „Zuhause" sind (analog zu A6.7).

Variante B *(gewaltsames Um-Stempeln)*
Versucht man es in die andere Richtung, mit neuerlicher Erhitzung, muss es entweder sehr heiß werden, um Stufe 1 oder 2 zu erreichen, woraus sich dann via A6.7 beliebige stabile Elemente bilden können, nach Einbringung von Schwingungskeimen der neuen Bildungsmatrix. Diese Variante ist wahrscheinlich zu energie- und damit kostenintensiv.
Die Keim-Schwingung könnte aber auch einfach sehr stark sein (z.B. mit Mikrowellen als Träger), um aufzulösen und direkt prägend neue Wirbel zu initiieren. Den Mikrowellen müssten vorher die Schwingungen der nichtradioaktiven Ziel-Stoffe aufgeprägt werden.

Variante C *(absorbierende / reflektierende massive Trennwände)*
Die radioaktiven Materialien brauchen Ruhe. Ruhe vor herumschießenden Zerfallsprodukten, was in den jetzigen Endlagerstätten, wo sie sich auch noch konzentrieren, ganz bestimmt nicht möglich ist. Es fehlen dort resonante Behälter, die aus der herumirrenden Korpuskularstahlung wieder stabile Wasserstoff- oder besser Helium-Moleküle machen, bevor ein anderes schweres Atom von ihnen aus seiner Stabilität gebracht wird.

Variante D *(dynamische Umsortierung wie im Wirbelrohr)*
Das Erhitzen der Flüsse mit Flachspiralen bzw. mit der Kegel- oder Pyramidenformen in Richtung Spitze könnte auch funktionieren. Das ist wie eine neue, erzwungene Kernbildung, der offene Kegel ist ein

Südpol, die Kegelspitze arbeitet wie eine Kathode für Umwandlung ins Feinstoffliche (Furt im Mäander, **A1.6**). Jeder Pyramidenspitze entsteigt ein feinstofflicher Strahl, das können sensitive Menschen fühlen oder sogar sehen, auch wenn die Pyramide nur aus festem Papier ist (Hans Jäckel /jg/).

Erst recht, wenn die Pyramide kompakt ist, aus Stein oder Metall, wird es innen zu Reflexionen der Flüsse, zu Sprüngen von Wand zu Wand kommen. **Den unseligen Neutrino-Begriff als Synonym für fast interaktionslose Feinstofflichkeit bitte hier nicht benutzen.** Die Elementarstrahlung betrifft auch große Skalen, denn es existieren immer auch Vergrößerungen aus Verdopplungen, besonders bei 13, 26 und 39 Verdopplungen des Uratoms.

Schon das Tetraeder hat drei Flächen über der Grundfläche. Das Sprung-Dreieck ähnelt schon der Golden-Mean-Form im Sonnenblumenteller. Dort hat der Sprung-Winkel in der Ebene 137,5 Grad (/mp/). Im Tetraeder wird er auch über 120 Grad liegen, weil die Schräge zur Nachbarfläche hinzu kommt.

A6.9.3 Gabriele Schröters Ikosaeder-Behälter

In einer 5-Eck-Pyramide, wie sie um alle Spitzen des Ikosaeders auftreten, ist der Goldene Schnitt noch mehr verankert. Sämtliche Zahlenverhältnisse zeigen den Goldenen Schnitt und begünstigen damit noch mehr eine neue Wirbelbildung.

Die Erfinderin Gabriele Schröter hat nach einer intuitiven Inspiration einen Ikosaeder-Behälter (platonischer Körper) von 1 Kubikmeter Inhalt bauen lassen, als Modell zur Behandlung von radioaktivem Müll. Er ist auch mit einer schwachen Probe getestet worden und brachte in Eigenmessung des Teams eine Absenkung der Radioaktivität um zwischen 90 und 30 Prozent. Die Nachweisbestätigung von fachlicher Seite wurde bislang verweigert.

Die genaue Funktion des Ikosaeders zur Stabilisierung radioaktiven Materials kann ich auch nur vermuten, Irrtum nicht ausgeschlossen. Hier sind zwei Erklärungs-Varianten, die zweite (A6.9.3.2) wird von Frau Schröter bevorzugt.

Hypothese A6.9.3.1

Die Ikosaeder-Metalloberfläche kann die terrestrischen feinstofflichen Energieflüsse durchlassen, wie Licht durch klares Wasser geht. Doch auch bei Wasser hängt es vom Einfallswinkel und der Wellenlänge ab, welcher Anteil an der Wasseroberfläche reflektiert wird, innen oder außen. Für Licht im Bereich Infrarot / Wärmestrahlung ist

Metall der pure Spiegel, das zeigt uns jede IR-Kamera.
Den Winkel der Totalreflexion der hier relevanten feinstofflichen (lichtanalogen) Strömung kenne ich nicht, aber wenn es ihn gibt, sorgt die Pyramiden- und Ikosaeder-Form dafür, dass innen gehäufte Reflexionen stattfinden, und sei es nur ein minimalster Bruchteil.

So wäre es denkbar, dass das Ganze ähnlich funktioniert wie ein Wirbelrohr, obwohl es keine separate Einlassöffnung gibt und eine eher kugelsymmetrischer Anordnung statt der Zylinderform.

Im Wirbelrohr werden hinter dem schrägen Einlass der Strömung die schnellen Anteile von den langsamen getrennt, die schnelle Strömung bewegt sich spiralig außen an der Rohrwand entlang, weil die natürliche Spirale mit hoher Geschwindigkeit weniger Krümmung hat und mehr Radius braucht. Automatisch bleiben langsame Strömungsanteile, die mit kleinen Amplituden und höherer Krümmung, in der Mitte des Rohres zurück, und sie drehen sich in die entgegengesetzte Richtung (umgelenkt ähnlich wie der Richtungswechsel im Fluss-Mäander), wegen dem Reibungsabschnitt zur schnellen Strömung hin. Die innere Strömung ist kalt und bekommt eine eigene kleine Mittel-Öffnung auf der entgegengesetzten Seite des Rohres wie die äußere Strömung, für die nur ein Ring als Öffnung freigelassen wird.
Im Wirbelrohr wird Warm und Kalt getrennt, was vorher vermischt war. Voraussetzung ist, dass die Einströmung mit einem gewissem Druck erfolgt.

Die Preisfrage ist nun: WAS fließt zu den Spitzen im Ikosaeder, kalt (+) oder heiß (-)? Der Rest scheint drin zu bleiben. Wie ist dann das Zentrum: heiß oder kalt? Wird im Zentrum das Material gekühlt (konserviert) oder erhitzt (umgewandelt)?
Oder gibt es etwa Strahlungs-Unterschiede zu den Spitzen, evtl. Ost und West oder oben und unten?
(Hier wird kalt und heiß bezüglich der feinstofflichen Strömung gemeint, die bekanntlich die Abwesenheit von Materie bedeutet, was nicht kompatibel ist mit der Thermodynamischen Temperatur.)

Da die Spitzen wirklich spitz sind und keine Ring-Öffnung haben, wie am heißen Ausgang des Wirbelrohres, könnten es kalte Ausgänge sein und Teilchen in starker Eigenrotation abstrahlen (Skalarwellen nach Tesla und Meyl). Das wäre **Variante C** oder nach Entspannung der Wirbel in größerem Abstand auch **Variante D**. Innen bleibt dann der heiße Wirbel und **Variante B** mit Umwandlungspotential kommt hauptsächlich zum Tragen.

Sollte der Innenraum kälter werden und es hat sich ein (ausgleichender) Überwirbel gebildet, wie eine neue chemische Verbindung, dann ist dieser zwar strahlungsarm oder strahlungsfrei, wird aber eventuell ohne das Ikosaeder wieder instabil.

Hypothese A6.9.3.2

Wenn der Vergleich mit dem Wirbelrohr falsch sein sollte, müssen die eigenen Elementarwirbel des radioaktiven Materials betrachtet werden.
Eine Reflexion richtet den Strahl von jeder Position aus auf eine andere Fläche, näher an deren Kante heran, immer weiter in Richtung Spitze, wo sich die Strömung sammelt und schließlich nach außen abgestrahlt wird. Es gibt keine Bewegung in Richtung Mitte, weil eine Bewegung „nach Unten" auf eine andere der vielen 5-Eck-Pyramiden trifft. Die Mitte der Pyramide wird immer strömungsleerer, die positive Ladung nimmt zu. Materie geht in den Notmodus, Leben bleibt stehen. Wasser zerfällt, man kann Lebensmittel schnell trocknen, Schimmelbildung unmöglich. Rasierklingen werden schärfer, weil alle Oberflächen angegriffen / dünner werden. Das radioaktive Material zieht sich zusammen, friert ein ... und strahlt weniger und weniger. Oder wird es irgendwann erst recht zerfallen, bis nichts mehr übrig ist? Da wäre aber in der Summe besonders viel Strahlung aus den Ikosaeder-Spitzen zu erwarten, wenn vielleicht auch in nichtmaterieller Form.

Es müsste dafür gesorgt werden, dass die Spitzen mit ihrem Strahl nach außen zeigen und nicht in den nächsten Behälter hinein. Vielleicht könnten dort entstehende Gase, wie Helium und Wasserstoff, mit geeigneten Vorrichtungen aufgefangen oder abgepumpt werden?

Soweit zur Technik-Variante. Das Zurückbringen zur Erde allerdings (**Variante A**), wo man das Erz entnommen hatte, wäre die natürlichste Variante.

A7 Rolle der Seele

Viele Menschen können sich nicht vorstellen, dass es so etwas wie eine Seele, unsterblich obendrein, geben kann. Andere fühlen, - vor allem durch die Intensität ihrer Träume - dass sie eine Seele haben, aber fragen sich, ob diese Seele wirklich unsterblich sei, oder ob sie nur ein weiterer, irgendwann vergänglicher „Raumanzug" ist wie der physische Körper, der den individuellen Bewusstseinsfokus in der physischen Welt beherbergt und schließlich stirbt. Was bleibt wirklich übrig von uns, am Ende dieses Lebens oder am Ende vieler Leben dieser Seele?

A7.1 Unsichtbare Dunkelmächte

Es gibt da Geschichten von Reptos und Archons, die uns von Nachbardimensionen aus ausnutzen und steuern seit vielen Jahrtausenden. Der Anunaki-König Anu soll unseren Körper in seiner ganzen Multidimensionalität samt Seele und Geist sogar geschaffen haben, weil wir für Sklavendienste vorgesehen waren. Die zwangsweise Wiedergeburt mit Gedächtnisverlust gehört zu seinem Plan, er benutzt dazu eine Technik wie wir beim Fliegenfangen. (Wir verhalten uns gegenüber den Fliegen nicht besser als er.) Ohne diesen Mechanismus würden wir uns hier nicht wieder und wieder wie Gefangene quälen lassen. Unser multidimensionaler Körper ist sozusagen eine besonders interessante Züchtung, die einschließlich Seelenvervollkommnung über mehr als 120 Leben geht (wenn man die von Varda Hasselmann /hs/ erhaltenen Durchgaben betrachtet), bevor man wieder den alten Zugang zur allwissenden Intuitiven Welt erhält, die im Hintergrund der Mentalen Welt liegt, was einer Selbstbefreiung entspricht, der Rückkehr zum Einheitsbewusstsein. Im übrigen Universums ist dieser komfortable Lebensraum die Regel. In solchen Frequenztiefen, wo wir uns derzeit bewegen, wollen sich nur wenige Wesen freiwillig aufhalten. Wir sind wie Tiefseefische am dunklen tiefsten Meeresgrund.

A7.2 Seele nach Varda Hasselmann

Erst im Jahre 2015 bin ich auf Varda Hasselmanns Buch „Archetypen der Seele / Eine Anleitung zur Erkundung der Seelenmatrix" gestoßen /hs/. Hier tauchen genau die gleichen Strukturen wieder auf, wie im atomaren Aufbau. Unsere Seelen gehören zu Familien, wie Elemente zu ihren Gruppen im Periodensystem, und wechselnde Seelenmatrixzahlen entsprechen einem Reiferwerden und immer voller werdenden Elektronenschalen. Es hat mich aber nicht wirklich überrascht, denn es kann nur so sein, dass auch hier derselbe Mechanismus am Wirken ist. Es handelt sich genauso um Wirbel in Wirbeln in Wirbeln, wobei der vorgefundener Umgebungs-Ordnungsgrad (teilweise als Temperatur bekannt, hier Emotionsqualität oder Gedankenruhe) zum Wirbel passen muss bzw. ihn verändert und auflädt. Alles folgt den gleichen geometrischen Zwängen und mathematische Zusammenhängen.

All die komplizierten psychischen, sogar seelischen Qualitäten können nur wirbelnde Substanzen sein, denn sie folgen der gleichen Regel wie die Uratome: Sieben Stufen von Wirbeln in Wirbeln, in unzähligen, aber stabilen Kombinationen, dann plötzlich Neubeginn als riesiges Uratom einer neuen, gröberen Ebene, hier als neues Seelenalter, wieder in 7 Stufen unterteilt. Atome als wechselnde Leben im Fluss der Zeit?

Die voranschreitende Aktivität wechselt sich ab mit erholsamer Passivität, von Leben zu Leben. Es sind also für jedes Thema mindestens zwei Leben notwendig, so dass ein 7-Stufen-Entwicklungsdurchgang ca. 13-14 Leben dauert. Diese Zahlen finden wir auch in den Ebenen-Skalierungen der Welten Physisch-Astral-Mental. Grundlage sind dort Wiederholungsperioden, wo sich Verdopplungen und e-Funktionen treffen: 2^{13} mit $\exp(9)$ und andere.

Jede Seele kann ein Gebilde wie eine wunderschöne multidimensionale Blüte sein und gehört auch noch zu einer festen Seelenfamilie, etwa gleicher Farbe und Form, die sich wie auf einer Sommerwiese gruppiert. Alle unsere Leben sind wie die Blütenblätter der Blüte, oder wie die Schirmchen an einer Pusteblume? Und so, wie die Blüte älter und größer wird, wird sie immer perfekter und runder und hat am Ende alle Situationen erlebt, alle energetischen Ausrichtungen als Fähigkeiten und Charakter-Varianten durchgespielt. Je mehr sie Symmetrie erhalten hat, desto feiner und höher kann sie schwingen. Aber in totaler Symmetrie kann wiederum NICHTS leben.

A7.3 Sterben und Wiedergeburt

Erst wenn eine Seele diesen perfekten Zustand erreicht, ist sie nahezu ladungsfrei und kann nicht mehr von Anu's Gefolge kontrolliert werden. Sie wird dann zwischen zwei Leben nicht mehr von der tunnelähnlichen Plasma-Bildschirm-Falle angezogen, und muss entweder überhaupt nicht mehr inkarnieren, oder darf es mit voller Erinnerung an alle anderen eigenen Leben.

Wie könnte der Sterbevorgang aus elektrotechnischer Sicht betrachtet werden? Sogar mit dem bescheidenen derzeitigen Wissen lässt sich folgendes Bild zeichnen:

Unser lebendiger physischer Körper besitzt einen Körper-Hauptwirbel mit senkrechter Drehachse und fünf Nebenwirbel mit fast waagerechten Drehachsen, die mit ersterem „verhakt" sind (Abb. B5.6.a). Das sind die fünf Hauptchakren-Wirbel vorn und hinten und je eines oben und unten. Zusammen sind sie ein bizarres Kohlenstoff-Kristall, da auch Kohlenstoff der Hauptbestandteil des Körpers ist und selber eine Sechserstuktur hat. Die Polung der waagerechten Chakren unterscheiden sich bei Männern und Frauen, und der senkrechte Hauptwirbel dreht entgegengesetzt.

Der Kristallzustand hat hohe Ordnung, entspricht aber einer tiefen Temperatur. Im Sterbefall, wenn Atmung und Herzschlag aussetzen, bricht die hohe kühlende Ordnung zusammen. Ertrunkene beginnen sogar leicht zu leuchten, wodurch man sie noch finden und retten konnte. Licht ist immer ein Zeichen von Ordnungsverlust, das erkannte schon Freiherr Karl von Reichenbach /ro/. Und dann geschieht sogar so etwas wie Sublimation, die sogar zu wiegen ist. Herr Dr. Klaus Volkamer /vf/ hat genaue Nachweise über den Gewichtsverlust erbracht, der sogar bei Tiefschlaf und auch bei tiefer Meditation von einigen Gramm bis einigen hundert Gramm betragen kann. Der nun vom Wirbel „ungekühlte" (ohne innere Pumpfunktion hat ein Wirbel weniger Masse), weil gestorbene Körper, wird an jeder Stelle zu einer geheizten Kathode. Und was macht eine geheizte Kathode in der Kathodenstrahlröhre? Sie gibt negative Ladungen ab.

Das ist hier astrale Materie analoger Form, möglicherweise Elektronen (die ich auf astraler Stufe 4 vermute - Stand 2016). Im Gegensatz zur Annahme der Physiker existieren Elektronen NICHT im metallischen Festkörper-Leiter, sondern bilden sich erst an der Kathode durch Zerfall von physischen Uratomen. Diese gröbere Form (gemeint ist das physische Uratom) wurde von Leadbeater und Besant um 1900, und vorher von anderen, im metallischen Leiter gesehen (außersinnliche Wahrnehmung durch Benutzung der Augen des Astralkörpers).
Diese haben im Festkörper ein Gewicht von 1/18 Protonenmasse, das ist 102 mal schwerer als das Gewicht von Elektronen, die nur 1/1836 der Protonen wiegen, also zur astralen Materie zu gehören scheinen (das dortige Uratom müsste aber viel kleiner sein). Im metallischen Leiter gibt es links- und rechtsdrehende physi-

sche Uratome, und nur eine der beiden Sorten (9 Stück pro Protonenmasse) bewegt sich wie ein negativ geladenes Teilchen zur Kathode, um dort zu zerfallen und lichtartig abzustrahlen (49^5 = ca. $((2^{13})^3)/1836$ das sind viel feinere Teilchen, als die, die im Sensor als Elektron kondensieren).

Die andere Uratom-Sorte fließt bei Spannung im Leiter entgegengesetzt, aber sie zerfällt nirgendwo, denn sie ist stabiler und robuster, da ihre Drehrichtung mit der Hauptdrehrichtung von Planet, Sonnensystem und weiteren Hierarchien übereinstimmt.

Ich nenne absichtlich weder rechts noch links, weil dann immer der Ort, Nord- oder Südhalbkugel, dabeistehen müsste. Alle Spiralvorgänge sieht man von der anderen Seite wie gespiegelt. Eine Rechtsdrehung erscheint von unten als Linksdrehung. Am Äquator läuft die Sonne fast senkrecht nach oben über den Zenit, auf der Südhalbkugel von rechts nach links, weil dort nach Norden zur Sonne geblickt werden muss, und da ist Osten auf der rechten Seite. Die Globaldrehrichtung ist zwar dieselbe, aber sie erscheint uns als Gegendrehung. **Die Nordhalbkugel-Materie muss Kopfstand machen auf der Südhalbkugel des Planeten (und umgekehrt)! Kein Wunder, dass es spukt beim Übertritt des Äquator, dort ordnet sich die Materie um** (Siehe Anhang).

Zurück zum gestorbenen Körper. Die vorherige Chakren-Verhakung bleibt bestehen, und damit die räumliche Anordnung aller Organe und Zellen wie gehabt. Die leichtere, wie „gasige" Astral-Kopie des Körpers hat noch Schwung genug, um den ICH-Bewusstseinskern aufzunehmen, der nun als Wirbel-Fokus die Drehungen zusammenhält und nun diesen leichteren Körper lenkt, genau wie er es gewohnt ist. Da ist noch immer im Herzen die Verbindung zur Quelle, zwar zarter und feiner, aber es ist ein Anschluss ans große Netz. Über die sogenannte Silberschnur besteht zunächst noch ein schlauchförmiger Energiezugang zum körperlichen Portal, dem gemeinsamen Nullpunkt des Herz- und des Hauptwirbels. Es ist ähnlich wie mit der Nabelschnur, die nach der Geburt noch da ist, aber schon nicht mehr gebraucht wird. Wieder ist es eine Frequenzfrage, wann sich die Verbindung endgültig löst. Die Körperwirbel müssen sich aufgelöst haben. Dies erfolgt am Schnellsten bei einer Feuerbestattung.
Falls im toten Körper die Chakren-Wirbel und der Herzschlag sowie die Atmung wieder „gestartet" werden können, etwa durch Reanimation, findet der Astralleib entlang der Silberschnur schnell zurück und

alles kondensiert in die nun wieder kühle Materie, die ihn wie eine Röhren-Anode anzieht. Weiteres zu Bewusstsein siehe A12.6 .

A7.4 Wie kommt die Seele zum Körper?

Jemand entgegnete mir zum Thema Neubildung von Wirbeln „Kein Wirbel braucht einem anderen Wirbel etwas abzuzweigen, jeder wird vom Selbst gespeist, vom allumfassenden Raum." Meine Antwort war:
Der allumfassende Raum? Was soll DAS sein?
Es gibt keinen Raum allein, keinen Raum mit Nichts. Es ist immer etwas drin. Wenn das Eine rausgeht, strömt das Andere ein.
Ausgleichsströmung ist AUCH Strömung, nur feinkörniger. Und sie strömt, weil sie selber Teil eines anderen Wirbels ist, die Strömung bleibt nie stehen. Tut sie es doch, verliert der Raum sofort seine Struktur, wird heißes Chaos und verschwindet als Raum. **Raum ist nur ein Wort für geordnete Strömung.** Das Ungeordnete erscheint dem Geordneten so extrem „heiß", dass es als ein nicht betretbarer Bereich gelten muss. Der Begriff Subraum bezieht sich nach meiner Meinung auf künstliche, geordnete Tunnel im Ungeordneten Bereich. Es handelt sich jeweils um eine Größenskalen-abhängige Sicht.

Ein Körper-Wirbel, der gerade erst entsteht, MUSS sich seine Strömung nahe einem Nachbarwirbel abzweigen, um fortan mit derselben Quelle verbunden zu sein. Es können auch zwei Quellenzweige sein, oder MÜSSEN es zwei sein? Besser wäre dann das Wort Mutterwirbel und Vaterwirbel. Zwei Quellenzweige fließen zusammen und erschaffen eine Strömungs-Verengung, die (nach Bernoulli) saugend wirkt und anschließend ein eigenes stabiles Zentrum darstellt. **Der neue Wirbel kann nicht völlig im Nichts beginnen, der Zufluss muss irgendwo herkommen.** Das Speisen aus dem „Selbst" ist nicht falsch, aber zu ungenau. Es reicht nicht, dass ein Wirbel irgendwo dranhängt, es sollte SEINE VERWANDTSCHAFT sein (Eltern, Ahnen), das kann auf ihn einwirken wie ein Unterbewusstsein. Ansonsten gleicht er einem Roboter, einer Maschine. Ein transplantiertes Organ hat ganz andere genetische Ahnen und wird ein Fremdkörper bleiben.

Nehmen wir an, es gibt nun ein neugeborenes Körper-Wirbel-Bewusstsein. Die Beseelung mit dem göttlichen Bewusstsein ist erst der zweite Teil, der mit der gleichzeitigen multidimensionalen Anbindung zu tun hat, denn die Belüftungskaskade aller zur Massenerzeugung leergesaugten Wirbelkerne beginnt auch sofort. Der eigentliche

Beseelungsvorgang könnte mit einer Inselvereinigung aus Abschnitt A13 in Verbindung stehen und kann erst bei der passenden Zellenzahl bzw. Verkopplungsgröße der Zellen vonstatten gehen.

Das „Abzweigen" ist wie der Zugang zur Ring-Straße in einem Neubaugebiet. Von der Ringstraße aus sollte man ins Ortszentrum oder auf die Landstraße kommen, sonst bleibt das neue Haus isoliert.
Die „Straßen" sind Energiebahnen, möglicherweise ähnlich wie Blitze oder Arteriennetze aufgebaut. An jeder Verzweigung sitzt ein neuer Nordpol, an den sich die Südpole der Abfluss-Zweige anschließen. Hätten wir ein Verkehrsnetz aus Einbahnstraßen, wäre ein Verteiler-Kreisel ganz passend für das Modell. Dort müsste es aber immer mehr Abflussquerschnitt als Zufluss geben, sonst fehlt der Sog oder es kommt sogar zum Stau. Also wie immer Ladungsausgleich via Druckausgleich, verursacht von einem schwachen übergeordneten Wirbelsog, verstärkbar durch Nachwachsen neuer Abflüsse (Zweigaufteilungen, Bifurkationen). Das raumgreifende Zweige-Wachstum erhöht im ganzen System den Sog, und der Sog aus dem Überwirbel entsteht daraus sekundär und akkumulierend, und wird doch von Anfang an gebraucht. Klein und Groß brauchen sich, wie Henne, Ei und Küken. Das Küken gibt der Henne Kraft und Sinn.

Mit dem Eintreffen des emotionalen Seelenanteils, trifft auch der Geistige Anteil des Selbst ein, denn dieser ist die Quelle des Seelischen. Dahinter gibt es weitere Welten, etwa eine Intuitive Welt und deren Quellenwelt, auch diese hängen mit daran, aber sie sind immer weniger relevant für uns, je höher sie schwingen. Uns fehlen die resonanten Wahrnehmungsorgane.

A7.5 Meditation und Schlaf

Allein die klare Sprache eines guten Buches bringt uns schnell in den Gemütszustand des Schreibers, ein paar Leseseiten können heilsamer sein als Medikamente oder Nerventee, ja sogar treffsicherer als Yoga. Die Yoga-Übungen verdrängen die falschen Gedanken und Schwingungen zwar mit der Zeit, aber nicht so schnell, wie das Eintauchen in eine Flut höherer Schwingungen. Musik hat auch diese Kraft, aber sie beeinflusst eher das Gefühl als den Geist. Wird der entspannende Text gesprochen von einem Menschen, der selbst in tiefer Entspannung ist, dann wirkt das manchmal noch stärker als Musik, weil eine telepathische Verbindung zum Tag der Aufnahme zu bestehen scheint, die die beschriebenen Bilder fertig präsentiert. Die Erklärung ist Schwingungsresonanz, und sie verkoppelt Zeit und

Raum, mit einem Wurmloch von Wirbelwesen 1 zu Wirbelwesen 2. Es funktioniert sogar mit einer eigenen Aufnahme.

Man kann mit Meditation auf seine eigene Vergangenheit einwirken und dort Trost, Licht und Kraft empfangen. Damals wurde es vielleicht für Gottes Gnade gehalten, aber aus der späteren Perspektive wurde uns die eigene Göttliche Kraft bewusst. Unser Selbst ist größer als die Seele und keine andere Kraft ist uns näher.
Ein sprechender Mensch im Video kann auch mental viel besser erklären als sein Text, sofern er nicht nur vorliest, sondern frei spricht, mit klaren inneren Bildern.
Andere bevorzugen den klassischen Waldspaziergang, oder das Sitzen unter einem Baum. Doch Wald und Baum in nötiger Qualität und Abgeschiedenheit müssen dann auch ohne zermürbende Weltreise erreichbar sein.

Der Schlaf ist ein Spaziergang der höheren Körper zum Abkühlen, zum Auftanken von Ordnung. Die Regeneration dient vor allem zur Glättung der Aura-Wirbel, dem Ausgleich von Verlusten. Gleichzeitig mit dem Bewusstseinsausflug kann sich der physische Körper erholen, weil er eine Weile nicht vom ruhelosen, angsterfüllten Verstand belastet wird. Ein verliebter Mensch braucht weniger Schlaf, seine Energiekanäle sind befreit von den üblichen Behinderungen und die Regeneration erfolgt auch am Tag.

Durch den allgegenwärtigen Elektrosmog in den Häusern, vermischt mit DECT, WLAN und allen möglichen gepulsten Mobilfunk- und Medienstrahlungen, ist die körperliche Regeneration in der Nacht problematisch geworden. Als brauchbares Hilfsmittel habe ich die Bettunterlage der österreichischen Firma TerraPro /ft/ entdeckt, die den Körper im Schlaf wieder entladen lässt, indem er wenigstens das Null-Feld der Erdoberfläche um sich herum vorfindet. Es arbeitet ohne Metallfäden, die als ungewollte HF-Antennen wieder neue Störungen in die Körpernähe bringen könnten. Der Erfinder spricht von kapazitiv aufgebautem Nullfeld, wenn die Unterlage mit dem Null-Leiter der Steckdose (keine Verbindung zum Spannungspol) verbunden ist, mehr verrät er nicht. An der Matte ist aber aufgedruckt, dass ein Flies aus Kapok-Fasern enthalten ist. Diese natürliche Hohlfaser des Kapok-Baumes hat von Natur aus eine Wachsschicht außen, was sie wasserabweisend macht (Einsatz in Schwimmwesten), offenbar hier das geheime Dielektrikum.

A7.6 Begriff Liebe als Existenzenergie

Es gibt in höheren Welten keinen Mangel an Existenzenergie, also an Liebe.
Bei uns jedoch fast immer. Unsere Ebene ist jung und noch immer am Einschwingen. Jeglicher Mangel wird wie Liebesmangel empfunden, verursacht von Menschen, Dämonen, Karma, Schicksal oder Gott. Der Mangel kann sich auch als grundlose Angst anfühlen. Wut oder Hass beziehen sich auf die vermutete oder tatsächliche Ursache des Mangels. Schon allein das Denken an eine vermutete Ursache entzieht uns Energie, auch wenn es nur eine noch nicht manifestierte Gedankenform ist. Das Denken setzt mittels Resonanz die Verbindung. Mit der Zeit und der wachsenden Menge von Energielieferungen kann die Gedankenform sich manifestieren.

Der erste Schritt zum Erhöhen der Frequenz ist das Verhindern von Angst. Dazu sollte man angstmachende Gedanken nicht wiederholen, keine Panik in die Zukunft projizieren und nicht über Ärger aus der Vergangenheit nachsinnen. Die fernen, vielleicht erfundenen Katastrophen aus Funk und Fernsehen, an denen unsererseits nichts zu ändern ist, haben nur den negativen Effekt, unsere Frequenz unten zu halten. Wenn wir es stattdessen schaffen, Freude und Liebe im Jetzt zu erleben und zu verbreiten, ist schon viel erreicht. In der Gegenwart zu sein, bedeutet, auf die kleinen positiven Dinge des Alltags zu achten, oder eben die Atmung bewusster zu erleben. Damit ersetzt man das unersprießliche Denken an Ärger und Mangel, verhindert das Aufkommen von Wut.

Wer aber noch in Suchtphasen feststeckt, wie Rauchen, Alkoholabhängigkeit oder anderen Drogen, wird sich mit dem bloßen Sein im Jetzt nicht wirklich anfreunden können, der wiederkehrende Druck ist zu lästig.

A7.7 Wie läuft der Energieraub ab?

Unsere Körper-Chakren sind Wirbelpole, die mit anderen Menschen bzw. Wesen, zu denen eine Resonanz besteht, Energie austauschen können. Jedes Thema hat eine mehrdimensionale Frequenz, hängt am dazu passenden Organ, das auch in dieser Frequenz schwingt. Wir sind holografisch vernetzt. Eine ziemlich detaillierte Karte findet man in der R.G.Hamer'schen Germanischen Neuen Medizin (GNM) /hn/, die Konflikt-Themengruppen jedem der drei Gewebearten pro Organ zuordnet, und gleichzeitig einer Stelle im Gehirn (genannt DHS, sichtbar als Mittelpunkt eines scharfes Kreise-Systems im CCT ohne Kontrastmittel), weil sich im Konfliktfall zwischen Hirn und Organ eine stehende Skalarwelle ausbildet. Nach Konfliktlösung, wenn das Organ ausheilt, verschwimmt das Kreise-System, weil sich als Ersatz weiße Gliazellen an den verbrannten Stellen bilden, was man dann auch ohne CCT vorfinden kann.

Worüber Hamer nichts schreibt, sind die weiterführenden Energiebahnen, die über das Organ und den Körper hinaus, wie Gedankenpfeile in schlauchförmigen Wurmlöchern, die Ursache oder alle möglichen Ursachen des Konfliktes anpeilen und nach einem Ausweg suchen. Sie sind angebundene Subwirbel mit starker Verzerrung, wie geladene Teilchen, wie aggressive Ionen. Die Wurmlöcher stellen einfach verlängerte Kernbereiche dar, wie NikolaTesla's und Prof.K.Meyl's Skalarwellen. Die dort eingesetzten Flachspulen erzwingen die Polphasen des Wirbels, in der Mitte ist dann Kernbereich, und genau der wird wie ein einziger Blitz übertragen, bis zur Empfänger-Flachspule. Telepathie funktioniert ähnlich, nur ohne Technik.

Der ungelöste Konflikt ist DESWEGEN so Energie-raubend, weil der konflikt-aktive Mensch mit seinem ganzen Energiesystem Ausschau hält nach der Lösung für sein Problem, unter Schlafmangel und Selbstaufgabe. Die Krankheit geht in Heilung über, wenn der Konflikt vorbei ist, und fast immer kommt es erst dann zu Schmerzen und Krankheitssymptomen. Das bedeutet: Sogenannte Spontanheilungen wären die Regel, wenn man sie in Ruhe zulassen würde. Sehr oft erschafft die Diagnose das größte Problem, weil sich unnötige und gefährliche Therapien anschließen und weil neue Ängste wieder andere Konflikte auslösen, die fataleweise als Metastasen fehlgedeutet werden.

Beispiel Brustentzündung und Brustkrebs:
Eine Mutter mit einem Sorgekonflikt für ihr Kind wird nicht ruhen, bis das Kind wieder versorgt ist. Als Reaktion darauf kann sich bei ihr neues Brustgewebe bilden, was im Tierreich durchaus sinnvoll war (Krankheit als sinnvolles Sonderprogramm, als Evolutions-Turbo). Beim Menschen kann es sich auch um ein erwachsenes Kind (linke Brust der Frau, wenn sie rechtshändig ist) handeln oder den Partner der Frau (rechte Brust reagiert), für dessen Versorgung sie sich (in diesem Fall) verantwortlich fühlt, oder sogar die eigene Mutter, deren Versorgung aktuell infrage gestellt ist, kann Ursache für Brustkrebs sein, sogar bei Männern.

Um den Konflikt zu lösen (hier den Versorge-Konflikt), könnte der erkrankte Mensch z.B. einen Rechtsstreit gegen das Arbeitsamt, die Renten- oder Krankenkasse für sich oder in Stellvertretung führen und genau dorthin fließen viele Körperenergien ab. Da stehen Schlauchverbindungen zwischen einem Chakra des Körpers (es gibt Tausende davon, für alle Themen), ähnlich wie Wasserrohre oder Kabel, und einem virtuellen Behörden- oder Kanzlei-Monster, das im Hyperraum schwebt und von tausenden Nabelschnur-ähnlichen Schläuchen tausender kämpfender Bedürftiger aufgepumpt wird. Das Monster existiert real und wird mit der Zeit immer größer.

A7.8 Karma und Sünde

Könnten wir Normalmenschen uns lebende Körper wirbeln, auch ganz ohne Gen-Codes?
Das bezweifle ich. Das Einbauen der Gene ist schon sehr kompliziert. Da greifen Geist und Seele sozusagen auf „Fertigmodule" zurück. Es gibt ein sehr erhellendes Buch dazu: „Phylos der Tibeter" / pt/.
Da wird genau darauf eingegangen, es wurde vor 130 Jahren gechannelt, hat 3 Teile, handelt von Atlantis, deren Leben, Technik und Niedergang. In der zweiten Hälfte geht es um die Rolle der Seele, um Aufstieg, um Karma, um das Leben auf der Venus. Und um das, was derzeit vor uns liegt.

Es passt eigentlich ins Thema Ladung, auch wenn außer mir das noch keiner so sieht: Jede böse Tat hinterlässt eine Aufladung (Ionisierung) auf beiden Seiten, die nur mit derselben, aber gegensätzlichen Ladungs-Qualität ausgeglichen werden kann. Löschen geht nämlich nicht, nur ausgleichen. Die Erinnerung (etwas Stoffliches) an alles bleibt, wenigstens unbewusst. Der einfachste Weg dorthin ist, die „Regeln des Christus" einzuhalten, weil sie vor neuer Aufladung bewahren.

Je weniger Ladungs-Ungleichgewicht übrig bleibt, desto feiner die Schwingung, denn weniger Ladung kann schneller schwingen, und desto höherdimensionaler die Welt, die man bewohnen kann. Die Türspalte nach oben werden immer schmaler.

Habe jetzt das leidige Thema Sünde verstanden: Selbst Fress-Sucht (Völlerei genannt), bringt den Körper aus dem (Ladungs-)Gleichgewicht, macht aus ihm ein großes Ion, führt zu groben tiefen Frequenzen. Sucht im Allgemeinen hat mit Gleichgewicht nichts mehr zu tun.

Ich hatte immer Begriffe wie Sünde für Schwachsinn gehalten. Was für ein kleinkarierter Gott soll das sein? Aber als emotional-energetische Fessel, die wir wie ein Lasso am Hals haben, weil eine Skalarwellen-Verbindung „geschossen" wurde zwischen Täter und Opfer, die quasi einer Ladungsanhängung entspricht, kann ich mir das jetzt vorstellen. Das Opfer und seine Angehörigen senden auf horizontaler Ebene ihre Wut-Wurmlöcher wie Seile und Stricke, die sind sicher klebrig und müssen mithilfe des Absenders abgelöst werden, oft gelingt das erst viele Leben später. So erkläre ich mir Karma. Das findet sogar in höheren Ebenen statt, dort sogar noch verstärkt, weil alles bewusster abläuft.

Dass es Zeiten geben kann, wo die Karma-Anhaftung aus anderen Gründen verschwindet, vielleicht weil es vom Umfeld her mal heiß wird (zeitlich-zyklisch, Synchronstrahlhitze), ändert nichts am Naturgesetz. Manchmal schmilzt der Asphalt im Sommer, und die Straße wird zur Falle, bis er schließlich ganz die Straße verlassen hat. Eine glatte Straße ohne Asphalt (ohne „Karma") hat mehr Bestand. Auch die heißen Zeiten gehen vorbei.

A7.9 Lumira sieht es, Alexa hört es, Anastasia tut es

Wir sind diesen Energieverlusten aber nicht hilflos ausgeliefert. Eine starke Willensbekennung per Meditation hilft, all diese an den Chakren anhängenden Schläuche zu kappen und in die eigene Kraft und Verantwortung zu kommen. Sie fallen davon ab wie herausgezogene Kabel und das Lebenskraft-Leck kann ausheilen. Ein Seminar bei Lumira ist diesbezüglich zu empfehlen, ihre kraftvollen Meditationen bekommt man als Audio-CD mit nach Hause. Sie und andere hochsensitive Menschen können solche Energie(wurmloch)bänder sehen und auch das Abfallen beobachten.

Auch **Brigitte Walter** /we/ und ihre Fähigkeiten, Feinstoffliches zu sehen, mit allen möglichen Naturwesen zu kommunizieren, und unter Körper(wirbel)einsatz alte Kraftorte wiederzubeleben (verstopfte Landschaftswirbel befreien), konnte ich kennenlernen. Ebenso **Alexa Hubler-Rieder,** die unfreiwillig die Gedanken der Menschen mithört und intuitiv umfassende überzeitliche Zusammenhänge im Leben ihrer Klienten erkennt, dadurch oft mehr über die Betroffenen weiß, als diese es selber wissen, und deshalb gut beraten kann.
Viel nachgedacht habe ich über **Anastasia**, die Hauptfigur aus Megre's gleichnamigen Büchern /ma/, die ich für authentisch halte. Sie existiert und sie kann all das, wie beschrieben. Ihre naturnahe, unge-

störte Lebensweise als Kind der Taiga vom ersten Tag an, macht es möglich. Sie kann nicht nur auf telepathischem Weg einen Adler „fernlenken", oder ihre Verfolger verwirren, und sich nicht nur feinstofflich an jedem Ort der Erde aufhalten, sondern sich sogar körperlich teleportieren, wenn es nötig ist. Sie lebt offenbar im Einheitsbewusstsein und ihr Bewusstsein kann die Materie beherrschen. So schwer kann das gar nicht sein, wenn Masse nur leergepumpte Wirbel sind.

Durch eine De-Fokussierung aller ihrer Atome (fest, flüssig, gasförmig, also Stufe 7 bis 5) lässt sie den Unterdruck heraus zischen, und die Masse ist weg (nicht nur das Gewicht, wie im Parabelflug oder Raumschiff, da verändert man äußerliche Kräfte). Mit psychischer Auslösung und Verstärkung bestimmter Vibrationen soll das gehen, wie ich woanders las. Der übriggebliebene feinstoffliche physische Leib (Stufe 4 bis 1) wird dann im Ganzen per Gedankenkraft an den weit entfernten Ziel-Ort geschickt. Sie benutzt die höheren Körper zur Navigation. Dort stoppt sie die Vibration und erlaubt den Atomen und Molekülen, wieder zur normalen Pumpfunktion zurückzukehren, und die Masse ist wieder da.

Oder hat sie vorher per rotierender Gedankenkraft einen mentalen Skalarwellen-Blitz gesetzt, erhitzt ihre Materie, wie auch immer, bis sie dem Blitz folgen kann und muss, wie in einem „Beamstrahl", und kondensiert sich am anderen Ende des Blitzes, wo vorher der Ausgang des rotierenden „Wurmloches" schon gestanden hat?

Vielleicht sind beide Varianten am Ende das Gleiche, vielleicht sind beide falsch geraten, aber psychisch generierte Wurmlöcher oder anders genannt Skalarwellen sind keine rein exotischen Phantasieprodukte aus Hollywood. In jeder mentalen Interaktion und Kommunikation arbeiten wir via Chakren schon damit, fast immer unbewusst. Und wenn es als Kraftimpuls ins Bewusstsein dringt, nennen wir es verwunderlich, unerklärlich, mysteriös, magisch oder paranormal. Aber nur wir Blinden. Für Aurasichtige ist das Normalität, es werden immer mehr.

A8 Strömender Hintergrund aus Substanzen verschiedener Stofflichkeit

A8.1 Gedanken sind stoffliche Gebilde

Viele aurasichtige Menschen stellten fest, dass unser Hirn als Nebenprodukt des Denkens ein Gebilde produziert, das unserem Kopf entsteigt und – im Falle negativen Inhaltes – in dunklen Ecken der Räume als „biestige" Energie liegenbleibt. Die Raumqualität verändert sich, die Veränderung wird mit jeder Wiederholung verstärkt. An schöpferischen Arbeitsplätzen kann sie auch als angenehme Energie zu fühlen sein, selbst wenn die Gedankenquelle Mensch gerade abwesend ist.

Zuerst lagern sich beim Denkenden im Bereich der Aura bestimmte „Abdrücke" ab, die mit Gedächtnisinhalten korrespondieren. Diese Gedankenformen sind multidimensionale Schwingungsgebilde und können bei häufiger Wiederholung wachsen, oder auch wenn viele Menschen das Gleiche denken. Manche Aurasichtige erkennen beim Beobachten nur Nebelschleier, andere nehmen mehrfarbige Wolken wahr oder sehen sogar ganze Filme, wie von einem gespeicherten Erlebnis. Die seherische Qualität ist eine Frage der Frequenzanpassung und vermutlich der Reinheit der eigenen Zirbeldrüse - die wahrscheinlich unsere Hauptantenne ist und von unsere Stimmung und Ernährung beeinflusst zu werden scheint.

Auch hier zeigt sich einmal mehr: Gedanken sind lesbar. Slogans wie aus dem Liedtext „Die Gedanken sind frei" sind eine riesige Lüge!

Gedanken können auch wie durch ein Wurmloch von Telepathie-Begabten über große Entfernungen gesendet und empfangen werden. Auch uns passiert das manchmal, wenn wir plötzlich an denjenigen denken müssen, der uns gleich anrufen wird, da haben wir unabsichtlich im Kanal unserer Lieben mitgehört. Wir sind sowohl ein Skalarwellen-Sender als auch ein Skalarwellen-Radio.

A8.2 Wissenschaftsglaube, Standortbestimmung

Ein Künstler sagte mir: „Schöpfer können sich etwas ausdenken, und wenn es andere mitdenken können, wächst es von der Virtualität in die Realität. Misslingt das Mitdenken, bleibt es im Bereich des Nichtrealen. Es ist zwar immer noch das Gedankenkonstrukt eines Einzelnen, der dem Gedachten Realität beimisst, aber der Rest der Welt sieht keinen Sinn, nennt es Verrücktsein oder Psychose."

Er hat recht. Ein objektives Richtig- oder Falschsein, sogar wenn es mathematisch unterlegt wurde, gibt es nicht. Der allgemein und bewusst als Realität anerkannte Stand hängt vom Zeitgeist ab. Die noch heute verbotenen Worte in der Physik heißen „Äther" und „Lebenskraft". Genau darum geht es hier.

Die Wissenschaft hat sich das Experiment zum Prüfstandard gemacht. Dabei wird leider vorausgesetzt, dass es keine interdimensionalen manipulierenden Einflüsse gibt. Die belebte Interdimensionalität und ihre vielgestaltigen Einflussnahme-Motive entlarven den Prüfstand „Experiment" als irreführende Idee. Das Experimentier-Ergebnis hängt jeweils vom Wohlwollen oder dem Fernziel der interdimensionalen Betreuer oder Bewacher ab. Unsere Position ist leider einem tierischen Zoo-Insassen ähnlich, der sich stolz rühmt, eindeutige Gesetzmäßigkeiten in der Fütterungszeit entdeckt zu haben, und seiner Entdeckung planeten- und galaxisweite Gültigkeit unterstellt.

Aus Mangel an besserem Wissen, wird von den Mainstreamwissenschaftlern - eher unbewusst als bewusst - nicht der Prüfstand „Wiederholbares Experiment" infrage gestellt, sondern kurzerhand die lebendige Interdimensionalität verworfen. Denn sonst müsste die Wissenschaft als Glaube eingestuft werden: „Wir glauben an das Proton, weil wir wiederholbare Messungen fanden. Wir glauben an das Elektron, weil wir wiederholbare Messungen fanden. Wir glauben an das Photon, weil wir wiederholbare Messungen fanden. Wir glauben an Naturkonstanten, weil wir … . Die Radioaktivität dieses Isotopes hat die und die Halbwertszeit. Es wurde gemessen und so ist es für immer."

Wir messen aber mit Materie, die stark tiefgekühlten Kristallen vom feinstofflichen Messobjekt entspricht. Die Bestandteile der Messvorrichtung sind alle nur Festkörper, vielleicht auch Flüssigkeiten oder Gase, also auf ihre tiefe Existenz-Temperatur angewiesen, im Vergleich zum feinstofflichen Messobjekt, etwa einer kosmischen Felddichteänderung. Falls eine interdimensionale Wesenheit die Möglichkeit hätte oder hatte oder hat, am Temperaturregler zu schieben, wie wir an dem Regler im Kühlschrank, könnten wir unsere schönen Konstanten-Datenbanken als Matsch aus dem Eisfach ziehen. Da könnte Schokoladen-Eis in die Pommesschüssel gelaufen sein und manche Fertiggerichte der Interdimensionalen, die wir für objektive Natur-Pur halten, sind wegen Schimmel unverwendbar, sprich: nicht klassifizierbar, auch wenn der Temperatur-Regler plötzlich wieder an seinem Platz steht. Der Kühl-Aussetzer bringt das ganze System ins Wanken, das doch so schön auf der teuer und glaubenstreu bewiesenen Konstanten-Datenbank beruht.

Doch auch ohne verspielte oder böswillige interdimensionale Wesenheit können zyklische globale Schwankungen als Einfluss von außerhalb unseres Planeten auftreten, mit der kein Schmalspurwissenschaftler je gerechnet hat. **Der Weg der Sonne ist kein geputzter Museumsflur, da begegnen ihr jeden Tag andere Sorten interstellarer Wolken. Die verbiegen Felder, oder verblubbern geordnete Strömungen von Raum und Zeit.** Könnte besagter Wissenschaftler das sehen, er hätte den schmalen Wissenspfad breiter angelegt, er hätte Verzweigungsmöglichkeiten eingebaut, gekrümmte Kurvenverläufe angedacht, wo bisher eine Gerade lag, über was auch immer. Er hätte sogar über Abszissen-Kategorien gegrübelt, die erst später zu entdecken sind. Die Begeisterung seiner Kollegen oder Geldgeber hätte er nicht zu erwarten gehabt. Weitsicht ist hinderlich für den wirtschaftlichen Kapitalrückfluss, für die Amortisierung der Forschungsgelder. Ein Bedenkenträger wird eher als Profitbremse betrachtet. Als Ergebnis dieser Haltung haben wir eine Wissenschaft mit eigenen Päpsten und ihren als Lehrbücher gedruckten Bibeltexten für den anerkannten Pflichtglauben samt Ketzer-Verfolgung.

Andererseits gibt es die geist-seelischen Quellen, die jenseitigen Wissens-Flüsterer. Sind sie wirklich besser (siehe A2)? Oder verwirren sie uns endgültig? Was kann man von Formulierungen halten wie „Sprachenfreies Wissen jenseits von Fühlen und Denken"?

Wir ahnen, was Fühlen ist: Emotionen sind Emanation in die und aus der Astralwelt, die erste höhere Ebene nach der Physischen (siehe A3). Das ist die primäre energetische Ebene, die erst sekundär das Physische gebiert. Wir glauben zu wissen, was Denken ist: Interagieren mit der Mentalwelt, die nächst-höhere Ebene hinter der astralen (energetisch genannt), die wiederum die astrale Ebene gebiert. Und was ist das Sein in noch einer Ebene dahinter? Das Eine ist für uns wie eine unformulierbare Resonanzreaktion, das Andere wie ein formulierbares Vorurteil, gestützt auf illusionäre Beobachtung und Logik. Dabei sind es **Bausubstanzen, der Stoff, aus dem dort alles besteht. Die Astralwelt, die aus dem Stoff der Gefühle besteht, braucht schon weder Nahrung noch Schlaf, die Emotionen sind keine zweite Hülle um den Körper, wie hier im Physischen, sondern das Meer, in dem alles geschieht.** Wenn eine Ameise in einen

Eimer mit Pudding fällt, dann hat sie keine Probleme mit Hunger. **Die Mentalwelt besteht aus dem Stoff der Gedanken, alles Denkbare wird manifest.** Das Dritte, nun sprachenlos, hinter dem Mentalen, ist vielleicht ein unmittelbares Eintauchen ins Zentrum des Betrachtungsobjektes, ins All-Eine der durch Wahrnehmung erreichbaren Welt, eine vorübergehende Verschmelzung, ein Überspielen der Festplatte des Hauptcomputers, ein blitzartiges Kopieren von Wissen und Erfahrung. **Diese Welt hinter der Mentalwelt besteht selber aus dem Stoff, der gewissermaßen das Denken(können) ausscheidet,** und der das menschenverfügbare Wissen überall in sich trägt. DESWEGEN ist es blitzartig da. Schon die gedachte Frage schickt das Suchwort ab. **Es ist kein Suchen, es ist ein Werden-Zu (A3.6).** Sind wir dort Formwandler? Aus Überlieferungen kennt man dafür den Namen Buddhi-Ebene, Intuitions-Welt. Aus ihr heraus entstehen erst Mentalwelt und astrale Energie. Und was sind die Welten über ihr? Höher und höher werden sie und immer feinstofflicher, sie müssen auch viel älter sein, sofern (höhere) Zeitanalogons existieren. Wir sind glatt überfordert, weil wir offenbar einen schnelleren Tastkopf im „Laufwerk" brauchen, oder weil uns als Einzelwesen das viel feinere Hochgeist-Empfangsorgan fehlt. Unser (mein) Glaube an diesen Mangel könnte jedoch auch ein Irrtum sein. Gott macht weniger Fehler als wir, er hat die Lizenz zum Zeithaben. Und er ist auch als Mathematiker nicht zu toppen.

A8.3 Dynamischer Auftrieb braucht Strömungen

Im Wasser erzeugen wir mit Bewegung den Auftrieb, indem wir dem Wasser eine zusätzliche Bewegung nach unten geben, die uns von Moment zu Moment an der Oberfläche hält, die uns „trägt".
Diese Bewegung darf nicht aufhören. Auch der Wind darf nicht aufhören, der einen Flugzeugflügel oder einen Papierdrachen „hochhebt". Mit dem Flugzeugmotor oder der Turbine erzeugen wir lediglich den selbstgemachten Gegenwind, um eine Strömung am Flügel zu haben.

Unsere gegenwärtige Physik hat keine wirkliche Antwort auf die Fragen:
Warum fällt ein Mond nicht nach einiger Zeit auf den Planeten? Warum fällt der Planet nicht nach kurzer Zeit in seine Sonne und warum fällt ein Elektron nicht in den Atomkern?
Welche Kinder haben diese Fragen ihren Eltern noch nicht gestellt?
Die Physik-Lehrbücher gehen davon aus, dass sich diese Objekte im leeren Raum bewegen und weil nichts die Bewegung stört, hält sie

beinahe ewig. Irgendein Vorgang hat die Welt wie ein mechanisches Uhrwerk aufgezogen und nun läuft es und läuft es und läuft es.

Als mir mein Sohn solche Fragen stellte, wusste ich, dass er sich Sorgen macht um die kosmische Zukunft des Planeten, denn die Erklärungen seines Physiklehrers waren wenig beruhigend. Zum Glück hatte ich eine andere Erklärung für ihn, und die hat er sofort verstanden:

Es gibt keinen leeren Raum, sondern es kreist ein unsichtbarer und unfühlbarer Wirbel um alle und durch alle Dinge. Nicht die Materie war zuerst da, sondern der Wirbel. Er erschafft erst die Materie, in jedem Sekundenbruchteil neu. Der wirbelnde Stoff ist feiner als Luft, aber auch viel dichter als Luft, denn weil die Teilchen kleiner sind, sind es viel mehr. Ganz ähnlich wie der Unterschied zwischen den Körnchen in einem Sandhaufen und einem Berg von Steinen oder gar Felsbrocken. Wenn man die Felsbrocken zusammen mit den Lücken zwischen ihnen betrachtet, dann haben Sand und Felsen-Geröll ungefähr die gleiche mittlere Dichte, denn auch die Lücken zwischen den Felsen sind größer. Wenn also der Sandhaufen von einem Sturm erfasst wird und voll durch die Luft fliegt, dann hat dieser Sturm die Kraft einer riesigen Faust, einer tonnenschweren Steinschleuder. Die Wucht des Sturmes erhöht sich mit den Massen, die er transportiert. Die Massen mussten in Bewegung gebracht werden, gleichsam alle mitbewegten feinstofflichen Schichten der Umgebung und das hatte Zeit gedauert. Das Aufladen eines elektrischen Akkus dauert auch seine Zeit, denn letztendlich bauen auch dort die chemische Vorgänge neue Wirbel auf und nichts anderes ist eine stabile Wirbelströmung: ein Energiespeicher. Allerdings nicht nur in der astralen (sog. Energetischen) Ebene, sondern in jeder. Nur sprachlich fehlen hier die neuen Worte für die verschiedenen Energie-Körnigkeiten. In Physiksprech sind es unterschiedliche Wirkungsquanten.

Man kann im Windkanal gut beobachten, dass sich die Wirbelströmung um ein Objekt in verschieden schnellen Schichten anordnet. An der Oberfläche des umströmten Objektes ist die Geschwindigkeit Null, weil dort maximale Reibung herrscht. Irgendwo in einem festen Abstand ist die Strömung maximal, d.h. sie strömt bzw. dreht dort am Schnellsten. Dann nimmt sie nach außen wieder ab.

Die Kräfte in Strömungen sind bekannt. Jeder kann auf ein gebogenes Blatt Papier pusten, flach zur quer gewölbten Oberfläche, quasi als Gegenwindströmung wie auf die Oberseite eines Tragflügels. Dann wird er feststellen, dass es sich dort anhebt, wo die Strömung dichter ist. Es existiert eine Anziehungskraft senkrecht zur Strömung in Richtung zur schnellsten Schicht, von beiden Seiten auf die schnellste Schicht zu. Da unter der schnellsten Schicht die Tragflügel- bzw. Papieroberfläche ist, wird sie hochgehoben. An der Unterseite des Tragflügels darf keine Wölbung nach außen sein, sonst gleichen sich die Kräfte aus.

Genannt wird diese Kraft dynamischer Auftrieb, genutzt auch beim Hubschrauberblatt oder Windrad, immer schräge Anströmung oder asymmetrische Querschnitte vorausgesetzt. Ebenso wirkt diese Kraft, umbenannt als Lorentzkraft beim elektrischen Motor und Generator. Der Magnus-Effekt beschreibt den gleichen Vorgang. Wenn ein zur Strömung senkrecht stehender Zylinder am Rotieren ist, addieren sich auf einer Seite die Strömungen, auf der anderen Seite subtrahieren sie sich.
Die dichtere Strömung wird beschleunigt und entwickelt einen Sog senkrecht auf die schnellste Strömung zu. Der Zylinder wird nach der dichteren Stelle hin gezogen. Für mich ist dies das wichtigste und einzige Grundgesetz für Kräfte.

Gleichzeitig hat der Sog eine Fernwirkung aus der anderen Richtung und bewegt das Strömungsmedium entgegengesetzt (roter Pfeil), was ab einer 2er-Kette von Zylindern zur Bildung eines Überwirbels führen kann, wobei die Kette sich zur kreisähnlichen Struktur zusammenschließt.

Diese wichtige **hierarchienbildende Fernwirkung** wird oft nicht beachtet, sie hat noch nichtmal einen Namen.

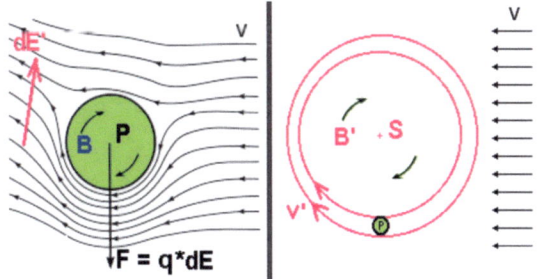

Abb. A8.1, Erklärung siehe Abb. A8.2

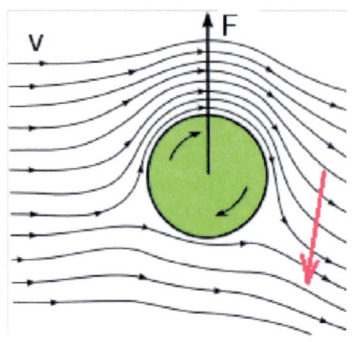

Abb. A8.2: Magnus-Effekt. F wird auch Auf- oder Abtrieb genannt, je nach Rotationsrichtung des grünen Zylinders (beim Flugzeug die Zirkulationsströmung am unsymmetrischen Profil). Der rote Pfeil zeigt die Störungskraft zur Bewegung des Strömungsmediums hinter dem rotierenden Zylinder, was bereits der Beginn der Bildung eines Überwirbels ist.

Jedes Flugzeug drückt große Luftmengen nach unten, um selber oben zu bleiben, auch ein Segelflugzeug.

Ein Planet stabilisiert mit der Tagesrotation seine Jahresbahn, die aber auch ohne Planet gekrümmt ist, da dort solarer Häther wirbelförmig zur Sonne und zurück strömt (Bild rechts in Abb. A8.1). Das Verhältnis Jahr zu Tag ist deshalb fest mit Bahn- und Planetenradius sowie der umgebenden Häther-dichte (sonnenabstandsabhängig) verknüpft.

Auch Begriffe wie Zentrifugal-, Coriolis-, Coulomb- oder Gravitationskraft kann man letztendlich darauf zurückführen, wenn man den tabuisierten Äther (besser: Häther) als krafterzeugende Hintergrundströmung aus der überfüllten Mottenkiste holt.

A8.4 Ein Räderwerk aus Wirbeln in Wirbeln

Es sind stabile Strömungen, die uns hochheben. Nicht nur per Flugzeug in die Luft, sogar per Wirbel in die Existenz. Ohne sie ist nichts Materielles stabil. Massen müssen durch wirbelndes Saugen ständig erneuert werden.

Jedes Festkörper-Atom besteht bereits aus sieben ineinander geschachtelte Wirbel-Ebenen, die sich durch schrittweises Abkühlen immer wieder bilden und bei Erwärmung schrittweise zerfallen. Sogar der kleinste Wirbel einer Ebene, das Uratom, kann zerstört werden, wenn seine umgebende Ordnung gestört wird. Doch dann wirbeln kleinere Einheiten weiter in der feineren Ebene, und sobald die Störquelle verschwindet, kehren sie zurück wie Phönix aus der Asche (neu kondensiert), indem sie wieder einen Überwirbel bilden, verursacht vom Goldenen Schnitt der Energien.

Die Spirillen sind Wirbelströmungen nach dem Torkado-Prinzip: Innen hoch, außen herunter.

Abb. A8.3: Das ist die Vergrößerung einer Spirale aus dem Uratom (z.B. physisch), in der sich drei höhere Ebenen wiederfinden. Bei Zerfall des Uratoms verschwindet Strömung 1, und es entstehen aus den Qualitäten 4, 3 und 2 eine große Zahl (49) von kleineren Uratomen (astral) selbstähnlicher Struktur, aber mit 2 anstelle von 1. Der Vorgang ist bei Beruhigung, also Ordnungszuwachs reversibel, weil 4,3,2 im gleichen Verhältnis stehen wie 3,2, und 1.

(Das Oben und das Unten wird durch die Vorwärtsbewegung definiert, wobei dann die Strömungsrichtung von oben nach unten gemeint ist, was aber bei strömenden Flüssigkeiten in der Regel nahezu waagerecht ist.)

In Abb. A8.3 sind nur die vier jeweils vergleichbaren Arten von Körnigkeiten gezeichnet.
Im Grunde müsste jede Linie ein Doppelzylinder sein, dessen innerer Fluss dem äußeren entgegen gerichtet ist (also von unten nach oben), aber selber einen sehr viel feinkörnigeren Aufbau hat (feinere Ausgleichsströmung, die dem Sog folgt, der entsteht, wenn die größeren (noch wechselwirkenden) Teilchen in die Strömung gezogen werden):
Strömung 2 erzeugt 1 als Soggebiet, Strömung 3 erzeugt 2 als Soggebiet, und natürlich ist auch 4 die Ursache von 3.

Noch einmal anders ausgedrückt: Immer drei benachbarte (z.B. 3, 2 und 1) bilden zusammen (pro Umlauf der Strömung 2) eine Art Atomwirbel, mit Nr.3 als feinstoffliche Hüllenströmung (Ladung Minus, E-Feld), die die Strömung Nr.2 als deren generierte Masse (Ladung Plus, H-Feld, Proton) erzeugt, und Nr.1 als Kernschlauch des Ganzen (zentrale Masse, Neutron), in dessen Zylinder-Zentrum eine Ausgleichsströmung fließt, die Verbindung zum nächsten Atomwirbel, die dadurch fließend ineinander übergehen.

Zum Thema Feinstofflichkeit allgemein muss gesagt werden, dass es vor uns seit über 100 Jahren erfolgreich geheimgehalten wird. Sogar

Albert Einstein sah seinen Fehler ein und versuchte bereits 1920, das Wissen vom Hintergrundmedium zurückzuholen, doch sein Vortrag blieb unbekannt. Im Jahr 2020 sind es hundert Jahre, seit Äther weiterhin zum verbotenen Wort erklärt wurde.
Ersatzweise erschienen „gekrümmter Raum", „Nullpunkts-Energie", „Neutrino-Meer", „Felddichte", „Dunkle Materie" oder „latente Materie".
Eine hervorragende Materialsammlung und seriöse Wägungsbeweise finden Sie in den Veröffentlichungen von Dr. Klaus Volkamer /vf/, oder auch, etwas älter, in Günther Baers /bj/ kleinen Spur-Büchlein.

Auch jeder Planet schwimmt in solaren und galaktischen Strömungen, die ihn im Jahreskreis um die Sonne tragen. Seine Tagesrotation sorgt für die richtige Krümmung der Bahn, Billardspieler kennen das. Oder sorgt die Krümmung der Bahn für die Tagesrotation? Es stimmt beides, wie beim Ursprung von Henne und Ei, denn beim Planeten sind es zwei räumliche Wirbel-Hierarchien, bei Henne und Ei zwei Generationen, das sind räumliche und zeitliche Hierarchie-Staffelungen.

Natürlich suggeriert erstmal der gesunde Menschenverstand: „Was soll das überhaupt für eine Strömung sein, da draußen im Weltall ist doch NICHTS?" Wir behaupten das so, doch es ist wie beim Fisch im Wasser, der das Wasser nicht mehr wahrnimmt. Durch seine Flossenbewegung könnte er es aber bemerken, er fühlt einen Widerstand, eine Gegenkraft beim „Abschieben". Das gleiche Abschieben verhilft dem Wendekreisel zum Sprung.

Wenn wir fragen, was außerhalb der Luft ist, sollten wir nicht gleich NICHTS sagen, denn unsichtbar ist Luft bereits auch. Nur durch den fühlbaren Wind können wir sie als Materie akzeptieren. Wir haben Messtechnik, die es uns beweist. Tonnenweise lastet der Luftdruck auf uns. Und da draußen, über der Stratosphäre? Was lastet dort? Der Luftdruckmesser ist dafür nicht geeignet. Was aber ist geeignet?

A8.5 Messvorschlag Kreisel-Sprung

Aus der Stärke der Trägheitskraft können wir auf die Menge der aktivierten Submaterie schließen.
Als Sensor möchte ich das Prinzip Wendekreisel vorschlagen:

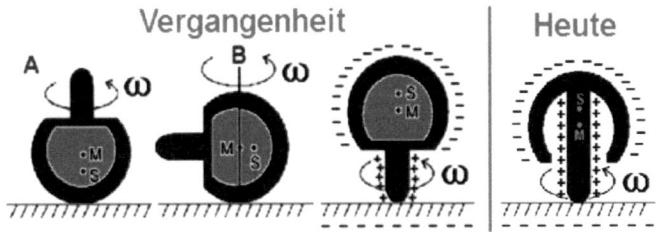

Abb. A8.4: Wendekreisel vor, während und nach dem Aufstellen

Seine „Springfähigkeit" ist im letzten Jahrhundert stark gesunken, wenn man vom damaligen Aufbau (eine Patentzeichnung im 19. Jahrhundert, Abb. A8.5) ausgeht. Er hatte früher die massive Form einer gefüllten Halbkugel, und musste immer kugeliger, hohler und leichter werden, um noch springen zu können. Die Hersteller müssen ihn immer wieder verändern, das springende Optimum muss immer mehr ausgefräst werden. Sie haben aber keine Erklärung dafür.

Die schwindende Springfähigkeit des Wendekreisels erklärt sich so: Das Magnetfeld der Erde nimmt täglich ab, es „zerbröselt" derzeit in kleinere Turbulenzen. Dem terrestrischen E-Feld muss es ähnlich ergehen. Die Turbulenzen wirken wie Hitze, verhindern den Auftrieb, das Abstoßen vom Boden, das Hochfliegen des Wendekreisels. Wir kennen diese Tatsache vom normalen Wasser: In blubberndem und auch noch warmem Wasser geht man schneller unter. Kaltes, glattes Wasser ist dichter und trägt.

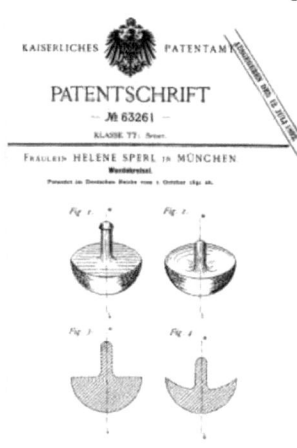

Abb. A8.5: Patentschrift 1892

In Abb. A8.4 sind dynamische Ladungen eingetragen:
Der neue Wirbel, den seine drehende Masse erzeugt, und die neue Minusladung am Pilzhut, interagiert immer mehr (A) mit den terrestrischen Minus-Ladungen an der Erdoberfläche, die letztendlich den Pilzhut elektrisch abstoßen (B) und auf die positiv geladene Spitze stellen.
Jeder Kreisel kreiselt länger auf der Spitze, da sie nahe an der Drehachse und damit am Wirbelkern ist, der immer einer positiven Ladung entspricht und von der Erdoberfläche nicht abgestoßen wird.

A8.6 Drehträgheit wird anschaulich

Trägheitskräfte an rotierenden Teilen haben besonders verblüffende Wirkungen. Die Physik beschreibt sie, ohne wirklich den Grund nennen zu können.

Experiment: Ich baue das Vorderrad eines Fahrrades an die Spitze einer Stange und benutze das Ganze wie einen Regenschirm.
Ich kann den „Regenschirm" leicht schwenken, solange das Rad nicht dreht. Aber wenn es dreht, zeigen sich erstaunliche Kräfte. Es passiert genau dann, wenn man die Stange schwenken will. Sie steht wie festgenagelt in der Luft, und wenn man sie zu kippen versucht, leistet sie mysteriösen Widerstand, als wäre sie mit unsichtbaren Seilen in der Luft angebunden. Nur in Richtung ihrer Achse bekommt man sie leichter bewegt. Alles andere braucht Kraft und Zeit. Warum? Mache ich das Ganze am Meeresgrund, wird klar, warum das so ist:
Wenn ich am Rad drehe, würde sich am Meeresgrund das umgebende Wasser mitdrehen, wie durch den Teelöffel in der gefüllten Teetasse. Je länger das Rad dreht, desto mehr superdichtes Meereswasser wurde in Bewegung gebracht, das sich dann natürlich „sträuben" wird gegen eine Achsenkippung, denn eine riesige drehende Wassermenge müsste mitbewegt bzw. erst umdirigiert werden. Ebenso im feinstofflichen Hintergrund. So erklärt sich die Dreh-Trägheit und jede andere Trägheit. Knackpunkt ist die Anerkennung des feinstofflichen Hintergrundes.

Die Trägheit kommt nicht aus der Materie des Rades oder einer mysteriösen, zwar benannten, aber unerklärlichen Kraft. Sie ist Folge der Interaktion mit dem mitbewegten Hintergrund-Anteil. Mehrere Hintergrund-Hierarchien, in verschiedener Körnigkeit, die auch noch gegenläufig angeordnet sind, müssen wegen der neuen Achsstellung umdirigiert werden, leisten somit Widerstand. **Da ist kein abstraktes „Drehträgheitsfeld", das im gedrehten Körper entsteht, sondern nur eine simple mitbewegte Hintergrund-Strömung, die einen viel größeren Raum einnimmt.**

Im Falle der Luft um den Fahrradreifen-Regenschirm spielt der „Hintergrund der Luft" schon die größere Rolle, auch am Meeresgrund ist das Wasser nur ein Teil der Realität. Zwischen den Atomen sind ganze Hierarchien feinerer Substanzen, die sich offenbar an der Bewegung beteiligen. Sie alle füllen den vorhandenen Raum aus, immer. Raum ist nur zu definieren über seinen geordnet strömenden Hintergrund-Inhalt, den man in der Physik einfach nur „Feld" nennt.

A8.7 Was treibt das Räderwerk an?

Neue Wirbel bedeuten neuen Sog und schaffen neue Ordnung, ziehen quasi die Uhr wieder auf.

Mehr Ordnung schafft mehr leeren Raum, das erlebt man schon beim Aufräumen eines chaotischen Schrankes.
Neuer leerer Raum schafft Sog, und Sog ist Spannung, denn bei möglichem Spannungsausgleich (offene Kanäle, kleiner Widerstand) fließt feinere Strömung ein (Energie). Das Kleine sorgt für den Erhalt des Großen, und lebt gleichzeitig im Großen. Und das Große besteht aus dem Kleinen, welches dadurch automatisch hierarchisch holografisch vernetzt wird. Die Ordnung gestalten alle Hierarchien gemeinsam, oder sie lösen sich gemeinsam auf. Kein Wunder, dass es geistige Führung und Überwachung gibt, denn: Das Kleine, Feine muss zeitlich älter sein, weil es das Grobe erst in die Existenz wirbelt.
Das Feinere war nicht nur früher da, es durchdringt und umfließt das Grobe, es ist also auch räumlich überall. Das Göttliche, das aus dem wirbelnden Hintergrund heraus sogar unsere Uratome erschafft, aus denen wir bestehen, und auch die der ganzen physischen Welt und ebenso die Uratome unserer Seele, ist wirklich überall.

Und: Nicht nur WIR leben. ALLES LEBT. Und das, was da strömt, quasi Hohlblasen in vielen Hierarchien bildet, kann Bewusstsein nicht erzeugen, es IST BEWUSSTSEIN. Strömende Flüsse mit Wirbeln und Subwirbeln verbinden alles zu einem Stück. Die Informationswellen, die in uns als Gedanken „einfallen" oder die wir als Sender „produzieren", werden durchs ganze Netz transportiert. Normalerweise weiß JEDER Wirbel alles, weil ihn alles was ist, mit voller Info durchströmt. Nur WIR spielen ein Versteckspiel und haben uns mithilfe des Körpers diverse Filter in den Decoder-Eingang gesetzt oder setzen lassen.

A8.8 Koilon, das zitternde Unbewegbare

Man stelle sich eine große, halbgefüllte Flasche Speiseöl vor, die man geschüttelt hat.
Die größten Gasblasen stehen dann für die materielle Stofflichkeit, die kleineren für die erste Feinstofflichkeit (E-Felder, H-Felder), mit denen sich die größeren Blasen füllen und umströmt werden (was,

zugegeben, beim Öl-Luft-Modell noch nicht der Fall ist), noch kleinere stehen für die Submaterie dieser „Felder" usw. . Viele Hierarchien von Bläschengrößen weiter finden wir das Öl selbst. Es steht für den einzigen wirklichen, aber nahezu unbeweglichen Hintergrund, durch den all die Hohlformen (die natürlich nichts anderes als Wirbelkerne von Strömungen kleinerer Wirbelkerne sind) hindurchgleiten können, in alten Schriften genannt „Koilon" (beschrieben in den Veden). Es erinnert uns sehr an den Kristallaufbau eines stark abgekühlten Festkörpers …

A8.9 Die Anomalien des Wassers

Das (kältere) Eis schwimmt im Wasser oben. Die kältere Substanz ist hier also weniger dicht, weil das Dichtemaximum von Wasser bei 4 Grad Celsius liegt, da ist es noch flüssig. Wenn es gefriert, nimmt die Dichte wieder ab. Das ist bei Aggregatzustandsänderungen von flüssig zu fest eine Ausnahme.
So kommt es, dass die Kristallbildung von Wasser dann das bisherige Volumen sprengt, weil die raumgreifende Winkelform zwischen Sauerstoff und Wasserstoff wieder zunimmt.

H_2O ist zwar ein chemisches Molekül, aber der innere Aufbau von Elementen aus Uratomen verdient eigentlich die gleiche Bezeichnung. Auch dort geschieht stufenweise ein kristalliner Aufbau, und möglicherweise können heißere Aggregatzustände eine größere Dichte erreichen, indem ihre Wirbel flächiger oder linienförmiger aneinanderlagern, mit weniger Raumbedarf in der Summe. Und das trotz höherer Eigenbewegungen, die wir schon von der Brownschen Molekularbewegung her kennen, wo viel größere, schon im Mikroskop sichtbare Fremd-Teilchen innerhalb einer Flüssigkeit irregulär im Zick-Zack beschleunigt werden. Die Physiker haben dann Temperatur mit chaotischer Eigenbewegung gleichgesetzt und offenbar nach keinen weiteren Bewegungsformen mehr gesucht.

Innerhalb eines Wirbels gilt der thermodynamische Temperaturbegriff nicht, dort trennen sich kalte und heiße Gebiete von selbst, und außerhalb des stabilen Wirbels treten sie nicht in Erscheinung. Erst nach Destabilisierung und Zerfall des Wirbels wird seine innere kinetische Energie wieder wirksam und als gemittelte Temperatur messbar. Der dann erreichte, gar nicht hineingesteckte Zuwachs an Temperatur wird im Kernreaktor (gesteuert) oder mit der Atombombe (zugelassener Lawineneffekt) demonstriert.
Ich vermute, dass Wasser und die Hauptmenge des uns umgeben-

den Häthers eine starke Ähnlichkeit haben. Vielleicht sind wir nie dem Meer entstiegen? Wir waren nie etwas anderes als Meereslebewesen, nur wir erkennen das Wasser nicht. In unserem Körper fließt es verdickt im Blut und es geliert überall durch biologische Aufladungen. Im Ozean und in seinen Zuflüssen wirbelt es, heruntergekühlt zur physischen Flüssigkeit, aber die ätherische- und subätherische Form in der planetaren Atmosphäre ist sein wahres Tummelfeld (siehe Abschnitt A4.4).

Der Biologe und Wasserexperte Peter Augustin /ad/ hat viel Interessantes zu Wasser gemessen und geschrieben, wenn auch nicht immer leicht zu verstehen. Das Wasser in Lebewesen verdichtet sich um 50 Prozent, indem sich der Wasserwinkel vergrößert. Hier anderes aus seinem Nachschlage-Pfiffikus zitiert:

-Zitat Anfang-
Licht: Unserem Auge zugängliche Form der elektromagnetischen Welle. Fast alle Zellen strahlen Licht aus (Gurwitsch), was auch eine Wassersprühstrahlung ist (siehe Coehnsches Gesetz im Physikbuch). Die starke Abhängigkeit der Strahlung vom Sauerstoffgehalt weist darauf hin, dass dabei das Wasser selbst zerfällt und der Wasserstoff anschließend unter Wasserwerdung wieder verbrennt.

Maxwell: Ein **Elektron ist 1835 mal weniger dicht als ein Neutron oder Proton**. Das entspricht haargenau dem Unterschied der Dichte von Gas und Festkörper. Das kann kein Zufall sein. Elektron und Proton sind Unterschiede zwischen zwei blitzschnell hin und her schwingenden Phasen oder Aggregatzuständen oder Elementen wie unsere antiken Vorfahren sagten.
-Zitat Ende-

A9 Kann der Mensch die Schöpfung gefährden?

A9.1 TRIADA

Die beiden Bücher von Gor Timofey Rassadin /ra/ „TRIADA" und „Gott-Mensch" haben es in sich. Die sprachliche und inhaltliche Klarheit ist unübertroffen, geradezu überirdisch. Nur an wenigen Stellen konnte ich kritische Randnotizen machen, wo unsere Weltbilder auseinanderdriften. Das waren eher Kleinigkeiten. Er räumt auch sauber auf mit Wissenschaft und Esoterik. Wir alle sind ja so im Sumpf von Falschinformation versunken, alte Zweifel erhalten hier eine interessante und fundierte Begründung.

In „Gott-Mensch", Seite 88 jedoch schreibt er, im Kapitel „WAS TUN?": „Das Universalwesen Mensch ist eine tödliche Herausforderung für die Schöpfung."
DAS aber ist keine Kleinigkeit mehr. Hierzu muss ich mich äußern. Auch Rassadin ist nicht unfehlbar, und das betrifft entweder seine Quelle oder seine Verbindungsleitung zur Quelle.
Aus dem Satz von Seite 88 spricht emotionale Bitterkeit. Vorher schreibt er von Druck und Gegendruck, und meint, dass genau die drei archetypischen Gegner Gewalt, Gier und unnatürlicher Ordnungswahn die Antwort sind auf den Menschen, um ihm seine Grenzen zu setzen.
Aber: Erstens ginge das auch anders, und zweitens sind es genau die archetypischen Gegner, die den Menschen erst gefährlich machen. Wenn es sie nicht gäbe, die Gewalt, die Gier, den autistischen Ordnungswahn, wäre der Mensch lammfromm. Und alle Menschen wären nahezu gleich. Es würde kaum Veränderungen geben von Generation zu Generation, wie in den Zeitaltern Mu und Eden.

A9.2 Produkte der Trennung

Hier lohnt es sich, den durchgängige Wirbelaufbau der Welt zu betrachten. Bewusstsein und holografische Wirbel sind dasselbe, die verschiedenen Ebenen und ihre Stufen sind ineinander verschachtelt und tauschen verschieden schnelle Subwirbel aus, die wie Vibrationen auf ihnen entlang eilen:
Die von Rassadin genannten archetypischen Gegner sind Produkte der Trennung, gehören in verschiedene Wirbelphasen, weitab vom Gleichgewicht. Genau wie bei der Dissoziation von Wasser, wenn aus H_2O die beiden geladenen Ionen $H+$ und das $OH-$ entstehen.

Ladung entsteht durch Trennung.
Gewalt überbetont die kurze harte Kernphase, das ist die verdichtete Wirbelströmung selber. Weiter außen verläuft die weichere Wellenphase.
Gier ist die Masse, der Sog, der die Strömung wieder und wieder in den Wirbelkern hinein führt, wo es so eng wird, dass die Subwirbel alle Drehung in Eigenspin verwandelt haben, sie drehen sich um sich selbst. Dabei rasen sie nach oben, sind schnell in der Phase der harten Teilchenstrahlung, der Gewalt.
Kälte entsteht automatisch am Nordpol, dem Übergang von Kern und Hülle, das Entspannen der Dichte ist der Grund für den ordnenden Sog am Südpol. (Deshalb sollte der Nordpol leicht größer sein als der Südpol, um die Stabilität zu garantieren. Symmetrie am Wirbel ist tödlich, er muss aus seinem Überwirbel pumpen können, zusätzlich pulsieren.) Am Nordpol öffnen sich die Wirbellinien, der innere Druck entspannt, jede Wirbellinie mit ihren aufgefädelten Subwirbeln sucht und findet ihren idealen Platz, schön angeordnet im Goldenen Schnitt, weil dieser die Schwingungsgebiete trennt, er garantiert Autonomie der integrierten Subwirbel (Unterbewusstseine).
Der autistische Ordnungswahn lässt hier den Goldenen Schnitt nicht zu. Er ordnet falsch, zu mechanisch, zu zwanghaft-linear. Das gewollte periodisch-Kristalline sollte erst später entstehen, in der Anhäufung NACH der Individualisierung. Das sind Gruppenbewusstseine, wie sie für Minerale, Pflanzen und Tiere bestimmt sind. Keine göttlich-machtvollen, sondern andere (eher abgestiegene?) Lebensphasen.

A9.3 Das Selbst

Das Modell TRIADA ist nicht vollständig. Unser Selbst besteht zwar hauptsächlich aus den drei Teilen Leib (Physisch-Ätherisch), Seele (astraler Teil) und Geist (mentaler Teil), wobei Leib der Jüngste ist, und die anderen beiden sind gewissermaßen ältere Mutter- und Vater-Matrizen. Aber es gibt noch viel ältere, nämlich die Mutter- und den Vaterwelt der Mentalwelt und deren „Eltern-Welten" (siehe unten, Abb.A 9.1/Fig.49).
Für die leiblichen Generationen ist die Dreiheit so zu veranschaulichen: Wer kennt schon die Eltern der Urgroßeltern oder deren Eltern? Zeit wird hier zur Entfernung. Wenn man die Kinder bekommt, rückt man selber in die Mitte und die eigenen Großeltern sterben. Aber: Die eigenen früheren Leben können mit diesem oder jenem Ahnen sogar identisch sein, was auch häufig der Fall ist. Der Seelen-

ursprung bildet eine zweite, viel klarere Linie des Selbst. Der jeweils neue Körper und seine genetischen Quellen sind davon weniger als ein Drittel.

Gott ist nicht nur die Summe dreier Hierarchien, er hat viel größere Macht und Möglichkeiten, um die Schöpfung zu schützen. Es endet nicht beim Mentalwelt-Geist, es geht höher, viel höher, jedenfalls DAS sagen alte Überlieferungen und andere Seher, niedergeschrieben z.B. in C.Jinarajadasa's Buch „Die Okkulte Entwicklung der Menschheit" /jo/. Und da ist nur die Rede vom Menschen. Sozusagen vom Gott der Menschen. Wenn dieser Gott auf der ADI-Ebene, das ist immerhin 4 Ebenen höher als Rassadins Selbst-Ansiedlung, auch wieder einen Gott haben sollte, der 7 Stufen darübersteht, dann können wir niemals wissen, ob und wie lange das so weitergeht.

Rassadins TRIADA erklärt aber immerhin das Wesentliche. Es gibt zwischen den Hierarchien kaum Brücken über drei Verschachtelungen hinaus. Das wird auch daran deutlich, dass die Fibonacci-Reihe allein aus jeweils zwei Summanden besteht (Vergangenheit und Gegenwart), die den dritten Punkt (Zukunft) ergibt. Die Orte von neuen Knospen an Zweigen oder Teile von Blüten ordnen sich auf diese Weise an, dort sehen wir es gut. Aber nicht nur bei Pflanzen, es ist ÜBERALL der Fall. Neue Subwirbel können nur Bestand haben, wenn sie sich nicht in der störenden Größen- und Wellenlängen-Vervielfachung anderer Wirbel aufhalten. Das Abstandsverhältnis „Goldener Schnitt" garantiert das am Besten, es ist ein Garant der Nicht-Mit-Schwingung.

A9.4 Die sieben Stufen jeder Welt

In Skizze Abb. A3.2 von Kapitel A3 werden die höheren Daseins-Ebenen der Menschheit und ihre Stufen dargestellt, wie sie aus ehemals geheimen Quellen überliefert sind und von hochentwickelten Menschen, wie C.W. Leadbeater und A. Besant erfahrbar wurden.
In Abb. A4.1 von Kapitel A4 wird diese Reihe von mir nach unten fortgesetzt, wobei die Schrittweite 2^{13}, auf jeweils die 7 Stufen einer Ebene bezogen, eine zusätzliche Hypothese ist.

Die 7 Stufen innerhalb einer Ebene bauen aufeinander auf: In Stufe 1 gibt es nur Uratome, das sind Wirbel mit einzelnen 10 Wirbellinien (3 dickere, 7 dünnere in zweiter „Balkenspirale") und zwar existieren zwei spiegelbildliche Uratom-Sorten wegen ihrer gegensätzlichen Drehrichtung, von den damaligen Sehern unterschieden mit Plus und Minus (Ladung hier im Sinne spin-summiert). Die Sorte Plus nannten sie auch „männlich", bei Jinarajadasa nicht mehr.

Die Form eines Uratoms ist stabil (ca. 2 1/2 Umläufe je außen und innen), sie vibrieren leicht, können auch noch im Ganzen rotieren und sich in divergenten Strömungen (E-Feld-artig) vorwärts bewegen. Eine noch genauere Zeichnung vom Uratom nach Edwin D. Babbitt ist im Kapitel A3, Abb. A3.1 zu sehen.

Bei Ordnungsverlust (starken Stößen) zerfallen sie, bilden sich aber sofort wieder neu. Ich vergleiche es gern mit den Fettaugen auf der Suppe. Nach dem Umrühren kommen die Fettaugen wieder, es sind nicht dieselben, aber die gleichen.
Die Wirbelbildung scheint einem einfachen Naturgesetz zu folgen, das bei vorhandenen Grundbedingungen greift, wie etwa einer stabilen Hintergrundströmung, die noch sein Abbild kennt: Die allerfeinsten Spirillen bleiben ungestört weiter vorhanden, wenn die groben vorübergehend zerfallen. Die feinere Struktur unterliegt dem vorübergehenden Ordnungsverlust (Rühren der Suppe) nicht, weil sie dem Rührlöffel keinen Widerstand bietet, sie geht durch ihn hindurch.

Der „Trick" an der Göttlichkeit ist:
Durchlässigkeit macht unangreifbar.

Jinarajadasa S. 192 sinngemäß: Die Uratome sind aber nicht Stoff, sondern Abwesenheit von Stoff, ihre Windungen sind aus verschieden große Bläschen und sie folgen Kraftlinien.

Die Kraftlinien sind natürlich andere, wiedermal unsichtbare Strömungen (Soglinien, =Ausgleichsströmungen aus noch feineren Bläschen), und die Bläschen können immer nur Subwirbel sein, die wirbeldynamisch ihr Inneres leerpumpen. Durch das Leerpumpen akkumulieren sie stabilisierenden Bewegungsvorrat, bilden sich zentralen Sog, um zu wachsen, es ist ihre Masse. Allesamt haben dadurch Masse, wenn auch unmessbar klein für uns.
Jede Masse, auch unsere Körpermasse, die der Erde, oder die der Galaxis, ist fehlender Strömungs-Stoff (der jeweils betrachteten Ebene), und jede mögliche Bewegung ist ein Vorwärtsdrücken von Hohlräumen im Koilon, dem einzig-existenten Urgrund, der nur an seinem „Platz" ein wenig schwingen kann.

Alle Uratome sind netzartig miteinander verbunden, über die Hauptachse als Ketten (wie auf einer Perlenschnur). Sie bilden die gleichen Ketten, wie es ihre eigenen Spiralen tun. Und auch diese Spiralen, und alle ihre Spirillen, generieren Lebensäußerungen, die man in Periodensysteme, Anatomiebücher, Landkarten oder Sternkarten einordnen könnte. Sie blitzen und blinken in allen Farben. Was, außer Lebendigkeit, soll das sein?

Hier wurde bewusst ein dunkler Hintergrund gewählt, weil die Linien in Wirklichkeit Abwesenheit von Substanz sind:

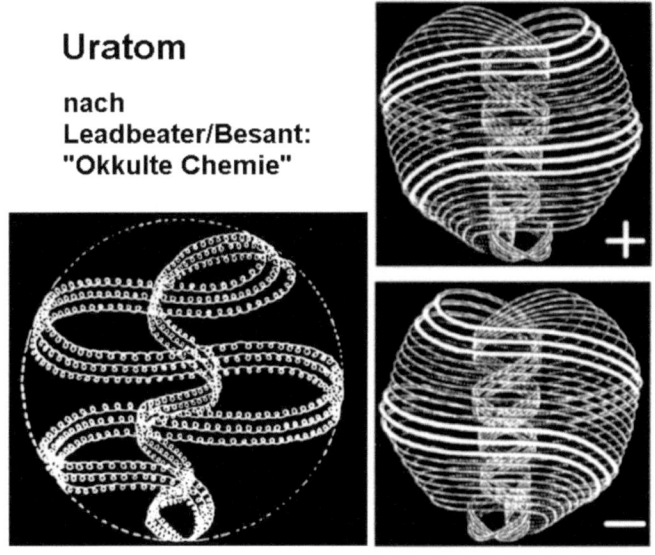

Abb. A9.4

In jeder Stufe 2 (völlig gleich in allen Ebenen) bilden sich bei Ungestörtheit selbstorganisierte Überwirbel von 2 bis 7 Uratomen, immer den Platzverbrauch-Minimalprinzipien gehorchend.
Die Stufe 3 sind Überwirbel von Wirbeln der Stufe 2, die sich darin wieder in Zweier- bis Siebener Gruppen anordnen, oder aber (als Ausnahme Wasserstoff, siehe Abb. A3.4 in A3) völlig neu angeordnete Gruppen der im Verfügungsraum vorhandenen Uratomen sind.
Auf Stufe 4 trifft das gleiche bezüglich der Wirbel von Stufe 3 und 2 zu, usw. bis hinauf zu Stufe 7.
Eine Stufe 8 gibt es nicht. Es beginnt dann wieder mit einer Stufe 1

eines 8192-fach vergrößerten Uratoms (nach 13 oder 26 Verdopplungen), das um seine Spiralen herum genau eine Spirillen-Ebene mehr hat, und damit das Potential besitzt, zu allen vorigen Stufen Kontakt zu finden, an sie angebunden zu sein. Das sind gewissermaßen die „Silberschnüre" aller Dimensionen.

A9.5 Kondensation

Die Bildung von Überwirbeln erfordert aber ein Ladungs-Ungleichgewicht und gegensätzliche Komponenten, die sich durch Zusammenlagerung nach außen möglichst neutralisieren. **Alle NEUTRALEN Wirbel können sich NICHT miteinander verbinden, ihnen fehlt die Ladungs-Anziehungskraft.** Wenn sich z.B. bereits ein Paar gebildet hat, das sich seine sonst gleichen (noch geladenen) Wirbel geometrisch so anordnet, dass es nun nach außen ladungsfrei ist, wird es keine weitere Verbindung anstreben. So kommt es, dass in jeder Ebene die neutralen Überreste der vorigen Ebene „übrig" sind, sie besitzen kein Entwicklungspotential. Und Achtung: Die Entwicklung geht in der Skizze nach unten, wo die Strömungen immer langsamer (kälter) werden! Das sogenannte Dunkle (Tiefschwingende) ist immer das Jüngere, Kühlere, Größere, an dessen Aufbau Heerscharen von höheren (älteren) Welten beteiligt sind, die mittlerweile aus ihren eigenen Aufbau- und Mangelphasen heraus sind. **Das „Mangelgefühl" ist ein normales Begleitsymptom von Einschwingphasen beim Aufbau neuer Über-Wirbel.** Ein Embryo steht am Anfang seines Körperaufbaus, entsprechend stark ist z.B. auch sein Hungergefühl, wenn es einsetzt. So stark, wie später nie wieder.

A9.6 Transmutation

Die mögliche Qualität der Wirbel-Verbindungen, angefangen auf Stufe 2, sehen wir gut am Periodensystem der Elemente, das sich allerdings selten oder nie auf Stufe 7 (Festkörper) bezieht, meistens auf Stufe 5 (Gas) oder gar 4 (Plasma, Wasserstoff-Lichtspektren). Ein sehr breites Spektrum an Möglichkeiten ist vorhanden, je nach vorhandener Umgebungsschwingung (wirkt wie Kondensationskeim). An der Oberfläche eines Siliziumkristalls (Stufe 7) wird sich immer wieder Silizium kristallisieren, auch wenn nur Uratome der Stufe 1 vorhanden sind statt flüssiges Silizium der Stufe 6. Sind aber nur siliziumfremde Bestandteile der Stufen 2 bis 6 im Angebot, werden die fremden Substanzen versuchen zu kondensieren, was meistens überhaupt nicht zu Silizium passen wird, und beide Atomarten könnten dadurch instabil (evtl. radioaktiv) werden. Helfen würde Erhitzen bis möglichst zu Stufe 1, was den Alchemisten mittels Resonanz und Zeit (Qualitäts-Akkumulation) gelungen sein dürfte. In jedem Wirbel gibt es sehr heiße und sehr kalte Gebiete zugleich, aber räumlich getrennt. Dort gilt der Begriff Temperatur nicht, da dieser immer auf Mittelwerten beruht. Über einer Kerzenflamme lassen sich durchaus via gerichteter Wirbel-Resonanz sog. Kernschmelztemperaturen erreichen. Andererseits kann in bzw. trotz einer Kerzenflamme die „Zeit gefrieren" (stillstehendes Flackern bzw. kein Flackern), wenn eine extrem hohe Ladungsbeweglichkeit ermöglicht wird, etwa wenn Element 115 in der Nähe ist, das wegen seiner beweglichen Ladungen ein Magnetfeld kompensieren kann und den Diamagnetismus von Bismut noch übertrifft (gleiche Konfiguration in der äußeren Schale).

Organisches Leben baut sich per Wachstum vermutlich einfach Hohlräume definierter Größe (Resonanzgrößen-Wachstum in Zellorganellen, entsprechend Bedarf), um den Zielwirbel-Aufbau anzuregen, wie wenn eine Tonrille in die Schallplatte eingraviert wird, die per Apparat den Ton erneut aufbauen kann (mehr dazu siehe A6 und A12).

A9.7 Elektrischer Strom

Elektrischer Strom wurde auch per Bewusstseinsmikroskop beobachtet: Negative Uratome bewegen sich zum Pluspol, positive zum Minuspol. Uratome sind aber von der Masse her 102 mal größer als Elektronen (1836/18=102) und müssten andererseits eine viel kleinere elektrische Ladung haben, da sie 1:18 auftreten statt 1:1 wie im Verhältnis Elektron-Proton. Offenbar ist die Realität ganz anderes, als wir glauben sollen (siehe A10.9).

A9.8 Elementare Verwandtschaften

Aus dem Buch „Okkulte Chemie": Zu allen Elementen des PSE findet man dort Zeichnungen zur wirklichen Anordnung der Uratome (Anzahl = Massenzahl mal 18). Hier ein Beispiel für die geometrische Verwandtschaft einiger Stoffe. Die Punkte stellen wirbelförmige Substrukturen dar. Im realen Größenverhältnis gezeichnet, wären die Punkte nicht mehr erkennbar auf dem Papier:

Na(11) - Cl(17) – Cu(29) - Br(35) – Ag(47) – J(53)

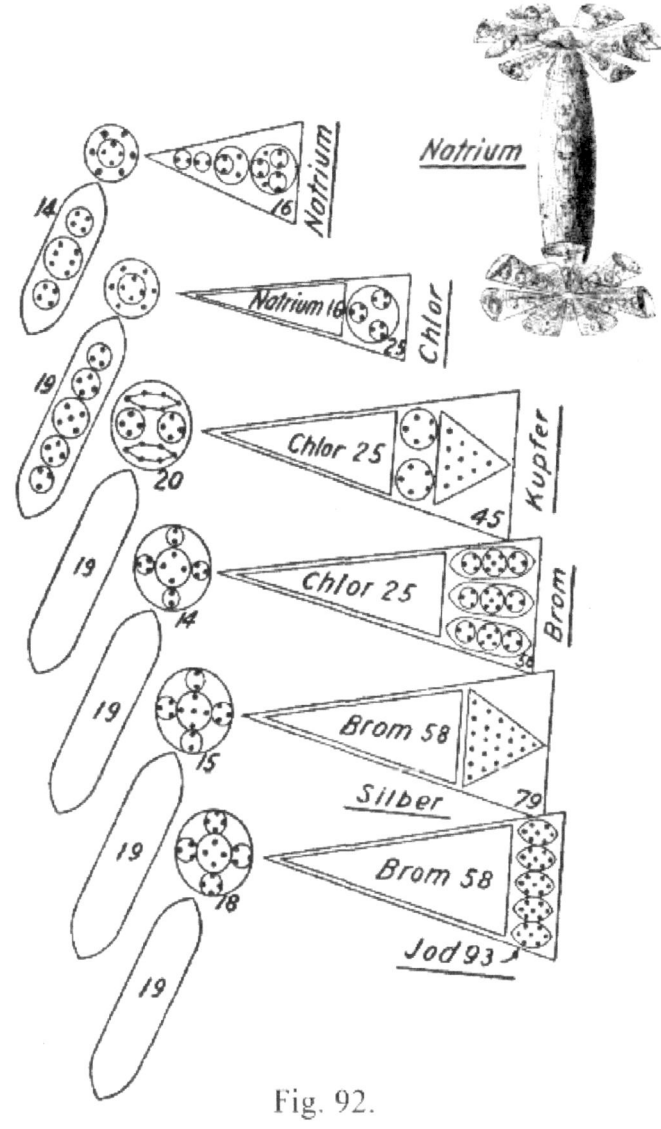

Fig. 92.

Abb. A9.5

Es gibt aus diesem Grund auch eine Vorwärts-Entwicklung, die im natürlichen Umfeld stattfindet, in den Erzlagerstätten. Metalle wandeln sich mit der Zeit ineinander um. Am Ende der Kette steht das Edelmetall Gold, das ständig neu entsteht, wenn auch in großen Zeiträumen betrachtet. Dass wir Erze abbauen und Metall in Reinform lagern und nutzen, verhindert die natürlichen Wandlungsvorgänge, was die dynamischen Gleichgewichte des Planeten stört. Auch Erdöl und Erdgas sollte nicht entnommen werden, sie sind so etwas wie Blut und Lymphe des Lebewesens Erde. Der Planet versucht das Entnommene zu ersetzen, weil es an seinen Ort gehört. Dadurch entstehen andere Ungleichgewichte.

A9.9 Warum sich Gedanken manifestieren können

Die gesamte Welt besteht aus holografisch-räumlichen Wirbeln. Jeweils nur die Kerne der Wirbel sind als Form wahrnehmbar. Auch unser Körper besteht aus verschiedensten Wirbeln, die ineinander verschachtelt sind und ebenso sind sie mit der Welt verschachtelt. Unser Hirn ist wie eine Antenne. Es kann Gedanken empfangen und wieder abgeben. Die Quelle neuer Gedanken kann der gesamte Körper sein, alle seine Schwingungszentren können einen Beitrag leisten. Gedanken sind auch Wirbel, aber im Unterschied zu Körperformwirbeln verlassen sie den Körper. Zwar ist das normalerweise nicht sichtbar, aber aurasichtige Menschen können sehr wohl zusehen, wie Gedankenformen dem Kopf entsteigen (C.W. Leadbeater „Gedankenformen"). Werden die gleichen Gedanken oft wiederholt, besonders wenn viele Menschen den gleichen Gedanken haben und ihn immer wieder denken, dann akkumuliert sich die Intensität der Gedankenform, alle geben ihr Energie. Sie ist ja von Anfang an auch ein Wirbel. Aber identische Muster (Frequenzen, Substrukturen) nähern sich, lagern sich zusammen, vereinigen sich. Sie wird schnell zu einer realen wahrnehmbaren Lebensform, die eventuell schwer zu beseitigen ist. Unsere Realität ist voll davon. Und es gäbe eine völlig andere Realität, würden wir uns auf andere Gedankenkonstrukte konzentrieren. Diese Dinge liest man in vielen spirituellen Büchern, aber dass es mit realen Wirbeln beginnt, die anfangs nur aus der Gedankensubstanz bestehen, macht es viel plausibler. Wenn die Intensität zunimmt, nimmt die Wirbelgeschwindigkeit zu, und die Subwirbel der Gedankenform pumpen ihre Wirbelkerne leer, das ist physische Teilchenmasse. Der Gedanke kondensiert durch wachsende Ordnung (=Abkühlung) aus der feinstofflichen in die physische Realität.

DESWEGEN denken wir auch in räumlichen Bildern, weil es eine holografische 1:1 -Abspeicherung ist.

Wir müssen bewusste Gedanken nicht perfekt fertig-strukturieren. Wenn sie die richtige Form haben, und in Resonanz mit Originalen ihrer Art gehen, können sie von selber stabil bleiben (wenn an der lebendigen Quellströmung hängend, Liebe genannt, das ist eine SUBSTANZ), dann verfeinert sich auch ihr innerer Aufbau ohne unser Dazutun. Es ist auch nur ein Kondensationsvorgang, wie das Entstehen einer Schneeflocke unter der Wolke. Außerdem mischt oft die höhere Geistige Welt mit, da sind manchmal viele Bewusstseinskerne mit zielführenden helfenden Kräften am Werk.

Werden aber unnatürliche Gedanken künstlich verstärkt (Lügen), indem viele Menschen sie aus Angst „am Leben" halten, dann brechen die Lügengebilde schnell wieder auseinander, wenn irgendwann die Angst und die Aufmerksamkeit wegbleibt.

A10 Galaktische Einflüsse und große Zahlen

A10.1 Die Tierkreiszeichen der Astrologie

Wie kann das Geburtsdatum Einfluss auf die Charakterstruktur eines Menschen haben?

Unsere fünf waagerechten Hauptchakren stehen fast senkrecht auf dem großen Hauptwirbel, der die Wirbelpole Wurzel- und Kronenchakra mit einem langen Kernschlauch via Wirbelsäule verbindet. Der Winkel zwischen solcherart fest verhakten Wirbeln ist aber nie genau 90 Grad, und auch die Anordnung der vielen tausend Nebenchakren besitzt am Anfang viele Freiheitgrade.

Im Grunde prägen uns mindestens drei oder vier Strömungen datums-spezifischer Richtungen, die uns auf der Erdoberfläche erreichen (Abb. A5.1):
- das terrestrische Wirbelfeld (Erdmagnetfeld, oder der Hätherwind aus Ost als E-Feld),
- die Gegenströmung der Bahn der Erde im Jahr um die Sonne
- die Gegenströmung der Sonnenbahn um die dunkle Zentralsonne (ein Subwirbel im Galaxienwirbel, Kali-Yuga) und auch
- die Vorwärtsbewegung der Zentralsonne in der galaktischen Strömung, sowie
- die Gegenströmung der Galaxisbahn in ihrem Galaxienhaufen usw.

Sie alle sind feinstofflicher Wind verschiedener Körnigkeit und Geschwindigkeit.

Die mehrdimensionale Schere zwischen diesen vier Strömungen ändert sich im Jahreskreis und auch mit der Tageszeit (Aszendent bei Geburtsstunde). Sie wird während der embryonalen Phase in den Körperbau holografisch (spezial-spiralisch) eingebaut, vermutlich nicht nur im Geburtsmoment. Das Verwicklungs-Ergebnis beeinflusst unsere Art zu fühlen und vielleicht auch zu denken. Menschen, die am gleichen Tag geboren sind, haben sozusagen ihre Ablage-Speicher und Input-Files im selben „Festplattensektor" (unterschiedliche Arten von Frequenzmodulation), der diesen körperlich verankerten Scherenwinkel-Schlüssel-Zugriff hat. Vielleicht hat auch die Himmelsrichtung damit zu tun, in die man gern schaut beim Sitzen?
Es ist Prägung in embryonalen und frühkindlichen Wachstumsphasen. Dazu gehören auch alle Energien, die zu dieser Zeit lokal vor-

handen waren, zum Beispiel welche Art von Bäumen vor dem Haus standen. Eichen haben eine andere Energie als Tannen (beide Ladung Plus) oder gar Pappeln (Ladung Minus). Das Kind gleicht in seinem Körper aus, bekommt selber mehr Plus-Energie (mehr Sog), wenn es im ersten Jahr Pappeln vor dem Haus hatte, und wird sich sein Leben lang bei Pappeln wohl fühlen, sie automatisch lieben und vielleicht vermissen, und Tannen meiden, da sie bei ihm eine juckende Über-Energetisierung bewirken. Waren am Lebensanfang andere Bäume vor dem Haus, wurde das Kind ganz anders geprägt. Oder auch gar nicht geprägt, wenn es ständig unterwegs war.

Vergleicht man die frühkindliche Prägung mit dem Ablauf einer Iteration am Bildpunkt bei der Herstellung von mathematischen Fraktalen, dann handelt es sich hier um ein hochdimensionales +C, dem Anfangswert aller Iterationen und gleichzeitig die (energetische) Position des Bildpunktes (innere Dynamik = Charakterbeschreibung des Menschen), um den es geht. Wäre die Prägung nur zweidimensional, wie $C=x+iy$ bei den Komplexen Zahlen, würde der Phasenwinkel $f=\arctan(y/x)$ des C mit dem Jahreskreis (Tierkreiszeichen) korrelieren, was offenbar in der Regel der Fall ist. Zwei der Strömungen scheinen entscheidend zu sein. Das lebendige +C ist aber höherdimensionaler, hat viel mehr Entfaltungsrichtungen, die alle einzeln mit prägenden Energien begründbar sein können.

A10.2 Galaktische Jahreszeiten

In unseren Breitengraden gibt es Jahreszeiten. Im Frühling erwacht die Natur aus dem Winterschlaf. Die Laubbäume bekommen Knospen an ihren Zweigen, die sich bald als neue Blätter entfalten. Auch Blüten bilden sich, an deren Stelle später Früchte mit Samen entstehen können. Wenn der Sommer vorbei ist, die Früchte reif sind und ihren eigenen Lebensweg beginnen, und sei es durch den Magen eins Vogels - der Vogel wird die Samen besonders weit weg tragen - , beginnen auch die Blätter, ihr Grün zu verlieren. Ihr Saft kehrt zurück in den Baum, und wenn sie ganz trocken und tot sind, fallen sie herab, die einen früher, die anderen später. Denn wenn ihr Saft im Blatt bleiben würde, hätte er im Winter keine Möglichkeit zur Rückkehr in den Baum. Der Saft würde gefrieren, würde Kristalle bilden, die sich ausdehnen und die Zellen des Blattes zum Platzen bringen. Wenn das allen Blättern des Baumes passiert, würden dem Baum im nächsten Frühling hochwertige Schwingungs-Depots fehlen.

Der Inhalt der Blätter gehört zu seiner besten und jüngsten Substanz. Dort schwingt die Erinnerung weiter, wie ein Blatt zu wachsen hat, damit es Form und Aufbau bekommt, um optimal Licht und Nahrung zusammenzubringen. Die alten Holzschichten des übrigen Baumes sind nur die Speicher für dieses Wissen der einst grünen Zellen. Alles Wissen steckt im Saft, im Geist des Baumes.

Stellen wir uns jetzt vor, selber ein Blatt zu sein. Wie fühlt es sich im Herbst?

Es könnte „denken": Die Tage werden kühler, und zu allem Überfluss fängt auch noch der Baum an, mir den Saft abzuziehen. Warum tut er das? Ist er böse geworden? Haben ihn die kalten Herbstnächte verrückt gemacht? Warum liebt er mich nicht mehr? Kann er mir nicht einfach Wärme schicken? Ich möchte weiterleben! Bitte, Baum, meine Seele, lass es ewig so sein wie im Sommer, ich will hier nicht weg. Vielleicht muss ich einfach mehr bitten, mehr beten, mehr dienen, um zu zeigen, wie wertvoll ich bin? Oder kämpfen, ja kämpfen um das Leben aller Blätter, sonst gehen wir alle zugrunde. Wir müssen gemeinsam kämpfen gegen den verrückt gewordenen bösen alten Baum. Schließen wir uns zusammen, gemeinsam schaffen wir es. Wir sind soo viele, setzen wir ihn unter Druck. Er kann uns nicht alle abwerfen!

Doch, kann er. Und wird er. Weil er muss, sich selbst und uns zuliebe. Der kosmische Winter steht vor der Tür, unsere Sonne hat den galaktischen Äquator überquert und die raum-, zeit- und lebenspendende Ausweitung der Wirbellinien geht in zeit-rückläufige Verdichtung über. Das Gefüge wird enger, wird zu größerer Ordnung gezwungen, zu kristalliner Kälte. Der solare Lebensbaum fällt in seinen Winterschlaf.

Wenn wir nachgeben und unseren geistigen Fokus dem abfließenden Saft folgen lassen, begegnen wir uns neu, ohne die räumliche Trennung als ICH, als Blatt. Zuerst treffen wir uns im Zweiglein, dann im Zweig, dann im Ast, zu Tausenden. Jeder Ast ist eine Seelenfamilie, besonders ausgerichtet im kosmischen Wind, anders beleuchtet, anders gewichtet, anders jung oder alt.

Wenn ein Ast sehr alt wurde, und im Frühling nur noch wenige Blätter treibt, wartet sein flüssiges Inneres auf das Sterben der letzten Blätter, um ihren individuellen Geist, einen fokus-tragenden Wirbel, dessen unsterbliche Denkmuster den gesamten Saft schon immer bereichern, später mitzunehmen, wenn sie alle gemeinsam umziehen in eine tiefere Schicht im Baum. Dann fällt auch der knorrige alte Ast ab, nachdem alle Flüssigkeit, ihr Geist, entzogen war. Von der tieferen Schicht aus können seine Tropfen überall hin, sich mit vielen Zweigen und Zweiglein verbinden, im Sommer sogar mit den daran hängenden Blättern. Sie tun es selten. Ihr Ziel ist es möglicherweise, immer klarer zu werden und als reines Wasser über die Wurzeln zu völlig anderen Bäumen zu gelangen.

Auch auf unserem Planeten gibt es viele Bäume, in allen Breitengraden, mit allen Jahreszeiten. So gibt es in der Galaxis viele Sonnen, auf unterschiedlichen Bahnen und Bahnphasen. Sie schwimmen wie Schiffe durchs All. Worin schwimmen sie? Wie auf der Erde das Wasser, fließt auf kosmischen Bahnen feinstoffliche Materie, in Wirbeln geordnet, zwischen all der etwas festeren Materie herum, in unterschiedlichen Skalengrößen. Eine davon bildet den uns bekannten Raum. Diese multidimensionale Materie ist sogar wechselweise primär, ihre lebendigen Wirbel erzeugen sich gegenseitig:

Wie der Zweig (oder Ast oder Baum) ein Teil der Seele ist für sein Blatt, bilden die Blätter je einen unsichtbaren feinstofflichen Subwirbel des Zweigleins. Das Zweiglein bildet den Subwirbel des Zweiges, der des Astes, der wiederum des Baumes, dann kommen Wald, Kontinent, Planet, Planetenbahn, Sonnensystem, und alle weiteren Bahnen entlang ihrer Überwirbel. Nichts bewegt sich außerhalb von Wirbelbahnen, sogar Raum und Zeit wird erst durch sie erzeugt. Innerhalb des Blattes geht es weiter in Subwirbeln nach innen: Zelle, Organelle, DNS, Molekül, Atom, Uratom, Astrale Materie (wieder 7 Stufen), Mentale Materie (7 Stufen) und weiter und weiter.

Die Verknüpfungen sind logisch: Physische Materie wird von astraler, mentaler und noch feinerer Materie gebildet. Die Existenz der physischen Materie führt andererseits zur Bildung von Planeten und Galaxien. Die jeweils feinere Materie füllt nicht etwa zufällig die Lücken „dazwischen". Sie wirbelt dort, verrichtet die eigentliche Arbeit, um physische Materie und ihre Zwischenstufen als stabile Subwirbel hervorzubringen. Um physische Materie bewegen zu können, muss all diese Primärmaterie mitbewegt werden, was die mechanische Trägheit plausibel macht. Sie ist zwar leicht, aber in schneller Dynamik, in exakt gleicher Energiesumme wie ihr Produkt. Denn das träge Produkt ist nichts anderes als ihr Wirbelkern, eine leergesaugte Stelle des benachbarten Hintergrundes. Sein Sog wird bei uns Masse genannt. Der Hintergrund ist wiederum nur eine feinere Skalierung von Strömungen in Wirbelform.

Wenn wir „nach Innen" gehen, bewegen wir unseren Fokus hin zur Geistanbindung, wie wenn im Herbst ein Blatt als Saft in seinem Baum verschwindet. Der Saft folgt dem Stiel, dort liegt die Achse seines Haupt-Wirbels, nennen wir die Richtung senkrecht. Der Hauptwirbel umschließt seinen (leeren, saugenden, materiellen) Kern, also das Blatt. Gleichzeitig strömt in die Achse von oben „Geist" ein, weil die leerpumpende Senkrechtbewegung der Kernphase des Hauptwirbels „innen hoch" ausgeglichen werden muss mit einer Gegenströmung. Wir haben ständig „Einfälle". Aber nicht nur im Scheitel-Chakra des senkrechten Hauptwirbels, alle Chakren haben feinstoffliche Anbindung, auch die mit waagerechter Ausrichtung. Die energetische Kommunikation erfolgt waagerecht, beim stehenden Menschen gesehen.

Im Tornado oder Hurrican ist sein „Geist" ein strömendes terrestrisches (Magnet-)Feld, das das Auge des Sturmes im Gegenfluss füllt. Dort herrscht scheinbare Ruhe, aber das liegt nur daran, dass wir mangels Sensoren den feinstofflichen Gegensturm nicht fühlen oder hören können.

Was Mensch und Sturm unterscheidet, ist die senkrechte Anordnung der 5+1 Chakren. Das ergibt beim Menschen eine gegenseitige Verhakung von Wirbeln, die zum Einen mit unserem Kohlenstoff-Aufbau (Z=6) resoniert, und zum Anderen die Verkopplung unauflösbar macht, wodurch die Persönlichkeit über den Tod hinaus markant bleibt. Aber auch alle Verbindungen (skalare Wirbelschläuche, Karma). die während eines Lebens gesetzt wurden, müssen erhalten bleiben, bis sie mit Gegenwirbeln oder einer allgemeinen „Erhitzung" (wie in heutiger Zeit) getrennt werden.

A10.3 Die fünf Zeitalter

Immer fünf Zeitalter sind ein großer Zyklus, der derzeit zu Ende geht. Jeder der fünf Abschnitte dauert fünfeinhalb Tausend Jahre. G.T.Rassadin /ra/ erklärt es so, dass sich in den mittleren drei Zeitaltern immer nur zwei der drei Selbst-Anteile (Körper, Seele, Geist) nahestanden, der dritte war abgekoppelt, ohne Verbindung zum Menschen:

Die Menschen von Lemuria (2.Zeitalter) hatten physische Körper und emotionale Energie (Astralwelt) eng verbunden, sie konnten hervorragend zaubern, aber nicht gut denken.

Die Menschen von Atlantis hatten Körper (physisch) und Geist (Mentalwelt) verbunden, sie konnten hervorragende Technik erfinden und einsetzen, aber wenig fühlen, sonst hätten sie die Folgen erkannt.

Die Menschen von Eden hatten Geist und Energie verbunden, doch es gab gar keine physischen Körper mehr und deshalb auch keine archäologischen Funde aus dieser Zeit. Sie lebten alle so, wie wir heute im Traum. Es war im Vergleich zu jetzt das Paradies.

Das erste Zeitalter Mu war in völliger Einheit aller drei Anteile, wie auch das kommende Goldene Zeitalter, denn es beginnt ein neuer Zyklus.

Das letzte Zeitalter (das 5.), das nach Eden kam und in den letzten 5200 Jahren bis heute stattfand, erfährt alle drei Teile getrennt, es ist die höchste Dichte. Die Menschen glauben, es gäbe nur den Körper, und die Traumwelt wäre keine Realität, auch Gedanken hält man für Produkte des Körpers und nicht für die Substanz der übernächsten Welt. Diejenigen Menschen, die das anders sehen, vielleicht schon seit Jahrhunderten, sind bereits Teil und Keim des neuen Zyklus. Aber auch die Erde wird sich wandeln, weil sich wieder ein neues Kräftegleichgewicht einstellen muss.

Sind diese drei mittleren Phasen nicht ein Zeichen für den Schwenk-Effekt? Da spiralen sich drei Anteile umeinander, und mal nähern sich die einen, mal nähern sich die anderen. Am Anfang liegen alle gleich nah, am Ende gleich fern, wie maximal auseinander gedriftet. Dann kommt ein schneller Sprung, zurück zu großer Nähe, bevor es wieder pendelt. In den fünf Zeitaltern spiegelt sich die spiralige Bahn unseres Sonnensystems (alle 5: Platonisches Jahr siehe Abb. A5.1).

Dasselbe in Kleiner zum Verstehen: Der Planet folgt dem gleichen Ablauf jedes Jahr auf seiner eiförmigen Jahresbahn (siehe Abb. A1.4). Im sonnennächsten Punkt, dem Perihel, stößt ihn die wachsende Ladungsdichte seines Strömungs-Untergrundes ab, er steigt schnell auf zur Auswärts-Spirale des Sonnensystem-Wirbels und lässt sich, an ihr hängend, wieder nach außen tragen. Um den sonnenfernsten Punkt (Aphel) herum sinkt er langsam aus ihr heraus, denn die ihn tragende positive Ladung wird knapp. Er sinkt in die Einwärtsspirale hinein, um ein halbes Jahr auf ihr zu reiten, bis es ihm wieder ungemütlich wird, schließlich wird das Negative zu dicht. Das übliche schwankende, schwenkende Umfeld. Ein Torkado eben. Der Planet muss nicht durch den Kern der eigentlichen Strömung. Der Torkado-Torus, auf dem die Planetenbahn liegt, hat einen großen Innenradius, ähnelt einem Fahrradschlauch. Die Hauptsache ist, dass das Pumpen mit „innen hoch, außen runter" auch dort ausreichend funktioniert.

Das Ende der großen Zivilisationen kam nicht, weil sie sich falsch entwickelt hatten. Es kam, weil es Zeit für Veränderung war. Nichts war wirklich falsch, es war nur anders.

A10.4 Elementarresonanz

Blick auf Abb. A10.1: Schon in der Fläche ergeben sich interessante selbstähnliche Formen-Variationen zwischen 64=2^6 und den benachbarten 63 und 65 Flächeneinheiten.

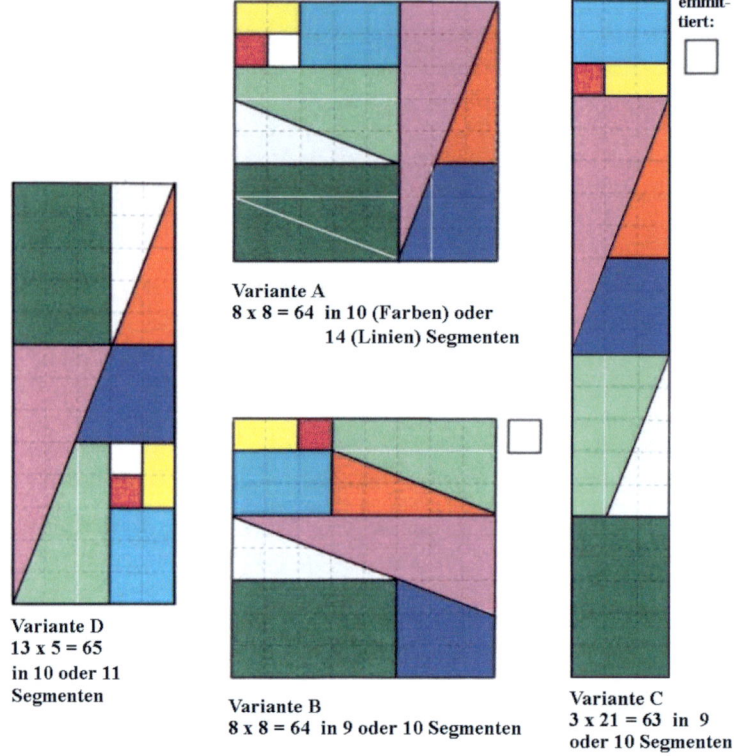

Abb. A10.1: Unschärfe-Vorteil: Ein Quant kann integriert oder desintegriert werden, wenn ein Stoff vibriert und sich dabei dehnt oder/und umordnet. A und B sind eigentlich gleich groß, C und D müssten sich um 2 Einheiten unterscheiden. Für mich bedeutet es Pumpfunktion mittels Unschärfe.

So hatte Frithjof M. Müller in den 1980-iger Jahren sein Regelprinzip, das über Baugrößen mit artfremden Elementarschwingungen Material umordnen kann, erklärt, ohne vorher mich, das Wirbelweltbild, die 2^13 als Super-Resonanz und ohne /lo/, /jo/ zu kennen.

Heute kann ich Abb. A10.1 erst einordnen, damals, als wir zusammen den Artikel schrieben, war es für mich nicht mehr als ein Spiel mit bunten Bildchen, wir haben noch die Papierschnipsel. Die Kommunikation mit dem autistischen Frithjof Müller (seit 10/2000 mein Ehemann) ist seit jeher eine Herausforderung, auch heute noch für mich.

Dieses Schnipselspiel hatte ihn auch dazu gebracht, den Sinn des mathematischen Wurzelziehens anzuzweifeln, weil es die quadratische Lösung bevorzugt, und er hat Recht: Reine Symmetrien kommen in der Natur nicht vor, warum dann überbetont in der Mathematik? Die mathematische Wurzel sollte nicht nur als die Umkehrung der Quadrierung gesehen werden, sondern auch als die Umkehrung der unsymmetrischen Multiplikation. Ein gewisses Gedächtnis über die ehemaligen Proportionen, als Zusatzparameter, wäre dann notwendig. In der Natur geht es immer um reale Vorgänge, und die haben eine Historie. Auch die Umkehrfunktionen der Winkelfunktionen bräuchten als Gedächtnisparameter einen „Runden-Zähler", wenn der Winkel vorher größer als 360 Grad war. Dazu gehört auch die Umkehrfunktion von $A=Z^Z$, die wir Logamentus $Z=LM(A)$ getauft haben (siehe /ml/ und /bs/), wo im Komplexen Zahlenbereich das Rundendrehen besonders schnell geht und $LM(A)$ ohne Runden-Zähler-Angabe eigentlich keinen Sinn hat. Abgesehen davon, dass Z^Z auch zu symmetrisch ist, die Funktion $Z^{(Z*)}$ ist natürlicher (siehe A4.9 und A13).

Nun zu meinem aktuellen Verständnis des Schnipselspieles. In Abb. A4.2 von Kapitel A4 wurde als Tabelle die 2^N-Reihe (oder Faltung) mit der e^K-Reihe verglichen. Die ersten Überschneidungen lagen bei 2^{13} und e^9. Nach ebenso guten Treffern mit 3^M, 5^L sucht man vergebens. Es gibt aber eine grobe Faltungs-Insel anderer Art, und zwar um die $2^6=4^3=64$ herum. Das liegt etwa in der Mitte der 13 Verdopplungen, die in jeder Ebene in 7 Stufen stattfinden (siehe Abb. A3.2 und Abb. A2.1). Nachdem die drei Vervierfachungen vorbei sind (Stufen 2, 3, 4), beginnt der Aggregatzustand Gas auf Stufe 5. Also sind wir direkt auf Stufe 4 „Ätherisch", wo der Faktor

$64 = 2•2•2•2•2 = 4•4•4 = 8•8 = 16•4$ zu liegen kommt.

Benachbart zur 64 liegen dann die ganzzahligen Vervielfachungen

$63 = 7•3•3 = 21•3 = 7•9$ (zwei Varianten!) und $65 = 13•5$

mit den Primzahlfaktoren 7 und 3 bzw. 13 und 5.

Das Quadrat davon plus eine Verdopplung könnte, analog zu

(2^6)•(2^6)•2, die Ebene nach der 7. Stufe abschließen, sodass nach diesem Schema skalierte Wiederholungen in großen Schritten (als Welten) möglich sind, die zusätzliche Faktoren 3, 5, 7 und 13 beinhalten. Wie hoch ist dann noch die Überschneidungs-Unschärfe mit den Faltungen 2^N bzw. e^K?

64•64 •2 = 2^13 = 8192

63•63 = 3969, 3969•2 = 7938, 7938 / 8192 = 0,969

65•65 = 4225, 4225•2 = 8450, 8450 / 8192 = 1,031

Aus der Abweichung von Eins des Verhältnisses zu 2^13 ergibt sich in beiden Fällen eine etwa 3 %-ige Unschärfe. Ob das reicht für die Realität, kann ich nur annehmen, denn die Faktoren 3 und 5 kommen definitiv vor (müssen zum Teil zusätzlich eingefügt werden), wenn man die gemessenen Kristallgitterkonstanten /mk/ mit der folgenden 2hn-Gleichung (für 2-Hoch-N-Schritte) berechnet, die Frithjof Müller 1982 entdeckt hat.

A10.5 Compton-Harmonie: Frithjof Müllers 2hn-Gleichung

Ausgehend vom Produkt aus Comptonwellenlänge für Elektronen und der Kernladungszahl, erhält man eine elementspezifische Wellenlänge, die sich nach vielfacher Verdopplung wiederkehrend als resonant erweist, und - analog zu Global Scaling -, am Aufbau vieler natürlicher Strukturen beteiligt ist.

$$L = Z \cdot C_e \cdot 2^N \quad \text{(2hn-Gleichung)}$$

mit
L = Wellenlänge
Z = Kernladungszahl
N = ganze Zahl (gehäuft bei N=33±(13•k), k ganz)
C_e = Comptonwellenlänge für Elektronen $C_e=h/(mc)$
h = Plancksches Wirkungsquantum
m = Elektronenmasse
c = Lichtgeschwindigkeit

Benutzt man als zusätzlichen Faktor den Goldenen Schnitt 0,618034, erhält man grob den Radius der zugehörigen schwingenden Wirbelformen (Meyl /md/).

A10.6 Herleitung der Elementarresonanz aus der Comptonstreuung

Der bekannte Comptoneffekt: Ein quasifreies, ruhendes Elektron stößt mit einem Photon zusammen, wird dadurch in irgendeine Richtung beschleunigt und bildet anschließend mit dem Photon den Winkel Theta. Das Photon verliert dabei Energie, also verlängert sich seine Wellenlänge um
dL = (h/(mc))•(1-cos(Theta))   mit m als Elektronenruhemasse.
Beim Stoßwinkel Theta=90 Grad ist
dL = (h/(mc)) = Ce (Ce=Comptonwellenlänge)
und beim direkten Gegenstoß (**Theta=180 Grad**), wenn das Photon und das Elektron entgegengesetzt weiterfliegen, ist der Kosinus von Theta gleich Minus Eins und deshalb ist

dL = 2•Ce   Man beachte bitte den Faktor 2

Die Wellenlängenänderung erfolgt unabhängig von der ursprünglichen Frequenz des Photons, weil das Elektron nur eine quantisierte Energie aufnehmen kann, die mit seiner Ruhemasse im Zusammenhang steht.
(In Wirbel-Sprech: Das Elektron kann nur einmal zerlegt werden, dann haben seine Bestandteile die messbare Ebene verlassen.)

Man kann theoretisch auch einfach von der De-Broglie-Gleichung ausgehen

L = h / (m • v)   und dann die effektive Elektronenmasse
m = me/Z   einführen, sowie
v = c / (2^N)   Ober- und Untertöne als Frequenz-Modi f = 2^N sehen.
Jedenfalls wäre das kein unübliches Vorgehen, aber ohne anschauliches Bild. Hier kommt ein (hoffentlich) anschauliches Bild:

Auf der Webseite /mk/ sind Beispiele für einige gute Treffer genannt, z.B. die damit berechneten Gitterkonstanten für Silizium, Ruthenium und Cäsium auf unter 1 pm genau, des weiteren die 10-Meter-Größe des Benker-Gitters für N=37 und Z=14+8+8=30 für SiO2.

A10.7 Die raumgreifenden Netze der Compton-Harmonie

Nehmen wir nun ein ganzes Atom mit Kernladungszahl Z (oder Atommasse Z•2, wie passend bei Kohlenstoff und Sauerstoff) als

Stoßpartner. Es besitzt in seiner Hülle Z mal mehr Elektronenmassen als ein Einzelelektron, hat bezüglich Hülle die Z-fache Kapazität zur quantisierten Energieaufnahme, bei Kohlenstoff und Sauerstoff bezüglich Atommasse ist der Wert um Faktor 2 größer. Das Licht wiederum könnte Z-mal soviel Energie verlieren, also bei einem Volltreffer seine Wellenlänge um $dL=2 \cdot Ce \cdot Z$ vergrößern.

Mit welchen passenden „Quanten-Teilchen" könnten die Atomwirbel häufig zusammenstoßen?

Betrachten wir nun bewegte Atome und unbewegten bzw. anders bewegten Hintergrund-Häther einer benachbarten Hierarchie-Ebene als Stoßpartner. Oder ruhende Atome und relativ dazu bewegte Hätherströme, je nach benutztem Koordinatensystem. Nur die Relativbewegungen spielen eine Rolle, absolute Ruhe gibt es nirgends. Die Erde, samt Sonne, rast durchs Weltall, zwar getragen von bewegten Strömen wie ein Schiff im Fluss, aber auch bestrahlt und durchstrahlt von anderen Strömen, die schneller oder langsamer sein können, oder nur eine andere Richtung haben, aber weniger dicht sind.

Allein die Erdoberfläche bewegt sich während der Tagesdrehung mit ca. 30 km/s gegenüber dem Hintergrund. Die Miller-Messungen haben gezeigt, dass 2/3 des Hintergrundes bis zur Erdoberfläche mitgeführt werden, dann bleiben zumindest noch 10 km/s „Häther-Gegenwind" aus Ost.

Jedes Atom, das ja auch nur ein Wirbel ist, kracht ständig frontal auf diese Hätherwand und erzeugt dort Ausbreitungswellen mit genau der Wellenlänge $L=2 \cdot Ce \cdot Z$, man kann es auch Wirbelschleppe in Richtung West nennen. Geht es um galaktische Ströme aus Richtung Polarstern-Nord, dann sind es Wirbelschleppen in Richtung Süd, oder Gravitations-Wirbelschleppen in Richtung unten.

Dieser Vorgang könnte als Inverse Comptonstreuung bezeichnet werden: Die Ruhe-Energie der gesamten Atomhülle erzeugt durch den Abbremsstoß einen neuen quantisierten Wirbel im relativ zu ihr stehenden Häther mit einer Wellenlänge proportional zu Z oder m. Diese Wirbel haben wieder Wellen- und Teilchencharakter, sind aber weniger komprimiert, sozusagen um das Doppelte weicher und größer, und treffen ihrerseits auf die Häther-Wand, sobald sie eingeschwungen sind und Widerstands-Masse aufgebaut haben. Vielleicht treffen sie sogar auf eine andere, die ihrer Dichte entspricht, alles ist möglich. In (hier Über-)Wirbeln gibt es viele abgestufte Schichten bezüglich Dichte und Geschwindigkeit.

Jedes Mal sind immer pro Länge verdoppelte, aber von der Dichte her halbierte Stoßpartner im Spiel (Verdopplung in 3 Richtungen: Dichte 1/8). Eine sich ständig verdoppelnde Wellenlängen-Grundkonstante (Compton-Effekt) C wird jeweils neuer Ausgangspunkt, und wegen $C=h/(m \cdot v)$ müssen auch m und v oder nur v als variabel angesehen werden. Es handelt sich um eine Kette von Folgestößen infolge der Relativbewegungen von Atom und Häther. Betrachtet man die vielen Atome im Material, dürfte trotz der starken Dichte-Abschwächung eine ordentliche Intensität zustande kommen.

Erst bei Ver-acht-fachung der Masse kann die Form des Wirbels selbstähnlich erhalten bleiben, ansonsten wird er abgeplattet (Faktor 4 der Masse) oder langgestreckt (Faktor in nur einer Längen-Dimension).

Durch die Vervielfachungen wird schnell das ganze Weltall gefüllt. Ein stehendes Muster, wie ein festes Raster, bildet sich aus zwischen den Quellen und ihren jeweiligen Vergrößerungen.

Auf diese Weise setzt sich der holografische Aufbau durch.

Planeten- Sonnen- und Galaxiensysteme setzen den resonanten Rahmen für die Ansammlung gleicher Materialien in 2^N-Abständen. Es verkoppelt sich von oben nach unten und von unten nach oben. Auch zeitlich gibt es diesen Aufbau. Jedes Material hat gestaffelte Synchronzeiten und Tage bzw. Momente, wo sich kleine und große Maxima häufen, oder wo sich die Nulldurchgänge häufen - immer nur bezogen auf EIN Material. Gemeinsame Zyklenabschlüsse (kosmische Super-Zyklen) sind nur für kleine Gruppen denkbar und liegen an ihrer Quelle in sehr großen 2^N-Systemen. Die Elementarschwingungs-Zyklen bestimmen ständig unsere Zeitqualität.

A10.8 Oktaven-Scaling: Unser Kopf und Herz in der Mitte

Wie es eine Pflanze schafft, den Raum um sich herum mit sich selbst fraktal zu füllen, mit Maximierung der beleuchteten Oberfläche, hat auch mit diesen Netzen zu tun. Sie wächst entlang ihrer eigenen Materialnetz-Schwingungen, z.B. 26 mal verdoppelt aus der Urform, dann 13 mal verdoppelt durch Einfluss der DNA, dann weitere 13 Verdopplungen im holografischen Abbild der Art, oder noch mehr Verdopplungen.

Zur Veranschaulichung bitte Abb. A4.1 in Abschnitt A4 betrachten:

Die **DNA ist vermutlich 2^(1•13) mal** größer als ein Uratom.

Ein **Zellkern ist 2^(2•13) mal** größer als ein Uratom.

Ein durchschnittlicher **Kopf-Radius ist 2^(3•13) mal** größer als ein Uratom.
(Genauer: Im Knochenbereich oder auf der Innenseite des Schädelknochens, je nach „Hutgröße". Ist es die Hirnhautoberfläche?)

Der **Erd-Radius ist 2^(5•13) mal** größer als ein Uratom.
(Genauer: in einer Tiefe von 130 km, betrachtet am Durchschnittsradius. Bereits Magma-Oberfläche?)

Der Minimal-Radius der **Merkurbahn ist 2^(6•13) mal** größer als ein Uratom,

und damit füllt das gesamte Sonnensystem die siebente Ebene nach dem Uratom (Super-Festkörper?) – danach kommt eine neue **Super-Super**-UR-Resonanz1.

Übrigens: Eine weitere Sonne strahlt in der Innenwelt, wobei auf ihr sogar schräge dunkle Linien zu erkennen sind, die an die Spiralen (mit Spirillen) der Uratom-Zeichnungen (Abb. A3.1) erinnern.

Wir haben wenig Übung mit solchen Skalenschritten, deswegen nochmal ausführlich betont: Zwischen Herzgröße (=Kopfradius) und Radius des Zellkerns liegt nur ein einziger Faktoren-Schritt 8192=2^13, das sind 13 Halbierungen vom Organ über die Zellen und Zellorganellen (wie immer in 7 Zustands-Stufen unterteilt).
Aber zwischen Zellkern und der DNA liegt NOCH einmal der gleiche 7-stufige Verkleinerungs-Weg mit 13 Halbierungen, wer hätte das gedacht?
Das Uratom ist dann genau 2^(6•13) mal kleiner als der Radius der Merkurbahn, das sind insgesamt 78 Halbierungen.

Unser sichtbarer Körper-Aufbau betrifft in Zweierpotenzen genau die Mitte:
Nach unten sind es drei Ebenen (also 39 Halbierungen) vom Kopf zum Uratom, nach oben auch drei Ebenen (weitere 39 Verdopplungen) vom Kopf bis zur Merkurbahn (39+39=78).

Vor allem: Der Kopf ist genau (2*13) Verdopplungen vom Erd-Radius entfernt!

Es ist nicht zu erwarten, dass sich die Größe der Erdkugel ausgerechnet nach der Kopfgröße der Menschen gerichtet hat, oder der Merkurbahnradius ausgerechnet nach dem Erdradius. Was haben sie miteinander zu tun? Gehört die Erde vielleicht auf die Position des Merkur, wer weiß? Sie liegen jedenfalls gemeinsam auf dem $2^{\wedge}(k\bullet 13)$-Raster, auf dem auch die Uratome der Erde liegen. Der Planet Mars liegt nicht darauf, und auch die Größe von Marsmensch-Köpfen dürfte eine andere sein, oder auch ihre Uratome? Bestehen wir plötzlich aus größeren Uratomen und haben größere Köpfe, wenn wir den Mars betreten, und erst recht, wenn wir den Jupiter betreten? Dann fällt die hohe Gravitation gar nicht mehr so „ins Gewicht", weil wir augenblicklich zu Riesen mutieren?

Die Beobachtungen sollen umgekehrt gewesen sein: Die Menschen und Fahrzeuge auf dem Mond wurden unerklärbar größer, als sie es hätten sein dürfen. Hier hatte wohl die Magnetfeld-Raum-Skalierung gewirkt.

A10.9 Global-Scaling

Oft werde ich gefragt, ob die 2hn-Gleichung des Frithjof Müller etwas mit Global-Scaling von Hartmut Müller zu tun hat, oder ob die Scaling-Müllers verwandt sind. Antwort: Zu tun Ja, verwandt Nein.

Hartmut Müller verwendet ausschließlich die Protonenmasse und das Wirkungsquantum geteilt durch 2π, und natürlich e als Basis der Vervielfachung. Der Unterschied liegt wegen $2^{\wedge}N = \exp(N\bullet\ln 2)$ im Faktor $\ln 2 = 0{,}693147$, der mit 9/13 als Näherung ersetzt werden kann. Hier kommen Super-Neunerstufen vor statt 13 Verdopplungen. Die Superresonanzen beider Scalen sind natürlich an gleicher Stelle, es geht ja um dieselbe Realität. Bei Global-Scaling fehlt aber das Z, sodass die Interpretationen sich unterscheiden.

$L(HM) = Cp/(2\pi) \bullet \exp(K)$
$L(FM) = Ce \bullet Z \bullet 2^{\wedge}N$ mit $Cp = Ce/1836$

Was H.M. Protonen-Resonanz nennt, ist bei F.M. das Element Z=43, das aufgrund der vorherrschenden Hintergrundstrahlung (5 Hz sowie dessen Sub/Harmonische) instabil wurde.

A11 Subwirbel - Zwillinge

A11.1 Viele Skalengrößen in gegenseitiger Verschachtelung

Unsere Welt besteht aus Wirbeln, aus nichts anderem. Was wir sehen, anfassen und wiegen können, sind nur die Wirbelkerne anderer Wirbel, denn auch wir tasten und sehen mit Wirbelkernen. Die Masse in unserer Materie entspricht dem Hohlraum inmitten des sich schnell bewegenden Wirbelmediums. Das Medium ist so fein, dass die meisten Menschen es nicht wahrnehmen können. Mit bestimmten Bewusstseinstechniken ist es aber wahrnehmbar. Und wer es wahrnehmen kann, der weiß: Es gibt viele Arten von Feinstofflichkeit, alle ineinander verwoben. Jede Sorte, oder Korngröße, oder Ebene, bildet den Hintergrund einer anderen. Die Abwesenheit der einen Korngröße, etwa im leergepumpten Wirbelkern, bedeutet zwangsläufig die Anwesenheit feinerer Sorten, möglicherweise die, aus denen wieder die Teilchen des wirbelnden Mediums erzeugt werden, die natürlich auch nichts anderes sind als Wirbelkerne.

A11.2 Dynamisch erzeugte Masse und 8 Bedingungen

Im Gesamtaufbau existiert eine unglaubliche Ordnung.
Während ein Wirbel sein Inneres leerpumpt, wird er zum massebehafteten Teilchen. Ist das Leerpumpen nicht möglich, weil er nicht genug zentriert ist, etwa weil seine Ausrichtung im Quellenfeld gestört ist, dann wird oder bleibt er für andere Wirbel seiner Ebene unsichtbar und masselos. Solange er tatsächlich ein räumlicher Wirbel ist, kann er auch seine Masse wieder zurückbekommen. Sie sorgt für seine Stabilität, garantiert lange oder unendliche Lebensdauer. Die Masse ist Folge der geometrischen Skalierung, Ausrichtung und Dynamik aller beteiligten Komponenten:

- **A11.2.1.** Die Form des Raumwirbels ist kein reiner Torus, das wäre zu symmetrisch, ohne Pumpfunktion. Damit sich die Wirbelfäden stabil auch unten wieder der Mitte nähern, um zum oberen Punkt zurückzukehren, muss der Sog, den der obere Pol im Flussverlauf nach rückwärts erzeugt, bis nach unten reichen, weit über die Mitte des Kernes hinaus. Deshalb muss der obere Pol größer sein. Bei einer reinen Strömung ist das nicht machbar, nur was unten hineingeht, kann oben wieder herauskommen. Wir wissen aber, dass alles verschachtelt auftritt. Es gibt immer eine Basis-Substanz, die durchaus Pilz- oder Eiform (Kreiselform) haben kann (verschieden abgeflachte Planeten, Früchte, Herzen usw.).

- **A11.2.2.** Ausrichtung der Wirbelhauptachse im Quellenfeld, dem Strömungsverlauf eines übergeordneten Wirbels. Die Mittelachse des Wirbels muss antiparallel zum Strömungsverlauf der Überwirbels stehen. Auch da kann es Zeitqualitäten geben, die eine Massebildung erschweren, etwa in den divergenten und turbulenten Strömungsabschnitten von Nord- oder Südpol des Überwirbels. Die Ausrichtung im Quellenfeld sorgt im Idealfall für konstante Strömungsgeschwindigkeit, also für ausreichend kinetische Energie der Wirbelströmung. Die energieaufnehmende Wechselwirkung geschieht außen, im Hüllenbereich, wo durch die spiralige, kreisähnliche Bewegung bei großem Radius eine viel längere Verweildauer als im Kernbereich herrscht. Da das wirbelnde Medium aus gröberen Struktureinheiten besteht, als die geordnete Hintergrundströmung des Quellfeld-Überwirbels, wird es dort wie im Freien Fall beschleunigt. Dieser Punkt allein sagt noch nichts darüber, ob sich der Wirbelkern zusätzlich noch leerpumpen, also Masse erzeugen kann.

- **A11.2.3.** Damit nicht der ganze Wirbel im Freien Fall der Quellströmung folgt, wo er bei Relativbewegung Null mitschwimmen oder mitfallen würde, und keine Energie für seine inneren Strömungsabschnitte aufnehmen kann, muss er Widerstand haben. Er muss fallschirmähnlich gebremst werden (Pilzform, siehe Bedingung 1). Oder ihn bremst eine Art Anker-Schlepptau, das sein völliges Mitschwimmen verhindert (Bedingung 4, Perlenketten-Faden für „Entlüftungs-Gegenstrom").

- **A11.2.4.** Die „Be-Lüftung" der Kernmitte muss gesichert sein, wie beim Einfließen von Luft, wenn man eine Wasserflasche leert. Die feineren Medien müssen kontinuierlich einströmen können, ohne chaotische Blubber-Effekte. Der Wirbel muss also tatsächlich wie eine Perle auf dem feineren Strömungsfaden aufgefädelt sein, der den Druckausgleich besorgt. Das ist wie ein verdrilltes Seil, das durch seine Hauptachse führt, und dessen geschraubte Windungen wie Schraube mit Mutter zu seiner Rotation passen müssen. Nicht das Seil wird sich seiner Größe und Dynamik anpassen, sondern der Wirbel hat wenig Wahlmöglichkeiten bezüglich eigener Baugröße und Form. Deswegen gibt es feste Quantenregeln, feste Teilchenradien, feste Ladungsgrößen in GLEICHEN FELDERN (STRÖMUNGEN). Von Ebene zu Ebene, in ganz anderen Skalengrößen, wiederholt sich das Spiel. Wir können unsere physikalischen Erfahrungen aus der grobstofflichen Welt Eins zu Eins übertragen. Nur müssen wir bedenken, dass maximal 3 Ebenen überprüfbar miteinander wechselwirken (Materie, E-Feld, H-Feld), aber dass es trotzdem - bei passendem Resonanzschlüssel - eine Wechselwirkung der dritten mit der vierten und fünften Ebene geben kann, die fünfte anschließend mit der sechsten und siebenten usw.. Die Zahl der Ebenen geht weit über die 7 hinaus (die wir an unserem Körper feststellen), es könnten letztendlich viele Hunderte sein.

- **A11.2.5.** Die strömende Energie des Wirbels folgt in jedem Moment dem herrschenden Sog, den sie selber, mit anderen Wirbeln aus allen Hierarchien erzeugt. Das sind Rückkopplungsmechanismen, die nur bei Verhältnissen des Goldenen Schnittes unendlich stabil sind. Herrscht Einklang mit der Natur, sind die Energietore (Chakren) offen und ideal ausgerichtet, und das fühlt sich an wie Freude und Liebe. Erst die Angst, das ist ein Mangel an Freude und Liebe, verschließt die normalerweise offenen Energie- und Informationskanäle zu kleinen Rinnsalen. Ein Totalverschluss würde sofort das Leben beenden, er würde sogar die Existenz der Materie und Submaterie beenden, aus der ein grobstofflicher Körper besteht.

- **A11.2.6.** Darüber hinaus zeigt die nichtlineare Dynamik am Beispiel mathematischer Fraktale, wie viel Vielfalt aus Rückkopplung entstehen kann. Die Frage ist nur, welche funktionale Verknüpfungen die Natur ohne bewusste Steuerung stabil erhalten kann. Wirbel und Goldener Schnitt, wie bei Fibonacci-Addition von Energien ist möglicherweise die Grundlage für alles, weil Teilung von Wirbeln aufgrund der engen Randbedingungen wie ein Kopieren funktioniert und Neu-Kombination von Wirbeln nicht wie reine Interferenz nur Muster zulässt, sondern auch zyklische Wiederholungen. Raum und Zeit sind auch erst Folge geordneter Strömungen.

Die ungeordnete Hintergrundmaterie mag außerhalb unserer Welt existieren, vielleicht auch direkt neben oder in uns, aber unbetretbar, denn wir können nur als Wirbel in Wirbeln und durch Wirbel leben und denken. Das Denken und Fühlen korreliert mit Informations-Paketen, die durch das Wirbelnetz „geistern". Wir empfangen aus dem Netz und senden in das Netz, genau wie beim Internet. Die Realität ist nicht weniger virtuell, aber uralt. Die Gleichgewichte stellen sich eigentlich immer von selbst ein, aber der Mensch experimentiert mit dem Thema Trennung von seinen Wurzeln. Wir sind wie eine Pflanze, die probieren wollte, wie man ohne Wurzeln lebt. Die Menschen, die dem Beruf Physiker alle Ehre machen, haben besonders radikal ihre Wurzeln vor sich selber versteckt.

Alle Strukturen, die nicht lebendig gewachsen sind, müssen unter ständiger Energiezufuhr in ihrer Existenz gehalten werden. Viel Disharmonie geht von ihnen aus, oder Disharmonie musste bewusst installiert werden, um die Existenzberechtigung der künstlichen Struktur zu rechtfertigen, um die beteiligten Lebewesen zur energetischen Unterstützung zu nötigen.

- A11.2.7. Zwillinge und Mehrlinge: Ohne Zwillinge geht es nicht. Wir haben eine Situation wie Henne und Ei. Was war eher da? Überwirbel oder Subwirbel?
Ohne Zwilling oder die Mehrlinge hätte sich keine einzige Überhierarchie gebildet, nachdem der erste Wirbel zufällig entstand. Die ganze Evolution wäre ausgefallen.
Nach der Kopienbildung bleibt die gerichtete Verbindung bestehen, die schon vor und während der Wirbelteilung existiert hat (Über-Kreuz-Verkopplung beim Zwillingsverfahren Abb. A13.11), die im Endeffekt wegen Frequenzdifferenz zu einer Art Schwebung führt und eine neue Ebene eröffnet, die tiefer schwingt, deren Wirbel viel größer ist und langsamer rotiert. DANN erst beginnt sich ein neuer Überwirbel zu entwickeln.

- A11.2.8. Der neue GROSSE Wirbel IST DAS KIND, ist die Folge von wiederholten Teilungen seiner (älteren!) Subwirbel. Seine Kraft und Stärke wächst gleichzeitig mit der Zahl der verkoppelten Vervielfachungen. Am Anfang war jeder Embryo nur eine Zelle. Die kleineren Strukturen sind zwar später in der Mehrzahl, aber sie (oder ihre Kopiervorlage) sind in jedem Falle älter als die großen. Die hohen Frequenzen kommen von den kleinen Strukturen, aus denen sich die Schwingkörper der Großen (niederfrequenten, jüngeren) zusammensetzen.

A11.3 Beispiel Zelle und Organ

Die erste Zellteilung im Gewebe führt am Ende zum fertigen Organ:
Der Zellkern wird dupliziert, die Duplikate getrennt, die Zelle verdoppelt sich. Die neue Zelle hängt auf der ersten, wie ein Rucksack. Wenn sie sich selber teilt, bekommt sie selbst einen Rucksack und wird schließlich zu einem mittleren Sandwich-Teil des Zellverbandes. Das Gleiche passiert der nächsten. Jede Zelle sieht nicht nur aus wie ihre Mutterzelle, sie weiß auch, wo sie herkommt, denn von dort kommt „mütterliche" Energie, per Perlenschnur, die den Wirbel belüftet. Diese (Lebens-)Energie fließt von Mutterzelle zu Tochterzelle und von dort zu deren Tochter. Die Entstehungsvorgänge sind wie Zeit-

Chroniken in die unablässig wiederholten dynamischen Schwingungsformen gegossen.

Auch wäre die Bezeichnung Mutterliebe ein durchaus zutreffender Begriff für den fließenden Urstoff, der jedes Wirbelsystem durchwirkt. Nicht zu vergessen die Großmutterliebe und die Urgroßmutterliebe, usw., alle leicht variiert, mit eigener Note, weil kodiert über Hierarchietiefe und Quellen-Position im jüngsten Überwirbel. Der jüngste Überwirbel (das jüngste Kind) trägt in sich als Subspirillen seiner Spiralen die körperbildende Substanz bereits aller seiner Ahnen.

A11.4 Individualität durch Nichtmitschwingung

A11.4.1 Beispiel Sonnenblume, Kiefernzapfen, Zirbeldrüse usw.

Die Kerne der Sonnenblume bilden sich in der Mitte und die älteren werden nach außen gedrängt, ohne ihre direkte Energieverbindung zu verlieren. *(Youtube: v=kkGeOWYOFoA, oder /mp/)*

Als Silberschnur webt sich die erste Verbindung wie ein Faden-Netz über den Blütenteller der Sonnenblume in 137.51-Grad-Sprüngen. Die Kerne bilden zu jeder Zeit mit ihren Geschwistern dieses offene Dreieck nach, indem sie nacheinander im Mittelpunkt entstanden und dann dreieck-ähnlich auseinander rückten, so weit es geht. Über die Silberschnur bleiben sie sich in der Entstehungsreihenfolge nah, und ein räumlicher Nachbar erscheint ihnen sehr fern, gemessen am Faden des Energieverlaufes.
Nur der Faden ist für sie das Abstandsmaß, ist ihr wahrnehmbarer Raum. Ihre eigene zeitliche Herkunft, die mütterliche und väterliche Verwandtschaft aus der Zeit des Mittelpunktes kreiert für sie den wahrnehmbaren Raum. Könnte das auch auf alle Entfernungen außerhalb des Planeten zutreffen? Die Sonne sieht rund aus, weil wir von oben auf den Kernschlauch blicken, unser Licht kommt nur von dort!
Die jungen Sonnenblumenkerne folgen der Anordnung im Golden-Mean-Winkel intuitiv, weil dort jeder einzelne Kern einen individuellen Ruhepunkt (Bewusstseinsfokus) bekommt. Subharmonische des Ganzen (entlang des Fadens) treffen sich nie im irrationalen Zahlenverhältnis. Nur dort stört man sich nicht gegenseitig, nur dort kann Individualität (Samen) entstehen. Alle Wirbel, die sich im rationalen Zahlenverhältnis anordnen, sind Gruppen-Bewusstseine, sie verlieren ihre Individualität.

A11.4.2 Beispiel Brokkoli, alle Bäume

Während die Sonnenblumenkerne in der Blütenscheibe nach außen wandern beim Wachstum der Scheibe, hat ein Baum oder Brokkoli ein zusätzliches Wachstum nach oben. Er bildet mit den Ästen quasi seine Zeitachse ab. Bei jeder Verzweigung entkoppelt sich ein Wirbelschlauch, der im Vorgänger-Ast bereits vorhanden ist, nur verdrillt mit den anderen beiden. Die feinsten Ästchen im Außen lassen erahnen, wie dünn die Wirbelfäden am Ende sind. Und doch sind sie nur der (kondensierte) Kernbereich, das leergesaugte Innere des eigentlichen Wirbels, der torus-artig die Pflanze umgibt. Auch hier folgt der innere Energiefluss (Energiemeridian) dem offenen Dreieck, und kein Betrachter eines Blumenkohl-Röschens ahnt, dass dessen Mutter- und Tochter-Röschen so weit weg sind in der Gesamtpflanze.

A11.4.3 Beispiel humanoide Lebensform

Wo ist beim Menschen das Dreieck? Beine sind Wurzeln, sie sind der Südpol des Wirbels, die hat auch jeder Baum. Die Wurzeln sind kleiner als die Krone, sonst ist der Torkadowirbel nicht stabil, er hat sogar weniger Dimensionen: zwei Beine und nicht zwei Arme und ein Kopf. Arme und Kopf sind erst mal drei und die Arme sind an breiteren Schultern als das Becken, bilden daraus in der Regel oben den „Pilzhut". Der Kopf des Menschen entspricht also dem dritten Ast? Wo sind die Finger am Kopf? Der Mittelfinger entspicht der Nase, Zeige- und Ringfinger den Augen, Daumen und Kleinfinger entsprechen den Ohren. Auch das Riechen, Sehen und Hören ist letztendlich ein Tasten.
Was war eher? Finger oder Ohren? Ich behaupte: Ohren und Augen waren zuerst da! Sie gehören schon zu einfachsten Wirbeln. Das erste Seh-Organ hatte die Form eines Zirbelkiefer-Zapfens, genau wie (heute noch) unsere Zirbeldrüse. Unsere Finger sind eine Spezialität der Evolution, während die Pfötchen einer Katze sich später noch im Brokkoli-Zustand widerspiegeln. Insgesamt tendiere ich dazu, an Involution zu glauben. Wir können nur zurückkehren zur Urform, um uns zu verbessern. Dort sind die Finger eine Frage des Wunsches danach. Jeder Wirbel ist hochbeweglich. Formwandelbarkeit ist bei Wirbeln keine Zauberei.

A11.5 Netze: Schwebungen aus Frequenzdifferenzen

Trotz allem ist jeder Perlenschnur-Folgewirbel zu seinem Vorgänger ein Zwilling mit kleiner Differenz. Denn er ist minimal jünger, bekommt aber von ihm fast denselben Energieanteil, der ihn ebenso kinetisch ernährt und informell ordnet, und den er größtenteils wieder an seinen Faden-Nachfolger weitergibt. Vereinfacht gesehen, besteht alles aus paarweiser Verkopplung nahezu identischer Schwingungszentren. Die minimale Frequenz-Differenz führt uns zum Stichwort Schwebung. Neue tiefere Frequenzen sind also die Folge, gleichbedeutend mit Kondensation (Überwirbelbildung).

Zusätzlich kann die Schwingungsverkopplung zu kollektivem Verhalten führen. Das ist der sogenannte Mitnahme-Effekt, durch den die Intensität eines Schwingungsmusters anwächst, bis es zum Zentrum eines eigenen Netzes wird und in die grobstoffliche Realität kondensiert, an das alle seine Subwirbel (Kopien in anderen Hierarchien) andocken können (Sheldrakesche Felder).

A11.6 Hierarchien nicht abtrennbar

Die Kopien-Erzeugung für Ordnungszuwachs, auch zum Zwecke des Aufbaues neuer Hierarchien, läuft strukturell gleich oder ähnlich ab. Aber inhaltlich haben neue Hierarchien jedes Mal viel mehr Komplexität.

Mir fällt da ein Witz ein: „Wenn ich das deutsche Wörterbuch von A bis Z lese, spare ich mir alle deutschen Bücher der Welt, denn sie sind nur ein Re-Mix daraus."
Eigentlich reicht es schon, das Alphabet zu lernen. Alle Worte sind nur ein Re-Mix daraus.

Hier geht es gerade um drei verschachtelte Ebenen: Buchstabe, Wort und Buch. Es sind jedes Mal Informationen, aber ihr Gebrauchswert-Sinn „Sprache" bzw. Ton beim Buchstaben ist auf jeder Ebene ausschlaggebend. Bei den Ebenen Wort und Buch entstehen beim Lesen oder Hören Emotionen und Gedankenformen im Hintergrund, ganze Ketten und Filme daraus. Hier koppeln noch höhere Ebenen ein, auch aus der Intuitionswelt (A3.6.4), jenseits von Sprache. Auch diese Ebenen sind am Wachsen, wenn jemand ein Buch neu versteht.

A12 Gene als Abbild der Aura

A12.1 Quantisierte Herzen überall

Die Resonanzgrößen der biologischen Zellen haben mit genau den feinstofflichen Strömungen zu tun, die ihre feinstofflichen Wirbel als kinetische Ernährungsgrundlage vorfinden, ebenso ihre Zellen-Bauteile als zugehörige Subwirbel. Genauso das Organ, das die Überwirbel-Rolle der Zellen spielt. Die Zellteilung beim Embryo kann immer nur dann weitergehen, wenn auch der Überwirbel entsprechend größer wurde, um die neue Zelle als Subwirbel einzubinden. Aber auch das Organ folgt Quantisierungsregeln. Das ist gut zu beobachten bei Früchten und Gemüse. Während eine Tomate im Radius wächst, versucht sie im Inneren die „Samenbäumchengröße" konstant zu halten. Irgendwann beginnt eine Einschnürung, also eine Teilung, und dann hat sich die Bäumchenzahl verdoppelt. Das passiert wieder und wieder, wie es die Äste eines großen Baumes zeigen. Deshalb hat eine große Tomate viel mehr Samenbäumchen, als eine sehr kleine (immer nur zwei Bäumchenäste): Die Kleine ist lediglich reif geworden, ohne weiter zu wachsen. Man könnte alle solche Sorten an derselben Pflanze vorfinden, das hat mit den Genen nichts zu tun.

Die organischen Wirbel, auf allen Ebenen, widerspiegeln vergrößert die kleinsten. Man erkennt den atomaren Aufbau, aus denen der Organismus besteht. Das ist so, weil alles ineinander eingefaltet ist, perfekt verschachtelt, wie auch die großen Kristalle das Aussehen der Mikro-Ebene anzeigen. In der Regel zeigt sich an Lebewesen die Kohlenstoff-Resonanz, nachmessbar mit einem Schul-Lineal (12,5 cm oder 6,25 cm oder 3,125 cm usw., immer halbiert.) an Früchten, am Abstand der Samenkerne von der Schale. Wenn eine Frucht als Samenbaumgröße z.B. 3,125 cm bevorzugt (¼ der Kohlenstoff-Superresonanz $6 \cdot Ce \cdot 2\textasciicircum 31$), wird diese Größe für alle ihre Früchte zum Quantisierungsmaß, nur die Anzahl der Samenbäumchen wechselt.

Die Innenseiten der Häute und Trennwände arbeiten wie Hohlspiegel in einem Spiegelkabinett, um dem Kern die Energie zu fokussieren. Dadurch spiegelt sich am Ende die ganze Frucht im Kern, ja sogar der ganze Baum. Auch das Umfeld spiegelt sich: Jede Frucht der Traube weiß, wo Osten ist, man kann es ihr noch ansehen. Von dort kam Tag und Nacht der solar-terrestrische Äthergegenwind, während der Planet um seine Achse rotiert.

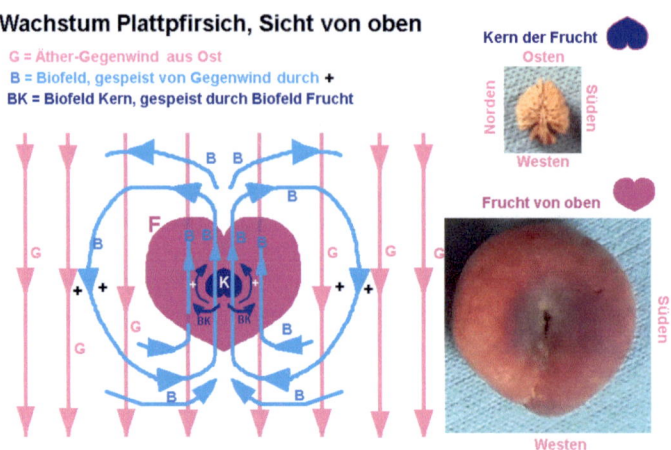

Abb. A12.1: Plattpfirsich mit verschachtelten Herzformen

Wenn ihr Samenkern als ein Kopf gesehen wird, blickt er genau nach Westen, hätte also immer den Äther-Ostwind von hinten, der aber intern im Fruchtfleisch, dem Wirbel-Kerngebiet entgegengesetzt fließt (siehe Abb. A12.1), also in der Frucht doch wieder Wind auf die Herzöffnung zu.

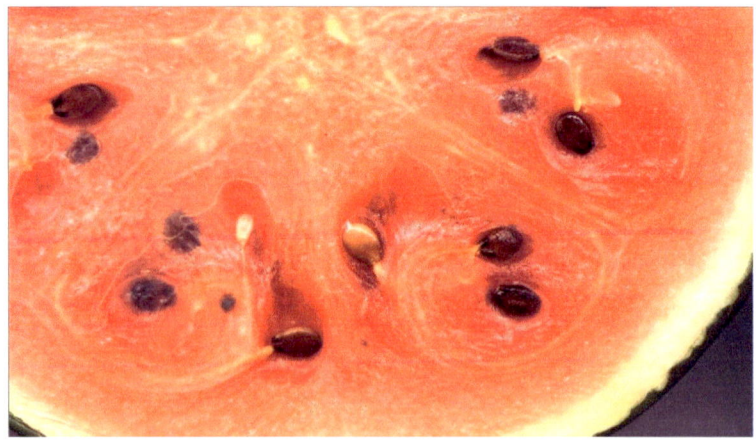

Abb. A12.2 Samenkerne am „Bäumchen" (hier bei Wassermelone gut zu sehen, auch bei Tomate und Paprika) liegen im Sauggebiet des Pilz-Torus (alias Masse=Proton)

Beim Pfirsich (Abb. A12.1) markiert außen die rote/reifere Seite die Richtung der Sonne aus Süden, die „Einkerbung" bei allen Pfirsichen ist im Draufblick die spitze Herz-Seite der Frucht und zeigt nach West.

Der Einfluss dieser nahezu waagerecht fließenden Energie auf die Pflanze ist ebenso groß wie die senkrechte Gravitation (Hauptwirbelachse), oder wie Sonne und Regen. Die waagerechte Strömung beströmt den zweiten (etwas kleineren) Wirbel, der nahezu senkrecht zum Hauptwirbel der Frucht steht (wie Stirnchakra zu Kronenchakra). Es ist ein zweites Versorgungsnetz. Bei Vierbeinern gibt es andere Anbindungen, planetar waagerecht und planetar senkrecht sind vertauscht.

A12.2 Chakren im Kreuz der Strömungen

Nochmal zur Vertiefung: Wir leben auf einem Planeten. Jeder Planet hat Gravitation. Das ist ein senkrechter Fluss von oben nach unten durch Pump-Leistung aller seiner Uratome.
Der Planet hat auch eine Tagesdrehung. Was wir von der Tagesdrehung unbewusst spüren, ist der Äthergegenwind aus Ost, denn dorthin dreht sich die Erdoberfläche. Das ist feiner Ätherwind, der sich am Boden NICHT mitbewegt, wie die bereits vor 100 Jahren gemessenen 2/3 des Äthers, was bis heute ignoriert wird).
Eine dritte Strömungsrichtung steht senkrecht zur Ekliptik, das ist die Ausrichtung der Sonnenachse, sie weist in Richtung der Sonnenbahn, zweifellos ein Ätherwind, der als Strömung das Sonnensystem transportiert, bzw. in dem das Sonnensystem schwimmt wie ein Segelschiff, die Ekliptik als Segel aufgestellt.
Die Achse der Tagesdrehung ist raumfest nach einem galaktischen Energiefluss ausgerichtet (aus geografisch Süd, dem magnetischen Nordpol, wodurch der Erdkugel-Pilzhut - eine Abplattung - am geografischen Südpol liegt), aber das ist der vierte Fluss (Modell Präzession verdreht die Ursache), den spüren wir kaum.

Mindestens diese vier Ätherwinde wirken auf uns ein, mit verschiedener Dichte, und erzeugen je andere Wirbel an der kondensierten Materie, woraus wie bei einem Stein im Gebirgsbach die zugehörigen Wirbelschleppen entstehen.

A12.3 Das Höhere Selbst aus Strukturen mehrerer Hierarchien

Wenn die Strömungen benachbarte Hierarchien sind, werden sich auch ihre Wirbelschleppen gegenseitig beeinflussen, und letztendlich die gröbste Ebene mitformen. Die Flüsse im Pfirsich wurden eben beschrieben. Aber nur die zwei stärksten sind es, die im Kreuzungspunkt am Kern für augenhöhlen-artige Formen sorgen. Wenn man genauer hinschaut, ist häufig die rechte Augenhöhle (des Pfirsichkerns) größer, offenbar ein Einfluss aus Nord, der Strömung Nummer drei.

Auch die Zahl der Chakren beim Menschen hat vermutlich mit der Kernladungszahl $Z=6$ von Kohlenstoff zu tun: Es ist ein senkrechter Haupwirbel (Kronen- und Wurzelchakra) und 5 waagerechte Chakren, wobei das Herz-Chakra das zentralste ist, der perfekte Nullpunkt. Jedes Chakra ist ein Nullpunkt, zu dem ein hochkomplexes Koordinatensystem gehört.

Wenn man (grob genähert) biologische Hyperkomplexe Zahlen definieren will, sollte man 5 Komplexe Ebenen so anordnen, wie die Chakren beim Menschen. Man müsste einen Kohlenstoff-Kristall namens Mensch mathematisch nachbauen.

Zwei komplexe Koordinatensysteme zu verkoppeln, wurde im Abschnitt „Fraktale" als sogenanntes Zwillingsverfahren vorgeführt. Dies bitte nur als wahrheitsfernes, erstes Experimentier-Beispiel zu verstehen.

Die fünf Chakren erscheinen auch am normalen Kirsch- oder Pflaumenkern, denn auch deren Hauptelement ist Kohlenstoff, aber mehr als ein einziges, langgezogenes Chakra, während beim Menschen das Kronen- und Stirn-Chakra zusammen den Hirnschädel mit Hirn, Augenhöhlen und Augäpfel bilden (2 verschieden große Toren in dieser gekippten 90-Grad-Anordnung können sich nicht anders kombinieren). Alle Früchte-Kerne haben offenbar die rudimentären Augenhöhlen, als 2 Streifen auf beiden Seiten der einen Kante beim auf die Spitze gestellten Kern, besonders deutlich beim Plattpfirsich. Man findet die beiden Vertiefungen rechts und links der Westseiten-Mitte auch im Aprikosen- und Traubenkern, sogar am unförmigen Apfelsinenkern, wahrscheinlich überall. Augenhöhlen und furchige (Hirn-?)Oberflächen sind vermutlich universell. Sind sie geometrische Eigenschaften stabiler Wirbelpaare?

Das Ganze allgemein und dynamisch interpretiert: Es befindet sich ein sehendes Bewusstsein in jedem solcher „verhakten" Doppel-Wirbel.

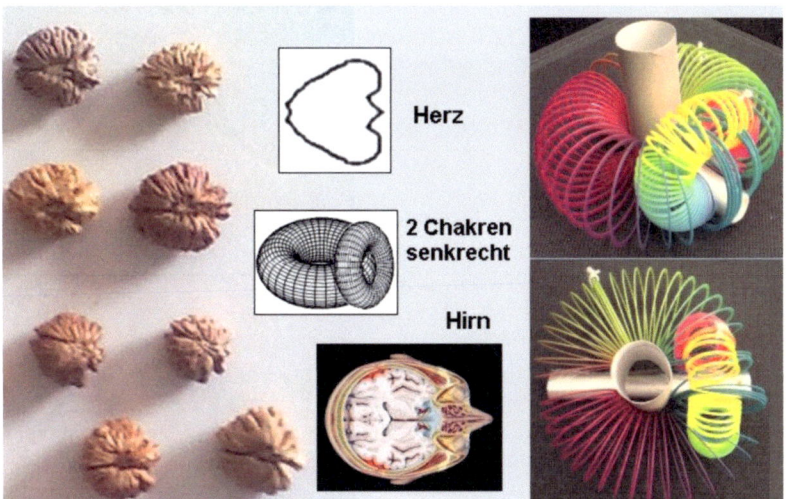

Abb. A12.3: An den Plattpfirsichkernen sieht man es besonders deutlich, aber auch an allen anderen Kernen finden sich „vorn" zwei Kerben: Sie stammen aus der „Kollision" zweier Chakren-Wirbel. Die Augenhöhlen sind also im Samenkern von Pflanzen schon (oder noch) angelegt.
Rechte Bilder: Das Verhaken der Spiralen nachgebaut mit Kinderspielzeug.

A12.4 Vorher, Nachher oder immer ganz neu?

Wir wissen, es gibt das Huhn, und es legt Eier und es kam aus einem Ei.
Wenn das Huhn da ist, wird es bestenfalls Eier legen, niemals selber noch einmal schlüpfen.
Als das Huhn selbst im Ei auf die Welt kam, konnte es noch keine Eier legen. Es musste erst wachsen. Das eierlegende Huhn existiert erst in der Zukunft des Kükens.
Man darf nicht das Küken mit seiner erwachsenen Mutter verwechseln.
Das Küken hat es bei seiner Geburt noch vor sich, eine EIGENE WELT (ihren erwachsenen Körper) zu erschaffen, in der es vielleicht auch Glucke sein darf.

Es gibt so viele verschiedene WELTEN wie WIRBEL.

Deswegen gehen wir nach Innen, um Vorfahren und Gott zu finden, und jeder geht in sein eigenes Innen, zum GOTT SEINER FRE-

QUENZEN, die sich beim Körper-Aufbau gebildet haben und sein eigenes persönliches JETZT erschaffen, mit dem Gott-Aspekt seiner mehrdimensionalen individuellen Frequenzen.

Es grenzt fast an ein Wunder, andere Menschen zu sehen und mit ihnen leben zu können.

Es ist einfach so, dass die Quantisierungsvorschrift aller Wirbel (oder Wesen), die mir heute in meiner Welt begegnen, nur im Jetzt festliegen, mit passenden Zahlen in physikalischen „Tabellen", aber als ich mich entwickelte, legte ich sie selber neu und erstmals fest. Selbst gestern „schraubte" ich erneut an meiner Welt, falls sich einige meiner Aura-Wirbel veränderten. Dadurch sind ganz bizarre Denk- und Erlebnis-Welten möglich, wo man (fast) niemandem begegnet, weil kein anderer dieselbe Resonanz erschuf. Diese Menschen sind Leuchtturmwärter in einer Welt mit einem einzigen ICH-Leuchtturm, und sonst ist dort nichts.

A12.5 Was sind Naturgeister?

Die Funktion Naturwesen und einigen Arten von Engeln: Sie sind Wirbel, die die Lücken füllen. Sie entstehen im Dazwischen. Sie können nicht fliehen. Sie bilden sich genau dort in den Lücken, wo Ladung ausgeglichen werden muss. Von Plus nach Minus baut sich ein elektrisches Feld. Im Dielektrikum des Kondensators entstehen isolierte Wirbel, die entgegengesetzt ausgerichtet sind, in Ketten, immer nacheinander entgegengesetzt angeordnet. So wird die Energie übertragen, obwohl nichts fließt. Feld und Gegenfeld.

Naturwesen sind die Gegenfelder zwischen Objekten der Natur. Sie dienen, weil ihre Existenz daran hängt. Ein Landschafts-Deva hat auch einen Körper mit Kopf und Hand und Fuß, so wenig wir uns das auch vorstellen können. Aber daran müssen wir nicht mehr nur GLAUBEN, falls wir es nicht schon sehen. Wir könnten es SELBER RECHNEN (das Schädelfraktal (als Querschnitt in Augen-Ohren-Nase-Ebene) braucht keine Gene, nur den Goldenen Schnitt), siehe Abschnitt A13. Und es ist auch die allgemeinste und einfachste Bildungsvorschrift für holografische Wirbel (siehe A4.9).

Wir können eine Betonstraße darüber bauen, aber dann geht es dem Deva schlecht. Sein Lebenswirbel wird zerschnitten, er ist eingeklemmt. Seine eigenen Ströme stocken, er wird krank oder stirbt. Kleinere Wirbelformen entstehen, die nicht richtig zur Umgebung passen. Die Landschaft kann die Ladung nicht halten, zerfällt langsam selber (Wilhelm Reichs DOR-Experimente).

A12.6 Felder, Aura, Bewusstes Sein

Wir müssen den Denkfehler abstellen, ein „Feld" sei ein totes Objekt. ES GIBT KEIN nur-FELD. Was wir da messen, ist immer TEIL eines WIRBELS.

Die unsichtbaren Flüsse um die Torkados herum sind ihre „Mutterbrust", denn alle Wirbel werden ernährt (oder sterben). Ordnung und Ausrichtung sind zwingend, und kein unerklärliches Wunder. Alles was lebt, HAT Anschluss an die Kosmische Ordnung, egal ob aus eigener Kraft oder ob aufgrund von Hilfe anderer (Natur-)Wesen. Auch Parasitentum ist möglich, da ist der Umweg zur Quelle sehr lang und leidvoll.

WIRBEL sind hierarchisch, holografisch, lebendig und BEWUSST. Bewusst ist deshalb JEDER Wirbel, weil sein Zufluss immer voller Schwingungen steckt, das sind die Lebensäußerungen seines Mutterwirbels und der Summe aller seiner Vorgänger-Subwirbel, die die gleiche Mutter-Strömung benutzen, um sich zu bilden.
Im Falle Mensch kann das Bewusstsein mindestens sieben Hierarchie-Ebenen überbrücken.

Der Wirbel „hört" die aufmodulierten Schwingungen, ob er Ohren hat oder nicht. Es blubbert in seinem ganzen (Wirbel-)Körper. Die Ohren hat er nur zum Filtern. Was er hört/fühlt, tut ihm normalerweise gut, dann bleibt er stabil oder wächst. Wenn nicht, weicht er räumlich aus oder baut sich um. Wird es zu viel, muss er sterben. In einem Körper entstehen dann Veränderungen, die zunächst als Krebs erscheinen, aber letztendlich Evolution bedeuten. Wenn sie zum Überleben geholfen haben, werden sie genetisch weitergegeben. Die Gene sind gezielt eingebaute Störungen, um Subwirbel (Organe, Zellwände) einen Spezialplatz zu geben, der nicht im Energieminimum liegt, aber trotzdem der Anpassung dient. Die genetischen Veränderungen treten nicht einzeln auf, sondern als Folge von gemeinsamen Konflikten bei allen Individuen, die von der Umgebungs-Veränderung betroffen waren. Zum Beispiel hat der Mangel an Nahrung in einer Steppe die Vergrößerung die Leber der Weidetiere zur Folge, um das letzte Hälmchen noch nutzen zu können (Verhungerungs-Konflikt nach Dr.med. Ryke Geerd Hamer's GNM /hn/).

Hierdurch kann erst das wahre Tempo der Evolution erkannt werden. Jede Krankheit ist bereits Evolution, ist versuchte Anpassung an ein Problem.

Das lebendige Blubbern im Wirbel sorgt für den richtigen Aufbau. Seine Über- und Unterstrukturen hören das auch, alle drei (Ebenen) zusammen sind ein SELBST. Wenn das Blubbern plötzlich fehlt, bricht in ihm auch die Substruktur zusammen. Sie treibt ihn noch eine Weile an, wenn der Mutter-Antrieb fehlt, dann löst er sich selber auf. Setzt vorher das Blubbern wieder ein, hat seine Skalengröße „den Unfall" überlebt. Seine kondensierten Substrukturen sind die kinetische Reserve, sind ein Akku, sind sein Körper (zum „Verheizen" im Notfall).

Ein bewusstes Sein erkennt sich selbst an der Position seiner Anbindung im Wirbelnetz. Von dort aus bezieht es seine Erinnerungen, das sind Subwirbel, die von Kopien (Spirillen) aus allen höheren Hierarchien umgeben sind. Dadurch ist der bleibende Zugriff auf alle Erinnerungen möglich.

A12.7 Aura, Aufstieg und die Genetisch verformte Seele

Der menschliche Körper (mit all seinen inneren Bäumen) ist WAS? Der Wirbelkern natürlich. Unsere menschliche Aura charakterisiert uns noch viel mehr, was leider ignoriert wird. Die Drehung ist zum Beispiel bei Männern und Frauen entgegengesetzt. Die Männer-Hauptwirbel drehen in der kosmischen Globaldrehrichtung, und haben es derzeit schwerer als Frauen, denen, wie Elektronen an der Kathode, das Auflösen und Aufsteigen leichter fällt. Im Atommodell haben wir keine Probleme mit der Anerkennung der Aura, dort hat sie den Namen Elektronenhülle.

Wer aurasichtig ist, kann erkennen, dass z.B. Affen eine völlig andere Aura haben, obwohl der Körper sehr ähnlich ist. Sie hat eher Strahlen als Schichten. Ihr multidimensionaler Körper reicht nur bis zur Astralwelt, sie können keine höheren Körper entwickeln, auch in vielen Leben nicht. Sie leben aus einer Gruppenseele heraus, aus der sie vermutlich ohne Umweg zur All-Einheit zurückkehren, während wir in einem komplizierten Psycho-Spiegelkabinett gefangen sind, und scheinbar sogar gern.

Im vorigen Abschnitt A11 werden Arme und Kopf als Äste interpretiert und Beine als Wurzeln, was zwar irre klingt beim ersten Hören, aber nach 7 Jahren Vertiefung ins Thema hat man sich daran gewöhnt.

Der Wirbel braucht die Gene nicht unbedingt, aber wenn er Gene hat, ist die Vielfalt gesichert. Je mehr Gene, desto mehr entfernt sich das Wesen von der reinen Wirbelform des Goldenen Schnittes. Pflanzen und Würmer haben mehr Gene als Menschen und menschenähnliche Tiere, sie haben die größte Veränderung durchgemacht, sind am Weitesten in ihrer Evolution, die sie weggeführt hat von der genfreien Göttlichkeit.

Um zum allmächtigen göttlichen Bewusstsein zurückzukehren, sollten wir Gene verlieren. Offenbar passiert genau das, seit sich die Sonnenbahn im Photonenring befindet. Das Eis in unseren Zellen schmilzt.

A12.8 Resümee und Aufruf

Ist unser wirklicher Aufbau klarer geworden, die Einordnung ins ewige Sein?
Wir sind hochkomplexe Energiewesen. **Unsere gegenseitigen Wurmloch-Verstrickungen sind KEINE Illusionen, es sind reale Vorgänge.** Es sind tatsächliche Stricke, Bänder, wirksam wie Handschellen oder kaum-zerreißbare Spinnweben, zäh und klebrig, aber dennoch auflösbar.

Gedanken sind NICHT FREI, sie werden uns aufgedrückt oder freiwillig willkommen geheißen, und sie können auch mitgehört werden. Sie sind auch nicht ohne Folgen, sogar wenn wir sie für uns behalten. Sie kommen genau da an, wo sie nicht ankommen sollen, weil sie telepathisch eine Verbindung erzeugen, auch wenn diese auf Ablehnung und Widerwille beruht. Richtiges Loslassen von Gedanken funktioniert nur dann, wenn es mit Vergessen einhergeht.

Mit Vortex-Healing erhält man Hilfe zum Vergessen. Die verstrickenden, vernebelnden Denk- und Gefühlsebenen werden vom Therapeuten einfach herausgezogen wie Unkraut. Ich hatte wieder das Glück, ein Naturtalent zu finden: Kristina Mayer /mv/. Schon immer ist sie aurasichtig, jetzt auch qualifiziert für den komplizierten Aufbau unserer menschlichen Wirbel-Schachtelwelten, in denen wir stecken und an deren Schleiern wir immer weiterweben, seit vielen Leben. Das Erkennen der Schleier erfordert erst einmal Wissen, denn auch das Aura-Sehen ist nicht reines Sehen-Wollen, sondern beruht auf vermittelbarem Wissen, welche Räume sich wie hinter welchen Türen öffnen lassen.

Genau, wie man nur dann die hohle Erde findet, wenn man von ihr weiß /ja/, und die geheimen Wege und Eingänge gezeigt bekommt, die sogar zeitlich versteckt sein können und nur kurzzeitig öffnen.
Wir sind wie Tiere im Zoo. Wir kriegen nicht mit, was Schlüssel und Schloss bedeutet, wenn die helfende (geistige) Hand von uns ignoriert oder gar weggeschlagen, verlacht und beinahe beleidigt wird.

Natürlich ändert sich die Psyche, wenn jemand die alten Schleier herauszieht, oder man sich selbst endlich die Rückstände uralter Konflikte und Tragödien auflöst. Die Psyche wird dann einfacher, klarer, unbelasteter. Das mimosenhafte Ego-Monster findet zurück zum Wesentlichen. Es erinnert sich an sich selbst, an das SELBST, das wir sind. Wir leben auf einmal gern im Hier und Jetzt. Unser wiedererkannter Selbstwert hat es nicht nötig, ständig und ungefragt Vergleiche zu ziehen, das Handeln anderer Menschen zu bewerten oder zu verurteilen. Worauf man Lust hat, ohne zu schaden, das tut man. Was man denkt, das kann man, wenn nötig, auch klar sagen.

Glaubt nichts, was ihr nicht verstehen könnt. Das reine Wünschen „ins Blaue" hinein ist einfach blauäugig gedacht. Warum und wie sollte sich ein Parkplatz von selbst freihalten, weil unser Wunsch und Wille ihn bestellen? Wenn aber zwischen ihm und unserem Wunsch ein hilfreicher Schutzgeist sitzt, der die enorme „Wichtigkeit" des Wunsches akzeptiert, dann wird er zum Parkplatz eilen und dort den anderen ankommenden Fahrern die nötigen Einflüsterungen geben, damit zum richtigen Zeitpunkt am gewünschten Platz niemand steht. Wir haben es immer mit intelligentem Wirken zu tun, egal ob dunkel oder hell motiviert. Missbrauchen sollten wir die helfenden Kräfte dennoch nicht.

Es wirken keine abstrakten Gesetze, die gnadenlos und immer dem lautesten Bittsteller helfen. Erst wenn es ein gesundes Geben und Nehmen ist, wird es gut.

WAS können WIR geben?
Dankbarkeit und so gut es geht für ein naturbelassenes Umfeld sorgen. Kümmern wir uns darum, dass Kriege verschwinden, auch Funktürme, Lärm und strahlende Freilandleitungen, dass die Gifte aus der Luft, dem Wasser und aus dem Essen verschwinden, und dass keine Tiere mehr geschlachtet werden wegen ihrem Fleisch oder Fell. Dann kann auch das Menschenschlachten aufhören, und das Versklaven.

Beginnen wir, dem Alkohol, dem Nikotin und anderen zweifelhaften Anregungsmitteln oder angeblichen Medikamenten zu entsagen und schließlich sie zu vergessen. Das Vergessen gelingt erst richtig nach einem Jahr, auch bei Kaffee.

Die Folge von Suchtmittelkonsum, und sei es der beste Wein, ist eine Verletzung und Verdunkelung unserer Aura, als ob sie blutet. Lumira wies uns darauf hin.
Wir leben in einer Art Haifischbecken und solche Aura-Risse, durch Gifte und Schocks verursacht, verströmen nicht nur unsere innere Energie, sie ziehen feinstoffliche Wesen an, die sich dort gern festsetzen, uns beeinflussen können und erst recht dafür sorgen, dass wir weiter „am Bluten" sind. Sie drängen uns zu unklugen Handlungen und Gewohnheiten, um immer wieder Leid und Angst zu erleben und woanders zu verursachen, nur damit alles so bleibt.

Der Ausgang aus der Falle beginnt mit der Schließung der Aura-Risse, dann können wir wieder zu uns selber kommen.
Auch Lumira wurde langsam immer klarer und sensitiver, als ihre Ernährung immer natürlicher wurde. Nicht nur Fleisch, Käse, Brot und Kaffee lässt sie mittlerweile weg, sogar gekochtes Gemüse und sie trennt inzwischen ihr Obst. Sie könnte leicht als Pranier leben, (wie Tausende Andere seit Jahrzehnten: ganz ohne Essen, mit reinster Chakreneinström-Energie und Transmutations-Stoffwechsel), will sie aber nicht.

Wir sollten lernen, wie man das Leben feiert ohne diese Kopf- und Fußfesseln, wie man die neue Klarheit genießt, die sich erst einstellt, wenn das lange Entgiftungs-Tal durchschritten ist. **Das lebendigste Wasser finden wir in den reifen Früchten vor, keinerlei Technik vitalisiert besser. Lasst uns die Früchte als Trauben essen, oder vom Baum pflücken, und zwar Früchte mit Kern. Die Kernlosen sind gezüchtete Monster, die auch in Trennung leben von ihrer Art, die wegen falscher Größe das Hologramm ihrer Mutterpflanze nicht fokussiert empfangen, sonst wäre der Kern gewachsen.**
Ich sammle die Kerne von Früchten, die ich aß, in einer Schüssel, und bisweilen baden meine Hände in diesem Potential, und die Kerne geben mir das Gefühl, mit ganzen Wäldern und Plantagen in Verbindung zu stehen. Wenn das Klima tropisch wird, werden sie gesät.

Lasst euch nicht länger beschwatzen, was ihr braucht, weder von den Medien noch von der Werbung, noch von den wispernden Schlangen- oder Insektenwesen, die uns ihre Gedanken als die eigenen vorsetzen, um uns im Unwissen gefangen zu halten. Vermeidet gehetzte Überaktivität oder lähmendes Nichtstun. Nehmt nur den eigenen Körper zum Prüfstein, was wirklich gut ist, speziell für euch, hier und jetzt. Morgen kann es anders sein. **Werden Körper und Psyche belastbarer? Wie war der Schlaf? Brauchen wir all die Reisen und die gewohnten Aktivitäten wirklich? Ihre Preise zwingen uns ins Hamsterrad. Bringen sie uns Stärke oder Erschöpfung?** Wie lange kuriert man an den Blessuren des Extremsports? Wofür? Für das Image? Für die Erinnerung? Für eine wirkliche Freude oder als Ersatz für einen vermissten Sinn?

Denken wir bitte öfter an die Spuren, die unser Tun hinterlässt, sei es Lärm, Schmutz, Abgase, Funkwellen oder die chemischen Rückstände all der Produktionsketten unserer Einkäufe. Warten wir nicht darauf, dass alle zusammen soweit sind. Der Tag wird kommen, irgendwann. Bis dahin fangen wir einfach selber an, Schritt für Schritt. **Mit frischem Gemüse aus dem Garten oder vom Balkon, das neue Resonanz-Erleben ist gewaltig.** Oder wir lesen ein Buch über essbare Wildpflanzen und probieren sie aus. Vielleicht kommen dann die Erinnerungen an unsere tieferen Wurzeln zurück?

Wir sollten so oft wie möglich in positiver Weise für sofortigen Weltfrieden beten bzw. meditieren. Die Kraft unserer Gedanken füllt zweifellos die terrestrische Mentalwelt, die uns alle verbindet, allein schon wegen der 26 (zwei Stufen zu 13) Verdopplungen unseres Hirnradius zum schwingenden Planetenradius: „**Liebe und Frieden durchfluten immer mehr unsere Welt! Licht, Segen und Wohlergehen breitet sich aus für alle friedfertigen Menschen!**"

Alle weniger friedlichen Wesen müssen unter sich bleiben und ihre Spiele woanders treiben. Die Welten trennen sich einfach.

A13 Fraktale - Nichtlineare Rückkopplungen

A13.1 Historisches zu Mathematischen Fraktalen

In der Natur treten Fraktale überall auf, als Pflanzen, als Organe oder als Landschaften. Alle Bäume sind fraktal: Große Äste ähneln kleineren Ästen, die Blätter und Früchte zeichnen oft die ganze Form des Baumes nach. In Lunge, Niere, oder dem Venen- und Arteriensystem wachsen Verzweigungen, die unter sich selbst „selbstähnlich" sind. Sie füllen den Organ-Raum optimal aus, und gleichzeitig führt innerlich alles auf ein Zentrum zurück.

Abb. A13.1: Fraktaler Aufbau von Gemüse

Auch Küstenlinien, Gebirge und Flussläufe geben aus großer Höhe bzw. Entfernung ein ähnliches Bild wie ein vergrößerter Bildausschnitt davon. Ebensolche Strukturen finden wir in den Wachstumskurven der Finanzmärkte.
Wir haben diese Dinge zwar früher auch gesehen, aber meistens nicht als selbstähnlich erkannt. Erst der Mathematiker Benoit Mandelbrot (Frankreich, USA), hat Ende der siebziger Jahre den Begriff Fraktal (fractal) geprägt. Nach ihm wurde die berühmte **Mandelbrotmenge $Z=Z^2+C$** benannt, auch bekannt als das Apfelmännchen.

Das Apfelmännchen heißt so, weil es einen apfelförmigen Rumpf hat, einen kugelähnlichen Kopf und ähnliche Arme, wenn man es um 90 Grad aus der liegenden Haltung in die „sitzende" dreht, also mit der x-Achse nach unten zeigend (Abb. A13.2).

Abb. A13.2: Apfelmännchen

Das Besondere daran ist, dass im Randgebiet dünne blitz- oder spiralförmige Linien zu finden sind, die alle wieder zu sehr kleinen Mini-Apfelmännchen führen, die vom Nahem ähnliche Blitzlinien haben, mit Mini-Kopien von sich selber (Abb. A13.3). Aber auch bei Rückvergrößerung sind diese Kopien niemals hundertprozentig gleich, nur sehr ähnlich, genau wie die Blätter eines Baumes. Der ganze Randbereich besteht aus Heeren von schwebenden Mini-Apfelmännchen, die durch kraftfeld-ähnliche, unendlich dünne Linien mit ihrer jeweiligen Mutterform oder mit ihren eigenen Anhängseln verbunden sind.

Rein mathematisch kann man kein Ende finden, nur die endliche Menge der Bits pro Zahl in den Computerprogrammen setzt eine Grenze, meistens aber die Rechenzeit, sogar heute noch. Es gibt wunderschöne Zoom-Filme von Mandelbrotmengen und Juliamengen im Internet, inzwischen auch unglaubliche 3D-Filme. Das Apfelmännchen war nur der historische Anfang und steht symbolisch für alle berechneten Fraktale.

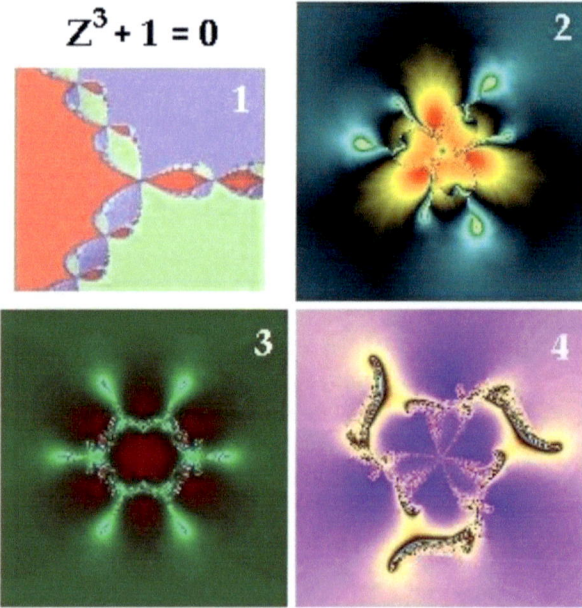

Abb. A13.3: andere Iterationen, von deren Gleichungen ich Zoom-Filme gemacht habe

Eine andere, etwas kompliziertere Funktion ist zum Beispiel die Vierpolgleichung aus der Antennentechnik Z = (Z+C)/(1+C•Z^3). Sie sieht aus wie ein Stern mit Inseln drin, aber an einigen Stellen taucht dasselbe Apfelmännchen wie in der Mandelbrotmenge auf, man muss es nur suchen. Es steht offenbar für eine „geometrische Null". Man findet es an Bildstellen, die eine bestimmte Symmetrie der dünnen Linien zeigen, wo sich „Kräfte" aus geradzahlig vielen Richtungen genau zu kompensieren scheinen.

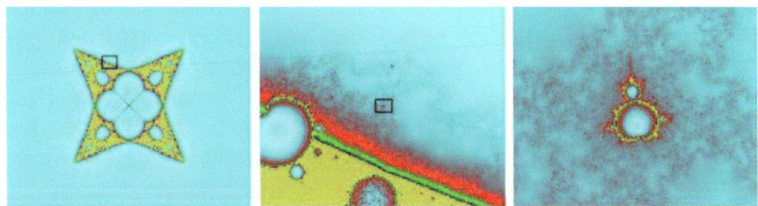

Abb. A13.4: Vierpol-Stern mit vielen Apfelmännchen im Randbereich; weitere Vergrößerungen: vitaloop.de/Riesen.htm, siehe auch Abb. A13.13

Solche wunderschönen Fraktale kann man zu Tausenden im Internet finden, hier gefunden bei allisonart.com/ReadyToBloom.html

A13.2 Mandelbrotmenge erzeugen

Die feste Komplexe Zahl C = Cx + iCy und auch die variable Komplexe Zahl Z = x + iy sind zweidimensional. Das i kennzeichnet die zusätzliche Achsrichtung (als imaginärer Anteil bezeichnet). Die Komponenten Cx und Cy spannen eine Rechteck-Fläche auf, die spätere Bildfläche. Man beginnt mit irgendeinem Punkt der Fläche beim entsprechenden Wert von Cx und Cy. Bei Z beginnt man mit den Variablen x=0 und y=0. Dann koppelt man das Z auf sich selbst zurück, rechnet immer wieder das Gleiche, wobei das C am Bildpunkt konstant bleibt und **nennt das Ergebnis von Z•Z+C wieder Z und wiederholt die Rechnungsschleife** (Rekursion), bis man ein bestimmtes „Sprungverhalten" von Z erkennen kann: Gehen die Beträge der Variablen x und y nach Null oder nach Unendlich oder auf einen festen Wert zu? Oder pendeln sie zwischen zwei, drei oder tausenden von Werten? Das alles ist möglich. Schon nach wenigen Rückkopplungen kann man eine Farbe wählen: Zum Beispiel Weiß für Divergenz, das Rasen nach Unendlich, Schwarz für: „Entscheidung kommt noch". Bei etwa 100 Iterationen, so heißen die Rückkopplungsschleifen, wird schon ein passables buntes Bild möglich, um die Art der Zahlensprünge am betrachteten Punkt zu illustrieren. Auch kann man die Geschwindigkeit der Variablen-Bewegung nach Betrag Unendlich farblich kodieren, in der Dreiergruppe von Abb. A13.5 das erste Bild. Das zweite Bild zeigt zusätzlich das Gleiche für das Streben nach einem Fixpunkt, das dritte Bild kodiert die Art der Mehrfachlösung bis zu einer festen Schwankungsbreite. Dort führt der Schwarze Bereich zur Null oder zu Zahlen um Null, der Grüne zu Doppellösungen, der violette zu Dreifachlösungen, usw. .

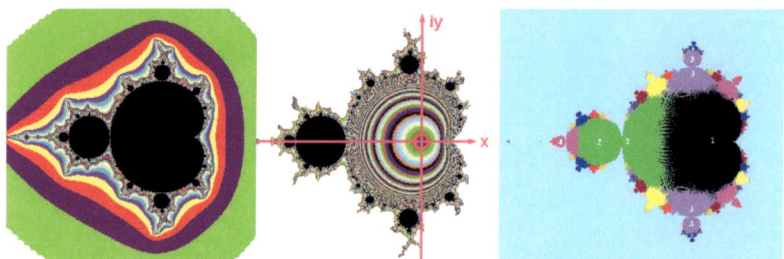

Abb. A13.5: Unterschiedlich programmierte Farbkodierung bei gleicher Rechnung

Der Randstreifen zum divergenten Außengebiet lässt sich immer genauer auflösen, wenn man länger wartet. Etwa 1000 oder 10 000 Iterationen pro Bildpunkt braucht man dann. Manche Stellen im Apfelmännchen, tief in den Hälsen zwischen zwei Kugeln, entscheiden sich nie, da kann man wochenlang weiter rechnen am Punkt, nie wiederholt sich ein (x,y)-Paar, und auch kein Anwachsen zur Divergenz findet statt. Dort herrscht Chaos, daher der Zusammenhang zur Chaostheorie. Ganze Chaos-Inseln findet man in Fraktalen, öfter aber nur Punkte auf dünnen Linien, die wie Blitze aussehen. Um an eine Rand-Stelle heran zu zoomen, muss man nur das Bildraster für Cx und Cy neu einstellen.

A13.3 Bildraster-Beispiel

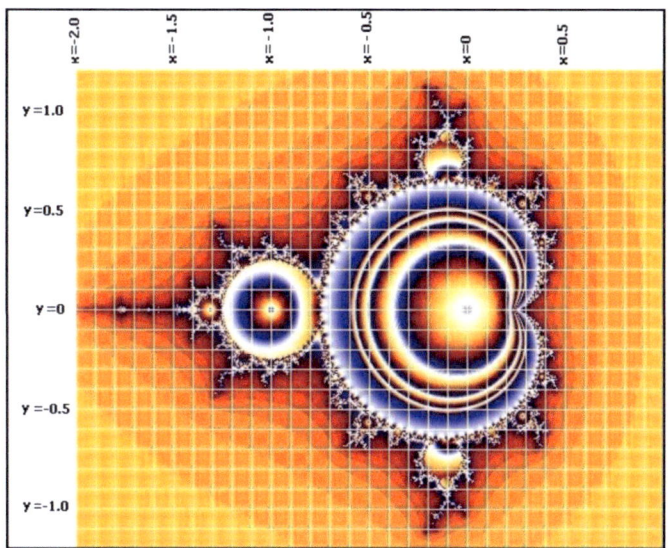

Abb. A13.6: Großes Apfelmännchen in seinem Zahlenraster Cx und Cy. Das Verhalten von Z an jedem Punkt wird durch die Auswahl der Farbe kodiert.

Im Beispiel soll Cx = -2 am linken Bildrand liegen und Cx = +2 am rechten, und Cy bei +2 am oberen Bildrand und -2 am unteren. Man beginnt also oben links bei C(-2,+2) und geht Punkt für Punkt die erste Zeile durch, immer am Punkt so lange im Kreis rechnend, bis die vorgegebene Iterationszahl erreicht ist oder eine andere programmierte Abbruchbedingung für Z(x,y) erfüllt ist, um mittels einer Farbentabelle die zum Betrag von Z oder zur Abbruch-Art gehörige Farbe für den Punkt zu finden und diese schließlich ins Bild einzutragen. Am zweiten Punkt, abhängig von der gewünschten Pixelzahl des Bildes, wird wieder gestartet mit beispielsweise
C(-1.99,+2) und wie immer Z(0,0), der dritte Punkt startet dann mit C(-1.98,+2), bis schließlich der letzte Punkt der Zeile C(+2,+2), dann Zeile 2 mit C(-2,+1.99), C(-1.99,+1.99), C(-1.98,+1.99) usw.. Der letzte Punkt des Bildes unten rechts liegt dann auf C(+2,-2).
Die Abbildung 13.7 zeigt eine Vergrößerung bei Mittelpunkt x=-1.4, auf der x-Achse y=0:

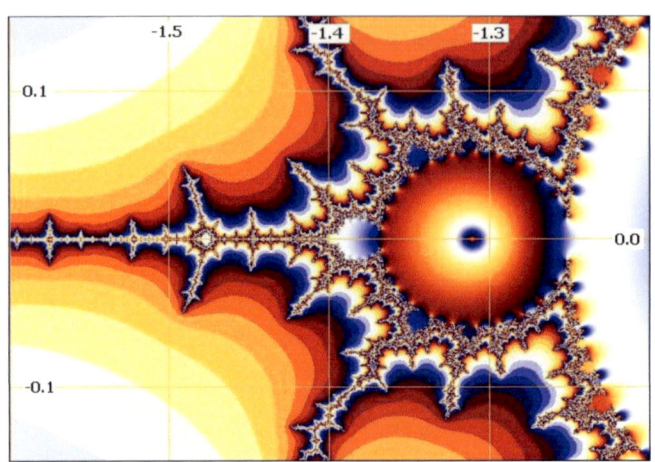

Abb. A13.7: Hineingezoomt in Abb. A13.6. im Bereich der „Apfelmännchen-Krone", bei x=-1.48 ist schon das größte Anhängsel-Apfelmännchen zu erkennen

Man erkennt schon das nächste größte Anhängsel bei ca. x=-1.48 . Auch dazwischen sind Millionen kleinere und Milliarden kleinste davon zu finden. Im nächsten Bild wurde wieder ein kleines Anhängsel aus Abb. A13.6 genommen, ganz links, bei -1.81.

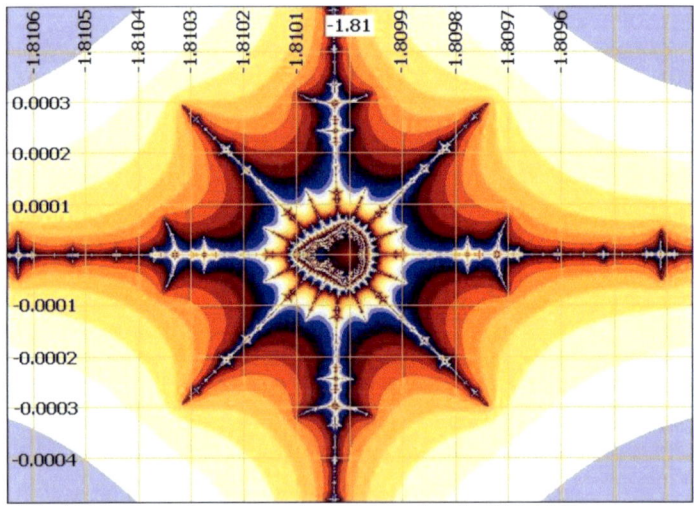

Abb. A13.8: Vergrößerung um den Bildmittelpunkt C(-1.81,0)

Und hier das Gleiche noch einmal von Nahem:

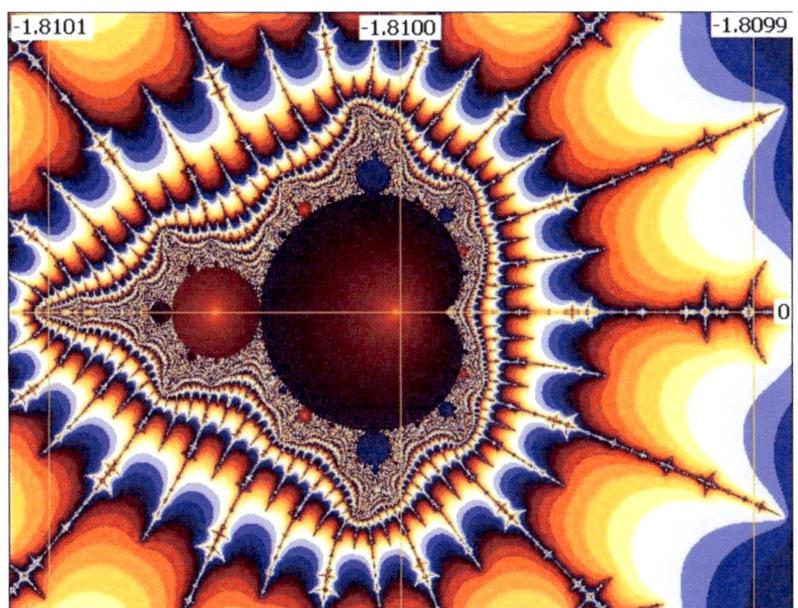

Abb. A13.9: Noch stärkeres Heranzoomen um C(-1.81, 0), Vergrößerung von Abb. A13.8. In allen geradzahligen Blitz-Kreuzungen sitzen weitere perfekte Fraktale

Bei den sogenannten Julia-Mengen (nach dem Mathematiker Gaston Julia), wird bei jedem Bildpunkt das Gleiche Z=Z^2+C gerechnet, aber mit einem festem C für das ganze Bild, während der Startwert von Z nicht bei (0, 0) beginnt, sondern beim Bildraster-Wert. Hier erkennt man, wie wichtig der Anfangswert für das Verhalten von Z ist, ansonsten wird jeder Punkt in jeder Iteration genauso gleich behandelt wie in der Mandelbrotmenge, wo C von Punkt zu Punkt leicht verschieden ist.

A13.4 Zusammenhang mit Chaos und Biologie

Was tun wir hier? Wir lassen zwar nur Zahlen im Computer springen, und auch Mandelbrots kaktusähnliche Muster wurden eine Weile als Programmier-Artefakte abgetan, aber wenn man in das Thema tiefer eintaucht, wird es immer unglaublicher. Ich untersuche mathematische Fraktale seit 1988, hauptsächlich im Hinblick auf ihre biologische Relevanz.
Die hier verwendeten reinen Zahlen stehen bei mir für normierte Ab-

sorptions-Energien. Intensitäten kann man rückkoppeln, das kennt man zum Beispiel, wenn ein Redner sein Mikrofon zu nahe an den Lautsprecher hält. Dann entsteht ein lauter Pfeifton, weil die Ton-Verstärkung wieder aufgenommen wird, dann nochmal verstärkt usw.. Das gleiche geht mit Kamera und Bildschirm, man kann damit das Bild wie im Spiegelkabinett vervielfachen (n-fach-Zyklus von Z beim mathematischen Fraktal) oder auch zerstören: weißes Bild (beim Fraktal: wie Divergenz nach Unendlich) oder schwarzes Bild (Konvergenz nach Null). Das Spiegelkabinett aus verwinkelten Spiegeln passt nicht ganz so gut als Beispiel, weil es energetisch keine zusätzliche Aufschaukelung gibt.

Das ständige Addieren von +C ist also in der Natur als nahezu konstanter Energie-Input vorhanden, aber es ist nicht so exakt konstant wie im Computerprogramm. Trotzdem passiert dasselbe: Verstärkung oder Auslöschung, manchmal zeitlich schwingend.
Auch der mathematische Vorgang „Addition der komplexen Größe C an eine Komplexe Größe f(Z) ist nichts anderes als Interferenz. Zwar eine sehr primitive Interferenz, denn die Natur ist nicht nur zweidimensional, aber die Analogie passt. Am fraktalen Muster der mathematischen Methode ist es gerade die periodische Auslöschung, die die (x,y)-Dynamik am Einzelpunkt in einem Bewegungsbereich „einsperrt". Das „Einsperren" kann man auch so ausdrücken: Das additive C kompensiert die Funktion von Z bei jeder Iteration oder nach einer festen Iterationszahl, so dass sich eine Wiederholung ergibt. Der Vorgang ist dann zwar keine sinusförmige Harmonie-Schwingung, hat aber einen regelmäßigen Takt. In diesem Sinne gehen Fraktale über unser Schwingungsverständnis für eine Einzelfrequenz hinaus. Die Einzelfrequenz beträfe beim Apfelmännchen nur den großen Apfelbauch. Genau dort eilt die Lösung auf einen Fixpunkt (der Frequenz) zu. Ansonsten ergeben sich in den kleineren „Knospen" bizarre verschachtelte Rhythmen, die wir z.B. beim Lautsprecher als Klirrtöne bezeichnen würden. Die von uns erfundene Technik (LC-Schwingkreis) nutzt nur einen verschwindend kleinen Bereich, im Gegensatz zu den nichtlinearen Rückkopplungen in der Natur.
Sogar die Herztöne eines gesunden Menschen brauchen im Hintergrund einen gewissen chaotischen Frequenz-Anteil. Schließlich soll das Blut in viele unterschiedlich große Gefäße hineingesaugt werden können.

Das Bildraster als räumliches und energetisches Koordinatensystem von Strukturen ist überall in der Natur zu finden: Auf einer kleinen Ebene etwa Atom für Atom, zum Beispiel als Festkörper in einem

Kristall. Auf einer größeren Ebene sind es die Moleküle einer chemischen Substanz, etwa die Bestandteile der DNS. Dann ist es auch die Schwingung der DNS als gewendelte Sende- und Empfangsantenne, in Resonanz zur überzeitlichen Ahnenkette. Oder wiederum, auf einer anderen Wirk-Ebene, die Zellkerne in einem Zellverband, die in Wechselwirkung mit dem biologischen Gewebe des Organs und des Gesamtkörpers stehen. Alle diese Ebenen sind in der Natur auch noch holografisch vernetzt, für unsere Computer die reinste Utopie.

Jeder Bildraster-Punkt schwingt, gibt Energie ab und seine Nachbarn können sie aufnehmen, und er selbst nimmt Energie in Form von Ton und Strahlung von anderen auf. Dann kommt es auf die Lage an, wo er sich befindet, z.B. im Organ am Rand oder im Zentrum. Es spielt auch eine Rolle, wie das Gewebe gewachsen ist, welche Zelle von welcher Zelle abstammt und noch immer bevorzugt von ihr energetisch und DNS-spezifisch versorgt wird. Sogar innerhalb einer Zelle behalten die Zentriolen als Mitosespindel eine nabelschnur-ähnliche „Energieschnur" pro Chromosom, die sich nur dann ins Sichtbare verstärkt, wenn es ans Zellteilen geht.

Die gleichfarbigen Inseln im mathematischen Fraktalbild könnten im Realen als benachbartes Umfeld mit einer „optimalen Energiegröße" C interpretiert werden. Noch weiter gesponnen, könnte es sich um die gleichartige Zellansammlung einer Gewebeart handeln, deren Zellkern-Sender sich gegenseitig ihre lebenserhaltende C-Insel als Rasterpunkte-Auswölbung liefern. Am Rand der Insel hört dann die Lebenserhaltung auf, das ist wie Erfrieren, Vertrocknen, Verbrennen. Im Falle einer Festkörper-Kristallisation nennt man das zur Kondensation gegenteilige Verhalten Schmelzen und Verdampfen. Hier im PC-Bild ist es die Trennlinie zwischen zyklischem Z-Verhalten und dem Chaos-Gebiet oder gar dem Divergenz-Gebiet.

A13.5 Spiegelungen eingeführt

Inzwischen bin ich dazu übergegangen, nicht nur $Z=x+iy$ zu verwenden, sondern auch $Z^*=x-iy$
(Z^* genannt konjugiert-komplexe Zahl), immer zusammen mit Z. Das Z^* ist wie eine Spiegelung an der Reellen Achse, also eine Gegenwelle bezüglich y. So ähnlich sind Skalarwellen definiert, nur etwas mehrdimensionaler, wenn x und y ihrerseits Schwingungen wären. Sie gehen entlang der y-Richtung longitudinal hin und zurück, wie ein „Stehender Blitz". Hier habe ich gerade Begriffe aus der Physik verwendet, die ebene Wellen als Komplexe Zahlen beschreibt, eine

zu starke Vereinfachung, denn es gibt nur Wirbel, und Wellen sind bestenfalls Teile von geschlossenen Wirbeln. Eine Komplexe Zahl als ebene Welle sieht nur die transversale Bewegung, das wäre ein stehender Wirbel in der Draufsicht, eine Projektion parallel zur Wirbelachse.

Wenn aber konjugiert-komplexe Zahlen verwendet werden, ist der Blick von der Seite auf den Wirbel gemeint, die x-Achse ist in diesem Sinne wieder die Projektion der transversalen Drehung und müsste ihrerseits 2-dimensional-komplex sein.

Sogar das stachelige Apfelmännchen wird plötzlich glatt, wenn man Z mal Z* statt Z mal Z rechnet und ähnelt dem Schnitt durch ein Auge, beim Koppelfaktor 0.5 „erscheint" sogar die Hornhaut. (Zwillingsverfahren im nächsten Abschnitt A13.6 erklärt). Mit der Gleichung Z = Z • Z* + C ergab sich:

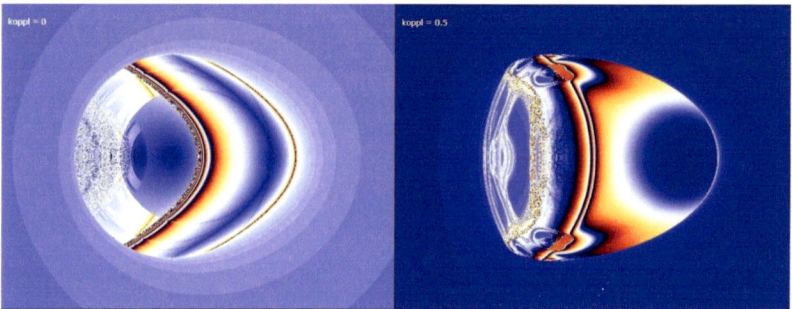

Abb. A13.10: Z = Z mal Z* plus C, rechts mit Zwillingsverfahren (siehe nächster Abschnitt) und Koppelfaktor 0.5

Hier als die folgende Abb. A13.11 schon mal die prinzipielle Rechenvorschrift für das Zwillingsverfahren (A13.6), wie es unten für das **Schädelfraktal** benutzt wurde, wo Z mit Z* potenziert wird,
während es beim **Auge** (Abb. A13.10 und A13.12 oben) nur eine Multiplikation ist, allerdings nicht mit Bild-festem, sondern mit Punktfestem C (alles genau wie die Mandelbrotmenge, nur mit einem Minus vor dem y des zweiten Z-Faktors).

*Tabelle als **Abb. A13.11**: Prinzipielle Rechenvorschrift für das Zwillingsverfahren in den Farben Rot (Gleichung 1) und Blau (Gleichung 2) mit Koppelfaktor ±A in Schwarz, hier speziell für das Schädelfraktal. Das Schädelfraktal ist wie eine Julia-Menge und hat im ganzen Bild das konstante Cx = -1 und Cy=0 . Begonnen wird am Bildpunkt mit Z=Rastergröße.*

$$Z = Z_x + i\,Z_y$$
$$Z^* = Z_x - i\,Z_y$$
$$C = -1 + i \cdot 0$$
$$Z_{n+1} = Z_n^{Z_n^*} + C - \mathbf{A} \cdot Z_n$$

$$Z = Z_x + i\,Z_y$$
$$Z^* = Z_x - i\,Z_y$$
$$C = -1 + i \cdot 0$$
$$Z_{n+1} = Z_n^{Z_n^*} + C + \mathbf{A} \cdot Z_n$$

Zurück zu Auge und Apfelmännchen: In Abb. A13.12 sind beide Apfelmännchen-Versionen oben Z=Z•Z*+C und unten Z=Z•Z+C hälftig zum Vergleichen als Bild-Montage gezeigt:

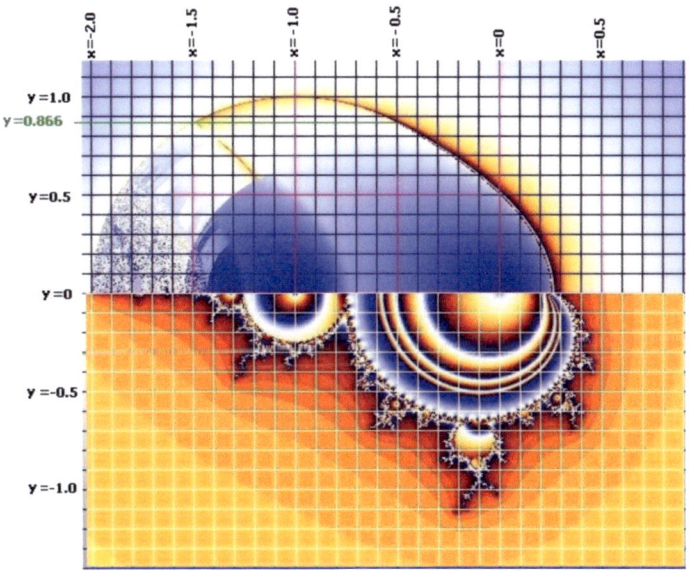

Abb. A13.12: Unten Apfelmännchen nach Mandelbrot, oben wurde im zweiten Z-Faktor das Vorzeichen vor iy getauscht. Das ist nur eine an der x-Achse gespiegelte Zahl, genannt Z=x-iy , bei Mathematikern genannt **Konjugiert Komplex** zu Z=x+iy.*

Ist es nicht erstaunlich, was ein einziges Minuszeichen auslösen kann?

A13.6 Zwillingsverfahren

Um einem mathematischen Bildpixel die unnatürliche Schärfe zu nehmen, habe ich ca.1989 angefangen, im mathematischen Fraktal die Energie-Austauschgröße C „aufzuweichen".
Seitdem benutze ich das Zwillingsverfahren (siehe Abb. A13.11). Dabei wird am Bildpunkt die Rückkopplung parallel zweimal gerechnet. Nach jedem einzelnen Schleifendurchgang bekommt das C von Zwilling1 (Z1) eine kleine Korrektur nach oben, das von Zwilling2 (Z2) meistens nach unten. Die Korrektur berechnet sich aus A•Z, jeweils über Kreuz genommen vom anderen Zwilling. Die Koppel-Größe A ist normalerweise sehr klein, von 0.0001 bis 0.5 und bei Zwilling1 wird A•Z2 addiert, während bei Zwilling2 der Wert A•Z1 abgezogen wird. Das ist wie ein ständiger Energiefluss von Zwilling2 zu Zwilling1. Der Zwilling1 entspricht in diesem Fall die Tochterzelle von Zwilling2.

A13.7 Filme in die Werkstatt Gottes

Jetzt kann man Fraktal-Filme machen, indem der Koppelfaktor A langsam anwächst oder absinkt, Bild für Bild. Genau die Stellen im Film, wo sich Formen aus der Natur zeigen, markieren Koppelfaktoren, die in biologischen Lebensformen vorherrschen. Sie können in der Natur sogar wechseln: Wenn eine Made fett genug wird, reicht ihr Koppel-A für eine andere Fraktal-Insel: Sie schirmt sich ab und formt sich zum Schmetterling um. Die DNA-Struktur ist vermutlich anschließend auch verändert.
In höheren Welten reicht der innere Wunsch aus, um per Bewusstsein den Koppelfaktor und damit die DNA und die Kern-Erscheinungsform zu ändern. Es sind vorher und nachher die gleichen Wirbel, mit demselben Bewusstseinskern, nur mit anderer fraktaler Ladungs-Anordnung.

Zum Video „Landung der Engel" im Youtube-Kanal FractalScaling:

Im Vierpol-Gleichungs-Fraktal $Z=(Z+C)/(1+C \cdot Z^3)$ bewegen sich von $A=0$ bis $A=0.34$ drei Inseln auf den Hauptkörper zu und landen bei ca. $A=0.35$. Zwei der „inkarnierenden" Inseln sehen wie Engel aus (Vergrößerung in Bild 3). Der Schmetterling entsteht, wenn A größer Eins wird. Der Stern ist dann gar nicht mehr zu erkennen, eine tatsächliche Metamorphose.
(Mehr darüber zu lesen bei vitaloop.de/zwillingsFraktale.htm)

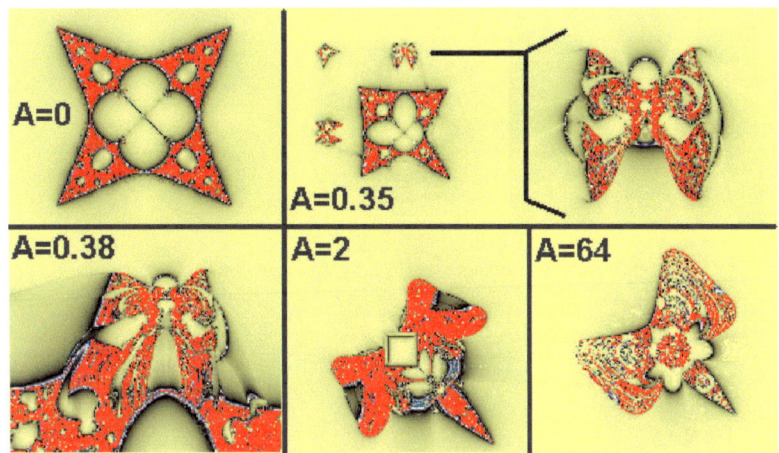

Abb. A13.13: $Z=(Z+C)/(1+C \cdot Z^3)$ *Durch das C und der zugehörigen Verkopplung unter dem Bruchstrich sind die Inseln bei A=0 unendlich weit entfernt und unendlich klein.*

Im nächsten Bild wurde $Z=Z^{(Z*)}-1$ gerechnet, fast alle Z landen im negativen x-Bereich. Hier zwischendurch pro Iteration eine Mittelung.

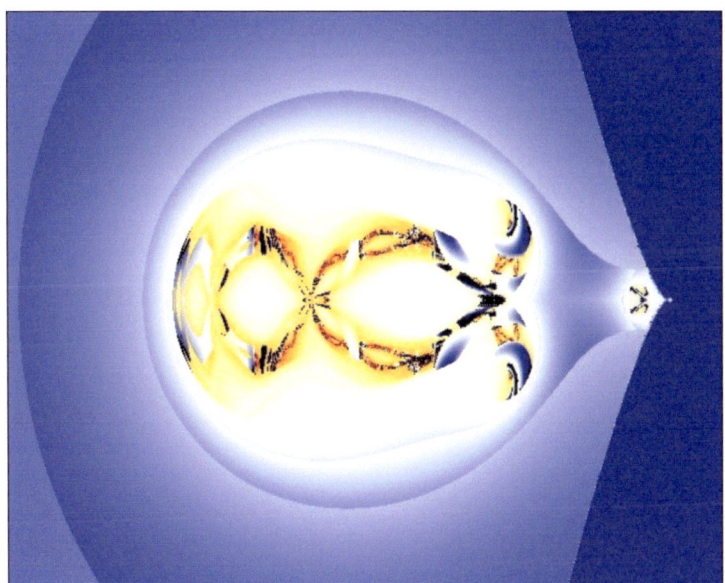

Abb. A13.14: Fraktal $Z=Z^{(Z*)}-1$ mit Bildhöhe von etwa 2000, Koordinatenursprung im kleinen Punkt ganz rechts; mehr: torkado.de/vorschau/mittelZwilling.htm

Davon wieder Bildausschnitt rechts auf waagerechter Mittellinie y=0:

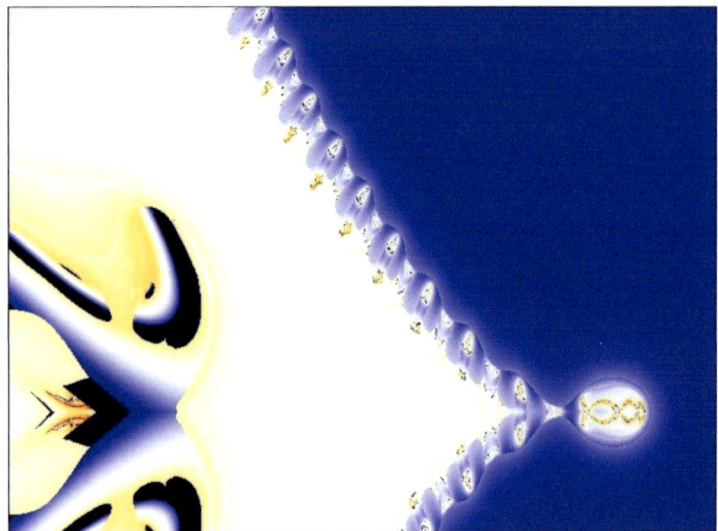

Abb. A13.15: Vergrößerter Bildausschnitt vom kleinen Punkt ganz rechts in A13.14

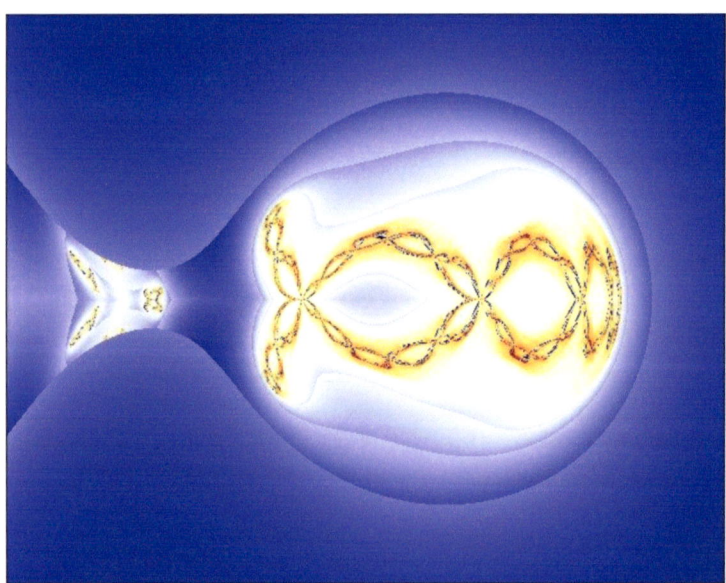

Abb. A13.16: Weiterer Zoom: Bildausschnitt vom Koordinatenursprung:

Das Bild sieht sehr harmonisch aus, aber es ist eine Farbkodierung, die nicht alles zeigt. Das nächste Bild ist anders farbkodiert und ohne Mittelung gerechnet, und die genau Position des Gitters ist hier eingetragen:

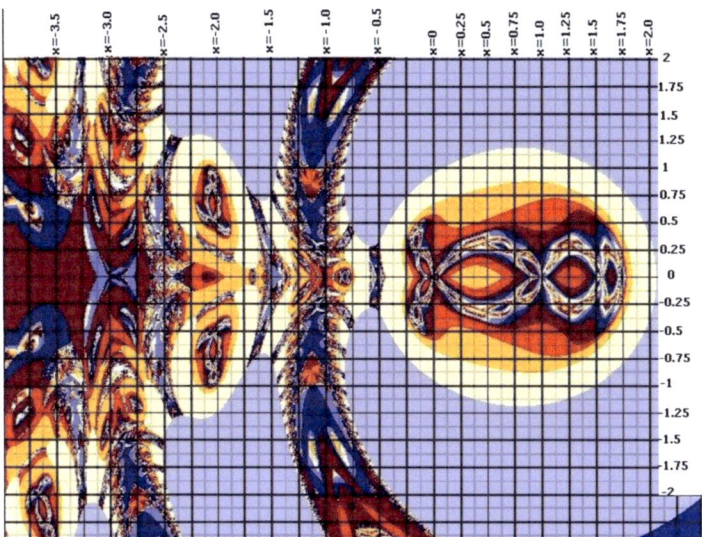

Abb. 13.17: Wieder das gleiche Motiv wie Abb. 13.16, hier mit Bildrasterangaben: waagerecht ist x, senkrecht y

Was bringen konjugiert-komplexe Verknüpfungen in Verbindung mit dem Zwillingsverfahren? Ein neues Universum mit Blumen, Kaulquappen, Schmetterlingen, Spinnentieren, sogar ein Schädel mit Knochen und passender Hirnstruktur, Nasen- und zwei Ohrenöffnungen, zwei Augäpfeln mit katzenähnlichen Pupillen ...

Die Vielfalt hält Einzug. Strukturen, die bis Unendlich reichten (wie auch Abb.13.3, Bild1 mit dem numerischen Newtonverfahren), bekommen eine begrenzte Größe (Bilder 2 bis 4 in Abb.13.3), wenn man Störungen einbaut, exakt wiederkehrende Fehler im schnellsten Rechenweg. Die Fehler sind wie Abschirmwände zum Ziel, zur Lösung hin. Sie sind dasselbe wie Gene.

Die Abbildungen 13.18 und 13.19 sind die gleiche Rechnung pro Punkt wie obige Abb. 13.17, und nach ähnlichem Schema farbkodiert, anders als Abb. 13.14 bis 13.16 . Hier ist der Ausschnitt von Abb. 13.17 und 13.16 nur wenige Pixel groß, ganz rechts am Ende der „Nasenspitze" gelegen, und eigentlich gar nicht mehr sichtbar, wenn nicht in Abb. 13.18 zusätzlich in den braunen Bereich als Zoombild eingeblendet (Montage).

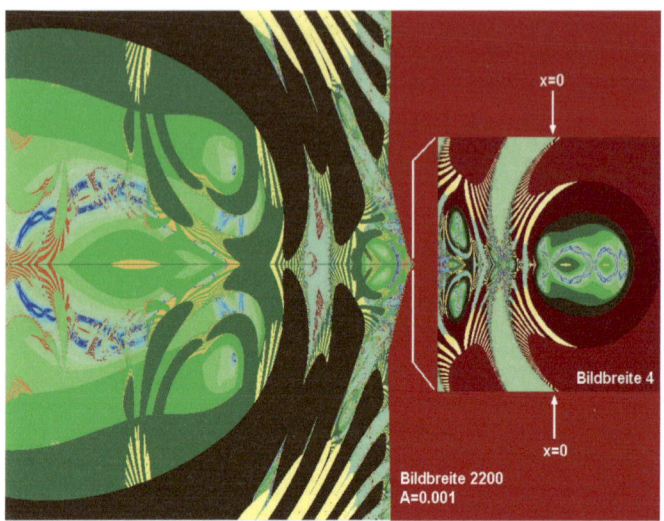

Abb. A13.18: Das Große Fraktal links liegt fast nur im Negativen x-Bereich. Hier zusammen montiert mit dem Nahbild (rechts) um den Koordinatenursprung. Die genaue Lage der y-Achse (x=0) sieht man besser in Abb. 13.17 . Hier hat der Koppelfaktor die Größe A=0.001. Bei A=0.0001 ist der „Schädel" 10 mal so groß, aber sieht nach Rückskalierung genauso aus wie hier. Ohne das Zwillingsverfahren (bei A=0) ist er im Unendlichen (als unendlich groß) verschwunden, aber das „Chakren-Gate" am Nullpunkt (vor der Nasenspitze) bleibt trotzdem wie es ist.
Auf Youtube findet man bei FractalScaling dazu den kurzen Film „Schädel oder Spinne?" (youtube.com/watch?v=BlQdJ5ejZx0)

In Abb. 13.19 steht das Schädel-Bild allein, in maximal möglicher Größe fürs Buch. Dass der Rest des „Gotteskörpers" (denn er braucht KEINE GENE) noch nicht berechnet wurde, liegt am zu primitiven Komplexen Zahlensystem, das auf einfache ebene Wellen ausgelegt ist. Und zu mir kam bisher erstaunlich wenig Eigenmotivation, das zu ändern. Die Tragweite des Ganzen zu erfassen, es einzuordnen in ein kommunizierbares Weltbild, verbrauchte seit sieben Jahren meine begrenzte Freizeit. Neuartige hyperkomplexe Ansätze versuchte ich schon 1996 /bc/, aber es kamen eher monsterhafte Welten heraus.

A13.8 Ein- und Ausblick in reale unendliche Welten

Nur die Tatsache, dass es Gene gibt, die zusätzliche Information beinhalten, sorgt für die Artenvielfalt. Die körperlichen Gene tragen keine Information für den ursprünglichen nicht-körperlichen Wirbel-Aufbau, sie bilden Zwischenebenen zum Grund-Raster, um den Aufbau abzuwandeln, eigentlich zu stören, sie bilden Abschirmwände. Auch feinstoffliche Körper sind Körper und werden vermutlich Gene haben. Der Mensch ist eine Abwandlung der Gottesform, ein Affe ist es auch, nur leicht anders, Hund und Katze ebenso, während ein Wurm oder ein Baum eine stark abgewandelte Gottesform ist. Ein Wurm besitzt deshalb mehr Gene als ein Mensch. Während die Larve sich verpuppt und ihr Inneres auflöst, verliert sie Gene. Anschließend hat sie Kopf, Augen, Beine und Flügel. Auch uns geht es jetzt so. Das Licht des Photonenrings kommt wie Feenstaub daher, verdampft in uns ein paar überflüssige Gene. Wir nähern uns wieder Gott.

Kurz zurück zur trockenen Theorie, die die Welten-Iterationen immer besser nachweisen könnte, aber niemals einholen. Wie mehr vom ganzen Körper „iterieren"?

Als Nächstes müssten Komplexe Zahlen so kombiniert werden, dass sie die Anordnung der Haupt-Chakren nachbilden. Diese wiederum sind als Wirbel so angeordnet, dass sie einen organischen Kohlenstoffkristall darstellen (Kernladungszahl 6; Ein Wirbel senkrecht, fünf Wirbel waagerecht), der Stoff aus dem wir hauptsächlich bestehen.

Die Gleichung für den Schädel ist extremst einfach, und sie ähnelt stark einer Iteration zum Goldenen Schnitt $x = x^{(-1)} - 1$ mit dem Ergebnis $x = -1.6180334..$. Möglicherweise steht sie für stabile holografische Wirbel überhaupt, oder wir sind eine exotische Sonder-Rasse, die am Goldenen Schnitt klebt und dadurch das Gruppenbewusstsein verfehlt. Nur: Die Tiere HABEN offenbar das Gruppenbewusstsein (zumindest ist eine völlig andere Aura-Form erkennbar), aber sie haben auch solche Schädel wie wir und das Schädelfraktal, die nichtrunden Katzenpupillen weisen darauf hin.

Ist der Goldene Schnitt ein Wirbelbildungs-Phänomen, müsste die körperlich-humanoid aufgebaute Lebensform, und auch sehr viele Tierkörper fallen darunter, einschließlich Delphine, sogar bis hin zur Spinne, einen mathematischen Hintergrund haben, ein von selbst wiederkehrendes Rückkopplungs-Extrem. Unser Kopf oder Herz passt nicht nur auf eine Superresonanz vom Uratom, genau wie DNS, Zellkern und Planet (siehe A4). Es könnte auch umgekehrt sein: Wir alle, vom Uratom der Nirvanawelt oder Gotteswelt (siehe A3) bis zum metagalaktischen Riesenwesen - manche empfangen schon seine Gedanken - , dessen Blutkörperchen wir Galaxis oder Metagalaxis nennen, erzeugen zusammen die Eigenschaften angeblich abstrakter Zahlen, weil sie im Realen weder eindimensional noch zweidimensional sind und schon gar nicht abstrakt. Wir alle sind Klang- und Resonanzkörper für und von vielen Skalengrößen. Unser mathematisch-geprägtes Denken kann nur einen verschwindenden Bruchteil davon als Schatten erfassen, ohne die wirklichen Zusammenhänge mit der Welt im Ganzen zu erahnen. Und doch ist die Welt die reale Vorlage unserer mathematischen Spiele. Der uns bekannte Goldene Schnitt ist lächerlich unterdimensioniert gegen andere, damit verwandte Konvergenzen, deren Wieder-Erkennen uns hoffentlich bald „Erleuchten" wird.

A13.9 Hat es Sinn, den Menschen zu berechnen?

Wie zeigt sich im Leben so etwas wie $Z = f(Z) + C$?
Die Zahlen sind in Wirklichkeit Größenverhältnisse von Wirbeln oder Rhythmen in der Zeit. Denn die Größen von Wirbeln sind allein schon räumlich rotierende Strömungen und sie pulsieren zusätzlich. Sie produzieren Zeit.

Ohne Pulsation kein Pumpen, kein Herzschlag, keine Atmung, keine Aufrechterhaltung von Ordnung mitten im turbulenten Sein.
Wenn die Pulsation fehlt, dann gibt es auch keine selbstähnlichen Kopien, die kommen vom Ausstrahlen des eigenen Tons, der in der klingenden eigenen Form entsteht. Die kausale Verknüpfung der Kopier-Reihenfolge ist auch ein bleibender Fluss und entspricht dem Zwillingsverfahren: Ein System koppelt einerseits auf sich selbst zurück, Herzschlag für Herzschlag, Atemzug für Atemzug, Nachtschlaf für Nachtschlaf, und gleichzeitig koppeln ähnliche Nachbarsysteme ein, aber untergeordnet, sonst kommt es zu Verfall und zu Zerfall.

Der eigene Körper und die eigene Psyche brauchen eigene vier Wände (die Insekten sechs?), brauchen Rückzug bei Erschöpfung und Ruhe in der Nacht, einen sicheren Platz zum täglichen Schlaf, und sei es ein Zeltlager. Körper, Wohnung und Haus ist $f(Z)$. Atemluft, Wasser und Nahrung sind die zweite Bedingung (ein angemessenes $+ C$) . Freude, Freundschaft, Anerkennung die Dritte (andere Komponenten/Dimensionen von C), zu empfangen in unterschiedlichen Chakren.
Die Eltern sind für ein Kind wie eine Wohnung, sie bedeuten Schutz und Sicherheit und Quelle der Kraft (Ordnung im existenziellen Sinn). Wer in jungen Jahren seine Eltern verliert oder verlassen muss oder ein sehr schlechtes Verhältnis zu ihnen hat und keine Ersatzbindung findet, fühlt sich sehr unsicher und verloren, wächst oh-

ne Wurzeln auf. Rücksichtslosigkeit und Gewaltbereitschaft kann die Folge sein. Ein reger herzlicher Fernkontakt kann das noch verhindern.
Auch Tiere im Wald suchen Schutz, graben Höhlen im Boden oder im Baum. Höhlen jeder Art werden benutzt.
Das Haus und die Nahrung sind verschiedene Teile der Gleichung. Das sind die gegenseitig löschenden Interferenzen, die den Pegel wieder herunter- oder heraufholen, wenn er abgedriftet war.

Die Zimmer sind Vergrößerungen unseres Körpers (und ideal: Verkleinerungen unseres Planeten) und spielen eine ähnliche Rolle wie das Gehäuse im Apfel für den Kern. Sie schirmen ab, sind eine Schallkapsel. Sie sorgen für die Aufrechterhaltung der inneren Ordnung.
Körper, Haus und Planet sind schon mal drei verschachtelte „Kühltüten", die uns vor dem heißen Chaos des ungeordneten Koilon schützen.

Ich möchte hiermit auf die Rückkopplungen im Leben hinweisen, unser Denken dafür sensibilisieren. Eine wirbelstabilisierende Rückkopplung $Z = f(Z) + C$ ist kein unsinniges Zahlenspielchen. Sie ermöglicht zyklische Lösungen auf vielen Ebenen: z.B. Herzschlag pro Minute oder Schlafstunden pro Nacht, und Nächte pro Jahr. Was würde aus uns mit einem 20-Stunden-Tag oder mit einem 30-Stunden-Tag?

Warum lernen wir in der Schule, dass eine Gleichung nur eine oder keine praktische Lösung zu haben hat? Der Bereich „Fixpunktlösung" (einziges Ergebnis) ist verschwindend klein in einer nichtlinear schwingenden, holografisch aufgebauten Welt. Wir lernen das Falsche.

Hat es Sinn, den Menschen zu berechnen? Ich denke nein, weil es nicht möglich ist, denn Modelle sind nie perfekt. Wir kennen das vom Wetter, allein die Zahl der resonant einfließenden Dimensionen ist unbekannt.

Aber wenn wir Rückkopplungen allgemein besser verstehen, kann es hilfreich sein, uns selber besser zu verstehen und bisherige Fehler zu vermeiden. Die neuen Fehler werden auch irgendwann erkannt.

Abb. A13.19: Schädel-Fraktal $Z=Z^{\wedge}(Z^*)-1$ genau wie Abb. 13.14, nur andere Farbkodierung, die Bildhöhe ist hier $h(y)=2200$

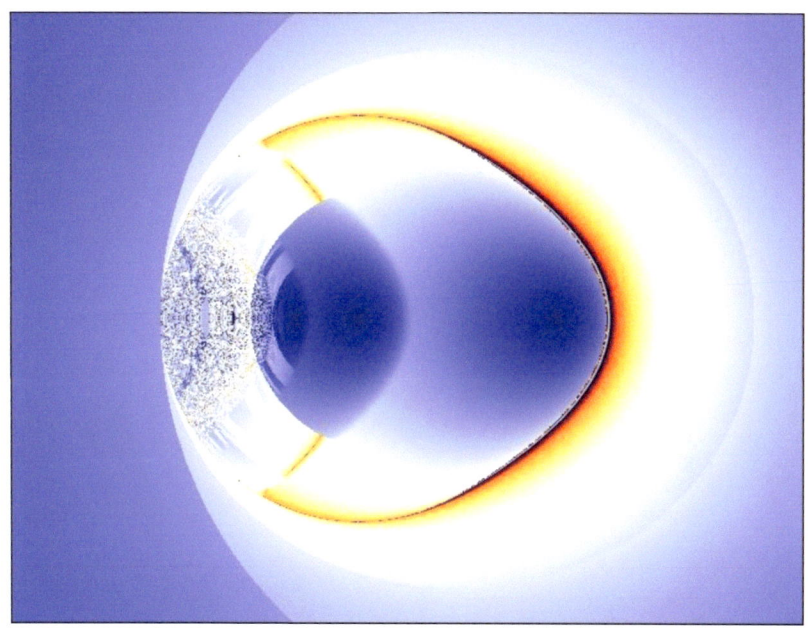

Abb. A13.20: Auch mit dem Programm UltraFractal gerechnetes Bild AUGE wie Abb. A13.10 links und 13.12 oben: Analog wie Apfelmännchen mit Z mal Z* plus C statt Z mal Z plus C. In Z* steht ein Minuszeichen vor der y-Komponente. Dadurch wird der Imaginärteil des Produktes Null.

Als Nächstes abgebildet:

Das **Rückseitenbild**. Ich nenne es „Ursprung". Inzwischen auch „Kosmische Birne" getauft (von Robert Yoe):

Abb. A13.21 (nächste Seite): Ähnlich hergestellt wie Abb. 13.16, in leicht anderer Farbkodierung und um 90 Grad gedreht (positive x-Achse nach oben), ebenso hergestellt mit dem Programm UltraFractal. In Abb. 13.17 hat man Koordinatenangaben und kann erkennen, dass der Nullpunkt genau im unteren Schleifen-Kreuz liegt, genau dort geht hier waagerecht die y-Achse durch. Das nächste große Schleifenkreuz liegt bei x = 1, das übernächste bei x=1.5, dann 1.75 usw.. Der Schädel selbst (mit Augen und Ohren) liegt außerhalb, bei x=-1000, weit unter dem Bild. Das Bild „Ursprung" ist dort nur ein Punkt und liegt in Augenhöhe vor der Nasenspitze: Wie ein „Portal" vor dem Dritten Auge. Ich nehme an, jedes Chakra hat ein solches Portal.

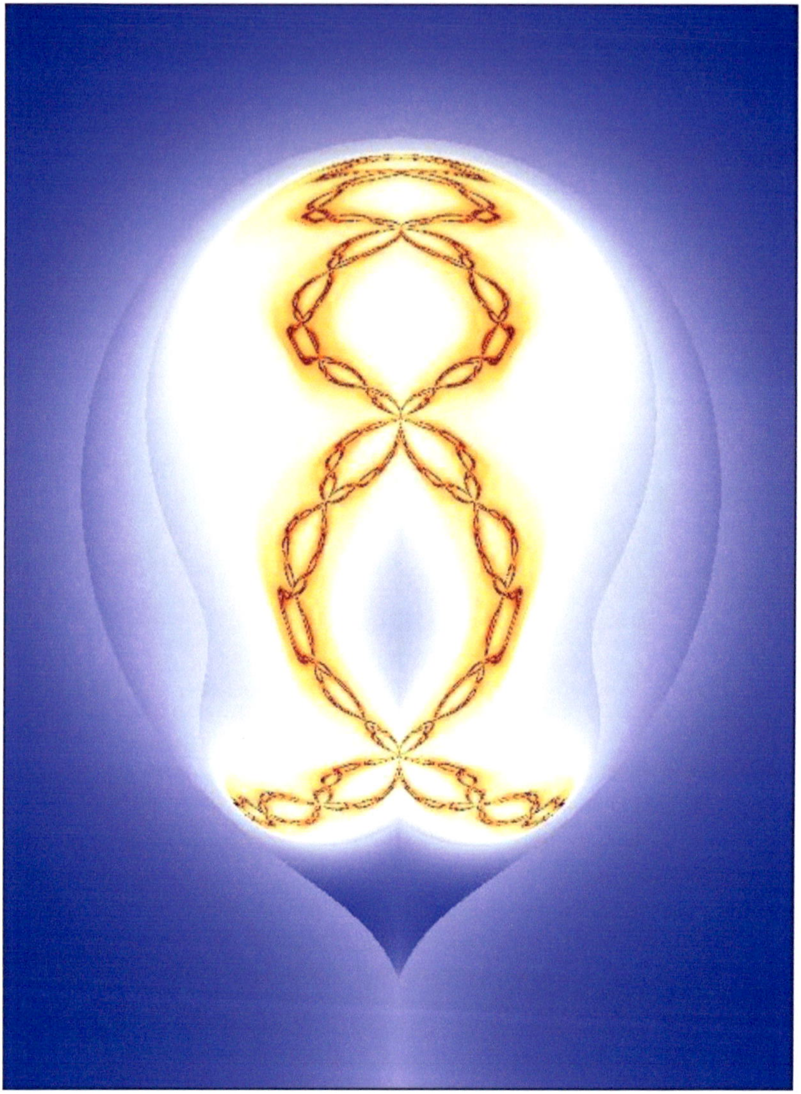

Buch-Rückseite

Abb.13.22: Dieses Bild ist ein Detail aus Abb.13.3, entstanden aus den Einzugbereichen einer hyperkomplexen Wurzel aus 1: sqrt(1) mit dem Newtonverfahren und zeigt trotzdem an manchen Stellen Spiralen, in denen Apfelmännchen sitzen.

Abb. 13.23 Foto eines Farns

Abb.13.24: Eine quasi-Julia-Menge, aber Programm und Punkt C entnommen aus dem Schmetterling Abb.13.13. Bild online in Groß auf www.vitaloop.de/Riesen.htm Filme auf Youtube bei FractalScaling oder mit mehr Bildschärfe, aber ohne Musik: http://www.vitaloop.de/download.htm

A14 Anhang

A14.1 Programmcodes und Links zu weiteren Programmen
(neu 2024: **https://t.me/alleslebt/214** und weitere Links dort)

Zu Abb.13.20 „AUGE" (koppl=0):

Hier wird kein Bild gerechnet, sondern nur an jeweils einem einzigen Punkt das Iterationsverhalten verfolgt und eine Zahlenkette ausgegeben:
torkado.de/progs/scripte/UFractal/FractalSearchAuge.htm
Zoomen: http://www.viva-vortex.de/JavaScript/AugeK8.htm

Da kann man die Bildposition selber wählen und die Iteration an diesem Punkt verfolgen, auch einen Koppelfaktor wählen (allerdings ist dort das vorgerechnete Bild auf Koppelfaktor 0 oder 0.5 bezogen). Mit Rechtsklick finden Sie im Quellcode das benutzte Programm. Oder gleich hier der **Auge-Code (mit Zwillingsverfahren):**

```
x1 = 0.0; y1 = 0.0; x2 = 0.0; y2 = 0.0;
for (i=1; i<=imax; i++)
{    x1n = x1*x1 + y1*y1 + Cx + koppl*x2;
     y1n = Cy + koppl*y2;
     x2n = x2*x2 + y2*y2 + Cx - koppl*x1;
     y2n = Cy - koppl*y1;
  x1 = x1n; y1 = y1n; x2 = x2n; y2 = y2n;
}
```

Mandelbrotmenge (Apfelmännchen, hier mit Zwillingsverfahren):

Hier das gleiche Punktverfolgungs-Script für das normale Apfelmännchen (Mandelbrotmenge plus Zwillingsverfahren):
torkado.de/progs/scripte/UFractal/FractalSearchApfelm.htm
Zoomen: http://www.viva-vortex.de/JavaScript/APK8.htm

gegenüber AUGE ist auszutauschen:

```
x1n = x1*x1 - y1*y1 + Cx + koppl*x2;
y1n = 2.0*x1*y1 + Cy + koppl*y2;
x2n = x2*x2 - y2*y2 + Cx - koppl*x1;
y2n = 2.0*x2*y2 + Cy - koppl*y1;
```

Zu Abb.13.21: Schädelfraktal (mit Zwillingsverfahren):

Hier die Punkteverfolgung für das Schädelfraktal (leider sehr schnelle Zahlen-Überläufe):
torkado.de/progs/scripte/UFractal/FractalSearchSpinne.htm
Zoomen: http://www.viva-vortex.de/JavaScript/SchaedelK8.htm

Ein Programmierer wird sich aus folgendem Programmstück leicht selber das Bildberechnungsprogramm erstellen können, wenn er nicht direkt in Komplexen Zahlen potenziert (was in UltraFractal möglich ist), da ist nur Z^Z* + C hinzuschreiben. Hier meine Variante der leider etwas komlizierteren x-y-Komponenten-Schreibweise mit Zwillingsverfahren :
Px und Py werden vorher mit dem Bildraster-Punkt als Startwert belegt.

```
x = Px; y = Py;
p = x; t = y;
Cx = -1.0; Cy = 0.0;
for (i=1; i<=imax; i++)
{
 xs = x;
 ys = y;
 r = Math.sqrt(x*x+y*y);
 f = -Math.atan2(y,x);
 rneu = Math.pow(r,x) * Math.exp(-f*y);
 fneu = f*x + y * Math.log(r);
 xneu = rneu * Math.cos(fneu);
 yneu = rneu * Math.sin(fneu);
 x = xneu + Cx + koppl*p;
 y = yneu + Cy + koppl*t;

 rpt = Math.sqrt(p*p+t*t);
 fpt = -Math.atan2(t,p);
 rptneu = rpt^p * Math.exp(-fpt*t);
 fptneu = fpt*p + t * Math.log(rpt);
 pneu = rptneu * Math.cos(fptneu);
 tneu = rptneu * Math.sin(fptneu);
 p = pneu + Cx - koppl*xs;
 t = tneu + Cy - koppl*ys;
}
```

Die wichtigsten Teile meines BlitzMax-Programms von vitaloop.de, mit denen die Fraktal-Filme gerechnet wurden, finden Sie hier:

torkado.de/progs/scripte/vitaloop/A13Formeln.pdf

Das gesamte Fraktalfilme-Programm von vitaloop.de als Quelltext auf Anfrage bei info@viva-vortex.de .

A14.2 Kommentiertes

Hier stellvertretend aus
freigeist-forum-tuebingen.de/2015/01/der-torus-wie-du-dein-eigenes.html
kann man im Internet auf alternativwissenschaftlichen Seiten folgende Art von Formulierung finden:

„Alle Materie wird durch Informationsfelder IN FORM gebracht. Informationsfelder nennt man auch Torsionsfelder, Torsion = Drehung. Torsionsfelder werden ohne Energiezufuhr erzeugt und wirken instantan holographisch. Das bedeutet in einem holographischen Umfeld (unser Universum ist ein einziges holographisches System) sind alle Informationen unmittelbar überall hinterlegt und bedürfen keiner Übertragungswege, Kanäle oder Frequenzen.
Wir haben es hier also NICHT mit Energien zu tun, sondern mit Informationen.
Daher kann man diese Hologramme auch nicht energetisch messen, oder analysieren!"

Was hier steht, ist nicht direkt falsch. Es ist überwiegend sogar erfreulich richtig. Aber WARUM begnügt man sich mit Halbwahrheiten und benutzt das Rätselwort „Torsionsfeld" statt den vollständigen Begriff „Wirbel"?
Ein drehendes Feld ist noch lange kein Wirbel. Ein drehendes Feld ist überhaupt nichts Reelles. Man müsste es künstlich unter großem Energieaufwand erzeugen, und es würde nur dann auch ohne ständigen Input weiterbestehen, wenn es zufällig aus Quantengrößen besteht, die einen stabilen natürlichen Wirbel erlauben. Wovon aber oben die Rede ist, sind natürliche, also LEBENDIGE Torsionsfelder, und damit können sie nur WIRBEL sein: ausgerichtet im passenden Quellenfeld, das sie „ernährt". Die Dichtigkeit und Schwingfrequenz der „Nahrung" bestimmt die absolute Strukturgröße des Wirbels.

Wird er in eine andere, aber nutzbare Ernährungsströmung gebracht, muss er augenblicklich schrumpfen oder wachsen, ohne sein Aussehen zu verlieren. Er wird es selber nicht bemerken, weil alle seine Bestandteile und benutzten Maßstäbe mitschrumpfen oder mitwachsen, sofern sie aus denselben Subwirbeln, etwa chemischen Stoffen bzw. letztendlich Uratomen, bestehen.

Was den zweiten Absatz betrifft, beginnend mit „Wir haben es hier also NICHT...", da muss ich widersprechen. Hier ist wahrscheinlich gemeint, dass man diese Art von Energie nicht nachweisen kann, weil sie sich auf ein feinstofflicheres Medium bezieht. Aber Information kann immer nur als kodierte Varianz irgendwo aufgeprägt sein, auf einen strömenden Stoff. Energieflüsse in der Astralwelt oder Mentalwelt und höher, stehen den physischen Energien in nichts nach, ihre Träger sind auch ebenso massebehaftet, um viele Größenordnungen kleiner natürlich. Wir sind nur nicht in der Lage, sie mit physischen Geräten technisch nachzuweisen.

Das ist auch nicht nötig, wenn es biologisch-körperliche Schnittstellen dafür gibt, vom Bewusstsein des Beobachters nutzbar. Um rein subjektive Wahrnehmung auszuschließen, müssten genug Beobachter das gleiche Objekt betrachten und unabhängig berichten. Ob telepathische Verbindungen ausgeschlossen werden können, auch zu dritten Wesenheiten, ist eine andere Frage.

A14.3 Fragen und Antworten

Frage A14.3.1: In der Kosmologie spricht man vom Urknall und der Expansion des Universums, die in einem totalen Stillstand enden wird. Was können die Wirbel dagegen tun?

Die Sache mit der zwangsweisen Entropie und auch die Idee vom Urknall sind triviale Irrtümer. Da haben die Pessimisten vergessen, das Lebendige einzuplanen. Das Gegenteil von Entropie ist in der Natur eher die Regel: Negentropie, das ist wachsende Ordnung. Nicht nur wir leben, das ganze Weltall lebt, sogar auf Mikro- und Makro-Ebene gleichzeitig, wir nur mittendrin. Ab und zu wird mal etwas Ordnung wieder abgebaut, damit neue Ereignisse stattfinden können, was aber kein Grund für einen Urknall-Anfang oder einen Entropie-Tod sein kann. Es ist ein Pulsieren, ohne große Extreme. Wirbel stellen Ordnung her, sie trennen Lauwarmes zu Kalt und Heiß (Wirbelrohr), können sich gegenseitig in Gang halten, weil sie aufgrund einer hierarchischen Verschachtelung nicht so leicht zerfließen können. Man muss auch wissen: Alles was ist, muss geordnet strömen (sonst-ist-es-nicht; wie ein Magnetfeld im Spulenkern auf den Strom in der Spule angewiesen ist), und besteht aus kleinen blasenförmigen Hohlräumen, die einem Sog folgen im unbeweglich-körnigen Hintergrund (Koilon), der automatisch Druck und Zusammenhalt ausübt. Sog (senkrecht zur größten Geschwindigkeit – für die benachbarte Hierarchie) – entsteht von selber, wenn sich Chaos zu Ordnung (Strömung) verwandelt.

Frage A14.3.2: Also für Dich wird der Wirbelkern von außen leergepumpt. Für mich zieht durch ihn die allumfassende Einheit alles in die wirbelnde Existenz...

Das Leerpumpen ist eine andere Skalengröße.
Beispiel: Wirbelnde Tennisbälle saugen sich im Wirbelzentrum einen Platz frei, wo dann keine Tennisbälle mehr drin sind. Dafür dürfen dort klitzekleine Bälle durchfliegen (drin bleiben sie auch nicht), die zieht der Sog rein, und die wirbelnden Tennisbälle können es nicht verhindern, auch wenn sie schneller und schneller wirbeln. Sie haben nur Einfluss auf „Ihre Sorte" von Bällen. Ihre Pumpe ist quasi zu undicht für die kleineren Bälle.

Weil die kleineren im Kern weiter Innen sind, werden sie in ihrem eigenen Wirbel (durch die Inversion 1/r im Pol) nach weiter außen herausgeschleudert, ihre Aura (Wirbelhülle) ist weiter außen, aber auch weiter innen, und überall zwischen den Tennisbällen. Die Großen sind in die Kleinen eingebettet.

Und zwischen den Sandkornbällen sind auch noch kleinere (Luftmoleküle?) und die haben noch eine größere Aura und kleben trotzdem an (und vor allem IN) den Tennisbällen. Leere gibt es nirgends. Nur verschieden dichte Medien. Denn es gibt nur Hohlräume, die sich in Spiralen bewegen. Das Koilon (der wirkliche Hintergrund) ist wie ein 3D-Teppich, fest am Platz, nur zu kleiner Nickbewegung fähig, um die Wellen verschiedener Frequenz und Dichte durchzulassen.

Frage A14.3.3: Die Masse im jeweiligen Zentrum bedingt doch den Wirbel in der Raumzeit und nicht umgekehrt, oder?

Neiiin. DOCH umgekehrt! Nochmal (für neue Leser): Nur der Wirbel existiert, die Bewegung. Im Inneren entsteht Sog = Masse (Sonnenmasse, Kernmasse), sie ist eine FOLGE der Wirbelbewegung! Das wirbelnde Medium besteht, vom Nahen gesehen, aus Mini-Blasen (in vielen Hierarchien), die wie „Luftblasen im Wasser" hindurch tauchen durch einen unbeweglichen Urgrund (Koilon). Jede Mini-Blase (bis auf die allererste Ebene - die braucht uns nicht zu interessieren, unendlich zu hochfrequent) - ist auch ein Torkado-Wirbel.

Der Wirbel kann sogar (vorübergehend) ohne Masse existieren, dann ist er nur aus der Fokussion (undichter Kern, Sog verschwunden). Anastasia (Megre /ma/) konnte sich so als masseloser Wirbel teleportieren. Am Zielort wurden dann die atomaren Wirbel wieder „scharf" gestellt, pumpfähig gemacht, und die Masse (=physischer Körper) war wieder da.

Frage A14.3.4: sind die Wirbel schneller als Licht?

Es gibt keine „DIE" Wirbel.
Manche sind schneller als Licht (Mentalwelt-Wirbel und höher), manche langsamer (ein Tornado), manche sind selber aus Licht. Je nach Hierarchie-Ebene, aus der sie stammen.
Lichtgeschwindigkeit c als Grenze anzugeben, ist nur bei Vorgängen mit physischer Materie sinnvoll. Schon beim Thema Neutrino fängt die Physik an zu schleudern. Auch Prof. Meyls Neutrino-Begriff (mit 1,5 c) vermischt Wirbelformen aus höheren Welten.

Frage A14.3.5: Und woher kommt nun der Antrieb für die Bewegung?

Es ist der neue Sog aus wachsender Ordnung.
HIER hat unaufhörliches Wachstum seinen Sinn, denn es lädt den Akku auf, der die Welt antreibt.

Dort, wo Chaos in Ordnung umgewandelt wird, entsteht leerer Raum, es wird Platz frei, den das Chaos beansprucht.
Ein voller Schrank, wo alles zerknüllt darin liegt, ist ein Beispiel.
Macht man schöne Stapel, liegt dort alles dichter und es wird vielleicht ein ganzes Fach frei. Das freie Fach bedeutet „Sog". Der Sog muss nur noch in eine Wirbelspirale geleitet werden (intelligente Ordnung, nicht irgendwelche), und schon laufen alle angeschlossenen Systeme beschleunigt, wie aufgezogen, wie „ernährt", sogar die größeren, von denen man annimmt, dass sie die Kleinen energetisch füttern.
Die ganz NEU GESCHAFFENE Ordnung am äußeren Rande der geordneten Welt (egal, ob bei kleinen oder großen Skalen) ist letztendlich der Antrieb, der alle dissipativen Verluste ausgleicht.

Frage A14.3.6: Eine Ordnung, die das Chaos wegräumt und dadurch Platz und Sog schafft? Doch wer da wegräumt und wie, ist damit nicht erklärt.

Das Tabuwort „Wirbel" steht für alles was ist. Was nicht stabil wirbelt (mit Ernährung, also mit Ordnungszuwachs gleich oder größer als die Verluste) bleibt nicht in der Existenz. Ein Embryo hat da eine glänzende Bilanz. Aber auch ein Stein hat sie, er wächst kaum, aber er bleibt. Sein Wirbel ist schwer zu brechen. Für den Wirbel des Menschen reicht manchmal ein Wort.

Deine Frage nach dem Wer habe ich nun beantwortet mit dem Was.

Wenn wir jetzt noch hinzufügen, dass jeder Wirbel ein autarkes Wesen ist, mit einem inneren Fokus, dem Kern, durch den er sich von anderen Kernen unterscheidet, selbst von seinen Subwirbeln, dann liegt der Gedanke nahe, dass **aufmodulierte Schwingungen (Vibrationen), egal ob von außen oder innen angeregt, als Bewusstsein angesehen werden können**. Also ist das Was doch noch ein Wer.

Das Abgrenzen und Unterscheiden von Wer zu Wer, auch von Wer zu Subwer oder Überwer, verursacht der Goldene Schnitt, ein Zahlenverhältnis der Energien, das sich von selber einstellt, weil es ein energetisches Minimum bedeutet. Die Orte für die individuelle Körper-Entfaltung werden nach gestuften Energie-Summen im Sinne von Fibonacci-Zahlen gewählt, das ist so einfach wie Interferenz.

Frage A14.3.7: Auf jeden Fall ist die Singularität im Kleinen wie im Großen ein Durchgang durch den allumfassenden Raum. Der Sog zieht durch, nicht rein.

Das unterschreibe ich auch. Aber erstmal zieht der Sog was rein. Das, was reingezogen wird, weiß noch nicht, dass es später auf der anderen Seite wieder heraus kommt (es sei denn aus Erfahrung). Dort öffnet sich der Raum, die Wirbellinien sind divergent (positive Ladung im Sinne der Physik), am Südpol waren sie konvergent (negative Ladung). Die beiden Zeitqualitäten unterscheiden sich, das betrifft den Planeten aber nur minimal, denn er hat eine Art abgekapselte Eigenzeit durch seinen Eigenspin. Er schwebt über dem Einwärtsfluss (halbes Jahr) und danach unter dem Auswärtsfluss, bei fast stabilem Abstand von der Sonne.

Ein Schwarzes Loch ist nur der Südpol eines Wirbels, die Verengung auf dem Weg zum Kern. Analog könnte jeder Nordpol als weißes Loch bezeichnet werden. Das, was wir von der Sonne sehen, ist Licht, das die Sonne auf ihrem Nordpol-Fluss verlässt.
Das Licht der (dunklen?) Sonne, die von unserer Sonne umkreist wird, kann vielleicht vom Südpol unserer Sonne aus gesehen werden, die passenden Augen vorausgesetzt.

Frage A14.3.8: Für mich ist es eher so, dass sich ein unsterbliches Bewusstsein einen neuen Körper wirbelt.

JA. Wie ein Raumanzug oder Schiff oder U-Boot. Er stirbt ja auch.
Die Seele „landet in ihm" wie ein Kapitän, sie übernimmt und steuert ihn.
Hier ein Landungsvorgang beim Zwillingsverfahren: youtube.com/watch?v=pTPuLzyIB64
Es ist hier eine Kopplungsgröße, die im Programm für die Landung der „Seele" sorgt, die sowieso Produkt derselben Gleichung ist. In der Realität sorgen wohl eher die älteren Anteile der Seele für die richtige Kopplungsgröße, um den Körper als angepassten Leib integrieren zu können. Die Erfahrungen, die sie damit macht, lassen sie selbst wachsen, wie ein Blatt am Baum auch den Baumwuchs fördert.

Frage A14.3.9: Wieso wurden von Leadbeater die rechts-drehenden Uratome „männlich" genannt?

Schaut man sich den Erd-Torkado stehend an (geografisch Nord als unten, wie Herzspitze, da Abplattung (Torkado-Nord) an geografisch Süd), wie wenn der Galaxiskern im gleichen Bild darüber zu sehen wäre, dann dreht der Planet rechts herum, ebenso auf seiner Jahresbahn. So gesehen, stimmt die Bezeichnung „männlich" = '+' beim rechtsdrehenden Uratom in „Okkulte Chemie", wenn ich davon ausgehe, dass männlich mit globaler Hauptdrehrichtung korreliert und dadurch als Wirbel eigenstabiler ist. Weiblich dagegen passt zu Minusladung, weil die Gegendrehung zu häufiger Auflösung führt, zu einem schnellen Wechsel zwischen Verdampfung und Kondensation. Uratome, die an der Kathode entweichen, als feinstoffliches Gas zur Anode fliegen und dort wieder zu Uratomen kondensieren, sind IMMER linksdrehend (Minus, fließen in Richtung Pluspol). Die rechtsdrehenden Uratome verlassen den Festkörper nie, obwohl sie am elektrischen Strom (in Gegenflussrichtung) teilnehmen.
Da den Elektronen und Positronen nicht die Masse $u/18$ (u = Masse-

Einheit der Kernteilchen) zugestanden wird, kann man die linksdrehenden Uratome nicht Elektronen, bzw. die rechtsdrehenden nicht Positronen nennen, obwohl sie im elektrischen Leiter als Strom fließen (wurde aber „gesehen"). Die technische und die physikalische Stromrichtung haben also beide zur Hälfte ihre Berechtigung.

Männliche Lebewesen sind auch rechtsdrehend, das hat C.W. Leadbeater offenbar erkennen können. Aber auf der Nordhalbkugel (NHK), der eigentlich unteren Hälfte des Erd-Torkado, steht ihr Wirbel bezüglich Globaldrehung „auf dem Kopf". Dadurch haben die Männer der Nordhalbkugel eine größere weibliche Variabilität, das sind Eigenschaften, um besonders den (weiblichen, wellen- und wolkenförmigen) Überblick erfassen können. Sonst gäbe es nirgendwo männliche Künstler und Philosophen. Und die Frauen der NHK stehen auch zusätzlich „Kopf" und müssen sich mehr männlich verhalten, z.B. können sie wie Männer punktuell ins (teilchenhafte) Detail denken, was sie auf der Südhalbkugel weniger machen würden.

Im Liegen ist der Hauptwirbel (vom Kronenchakra zu Wurzelchakra) eh nicht so planeten-kompatibel, nur noch per Himmelsrichtung, um bestimmte natürliche Strömungen in die Chakren zu bekommen. Das Liegen mit dem Kopf nach Süd, möglichst parallel zur Erdachse, macht wahrscheinlich Männer männlicher und Frauen weiblicher. Die waagerechten Chakren werden am Tag und auch in der Nacht (Herumwälzen) mehr bewegt. Unsere Betten sollten kreisförmig sein, und auch den Tieren im Stall sollte man kreisförmige Liegeplätze zugestehen.

Frage A14.3.10: Warum bilden ausgerechnet 18 Uratome die Masse eines Protons oder Elektrons?

Ich kann es nur vermuten. Durch die 18 kommt die 3 mal 3 gleich 9 ins Spiel der Skalenkreuzungen, hier massebezogen. Und da es zwei Drehrichtungen gibt, sind es insgesamt doppelt so viele, also 18, die als Gruppe in unseren Messeinrichtungen beim Kondensationsvorgang in Erscheinung treten. Die interferenz-ähnliche Verkopplung von Hierarchien klappt gut per Dreifach-Frequenz. Und es gibt neben $2^{13}=\exp(9)$ auch den ähnlich unscharfen Skalenschnittpunkt $2^9=phi^{13}$ (phi=1,618034), vielleicht hat es mit dieser 9 zu tun? Die zur 18 nächstliegende Zweierpotenz ist 2^4 und 16/18 ist übrigens fast 0,89 und erinnert mich an Andreas Körbers geniale Wobbel-Konstante, mit der er Schall zu Medizin macht (wortkraftschwingung.net). Kann er damit Hamersche DHS-Wirbel anbohren (/hn/), die im Hirn vor sich hin kreiseln und krank halten? Kann er so, per Tontechnik, ungelöste Konflikte zum Loslassen bringen? Jeder CERN-Physiker würde neidisch, denn dort mussten für das Knacken von Wirbelkernen noch Milliarden investiert werden. Andreas erinnert sich einfach, wie es vor 12000 Jahren in Atlantis schon funktioniert hatte.

Frage A14.3.11: Wie wurden in Abb. 4.1 die Größen festgelegt?

Die Comptonwellenlänge für Elektronen Ce interagiert mit sichtbarem Licht. Seit ich die Super-Resonanz-Schritte $2^{13}=\exp(9)$ kenne und einen definitiven Treffpunkt beider Skalen bei N=33 (bzgl. Ce, siehe 2hn-Gleichung in A10.5) fand, ist klar, dass N=1 bei Ce als Anfang nicht passt, weil die nächsten Super-Resonanzen bei N=20, N=7 und N=-6 liegen. Das Elektron ist 102 mal leichter als das Uratom (1836/18=102), was nicht gerade einer glatten Zweierpotenz entspricht, die nächste läge bei $128=2^7$. Auch die 18 ist keine, ihre nächste wäre $16=2^4=2*2*2*2$.
Beide Faktoren zusammen sind $2^{11}=2048$, das ist um Faktor 1,1155 (= 1/0,8965) größer als 1836, das bekannte Massenverhältnis zwischen Proton und Elektron. Und 2^{11} ist nicht 2^{13}, es ist also mehr als eine der sieben Stufen weniger, von einer 2^{13}-Ebene zur nächsten betrachtet. (Anm. 2024: Im Falle von 2^{26}-iger Stufen zwischen ganzen Welten passen Ce und Cp besser in dieselbe Welt.)

Anders gesagt. Die $2^{13}=8192$ und die 1836 liegen um Faktor 4,4619 auseinander, das sind ca. 1,08 Stufen (zu je Faktor 4) weniger. Ob die fehlende 14.Verdopplung vor oder nach Stufe 1 liegt, ist mir auch noch nicht klar.
Fazit: Die Physik passt zunächst nicht sauber in das 2^N-Raster. Sieht man aber von der Unschärfe um Faktor 0,89 ab, könnte Ce in der Nähe der Stufe 3 Physisch (Oberätherisch) liegen, da die $2^{(-6)}$ auf 3 Halbierungen hinweist. Dann ist N=-6 als Super-Resonanz das physische Uratom selbst. Die Comptonwellenlänge für Protonen liegt 11 Verdopplungen höher, das sind 5,5 Doppel-Stufen über Ce, wobei eine Stufe davon gar keine Doppelstufe ist, also doch 6 Stufen höher (statt 7 Stufen zur gleichen Position in der nächsten Ebene). Das wird also etwa die Stufe 4 Astral (Ätherisch).
Meine Vermutung weiterhin: Da die Protonenmasse sauber über Faktor 18 mit den Uratomen korreliert, haben die Physiker wahrscheinlich ausversehen den Durchmesser eines Uratom-Kernes gemessen, was sie jetzt Proton bzw. Cp nennen. Die Kernteilchenzahl ist nur höher, aber das fiel nicht auf. Es wurden stabile Wirbelkerne als Target getroffen, das konnten nur Uratom-Kerne sein.

Interessant ist folgendes: Die Plancklänge passt etwa an dieselbe

Position wie der Protonenradius Cp/2, nur 5 Welten (5*13=65 Halbierungen) feinstofflicher, mitten in der ersten, der (laut Theosophie) fundamentalen ADI-Welt (Abb. 3.2). Das sind 8+65=73 Halbierungen vom Uratom entfernt und weitere 5 Ebenen in die andere Richtung skaliert (73+65=138), landen wir beim Planetenradius, allerdings in 730 km Tiefe, genau wo der obere Erdmantel aufhört. Ausgehend von der Plancklänge gerechnet: $(1{,}62*E{-}35)m*2^{(138)}$ = 5645 km. (R(Erde)=6371 km)

Da die Plancklänge mit der Gravitationskonstante berechnet wird, wundert es eigentlich nicht, dass der Planet eine Rolle spielt, nur wurde es auf diese Weise noch nie gemacht.

Im Menschen-Kopf (13*2=26 Halbierungen davor) ist genau dort die Hirn-Oberfläche, bei R=8,4 cm. So verbinden die Resonanz-Skalen uns mit dem Planeten, miteinander, bis hin zu göttlichen Welten.

A14.4 Einige Stichworte

Blitze beim Wetter:
Für das Phänomen Wetter-Blitz sind Luft und Wolken aus der Umgebung der Subraum, ein fast ungeordneter chaotischer Bereich, durch den er hindurch-tunneln muss. Der starke Stromfluss im Blitz ist hochgradig geordnet, also extrem kalt. Das Leuchten, Donnern und die Hitze beim Einschlag kommen von Zusammenstößen mit Atomen im Rand- und Zielbereich. Wärme als ungeordnete Bewegung entsteht immer nur bei Zerfall von Wirbelstrukturen.

Goldener Schnitt:
Der Goldene Schnitt ist keine Phase einer Schwingung, sondern die Lücke (Pause in der Musik, Gegenteil von Ton, der Nicht-Ton). Das Teilungsverhältnis im Goldenen Schnitt ist die einzige Stelle, wo die Schwingung nicht hinkommt. Die Stelle ist am weitesten entfernt vom nächsten rationalen Teilungsverhältnis. Nur dort kann ein neuer Bewusstseinsfokus, ein neugeborener Wirbelkern, sein Dasein beginnen. Er schafft es aber nur, wenn er von Elternwirbeln umgeben ist, die sich von ihm Strömungsmedium abzweigen lassen und die Anbindungsströmung (Perlenkette) übergeben. Eine echte Netz-Verzweigung.

Quantenverschränkung:
Das Kunstwort Verschränkung wird inzwischen überall dort benutzt, wo man etwas nicht erklären kann. Natürlich mit Hinweis auf die Quantenphysik, so, als wäre dann alles erklärt.
Nur, die Quantenphysiker wissen es leider auch nicht. Es zeigt sich

ihnen als Phänomen, als unerklärliche Tatsache.
Warum?
Der Leser kann derzeit bei Wikipedia unter „Quantenverschränkung" finden:
„*Bei Atomen bezieht sich die Verschränkung auf deren Spin. Regt man ein zweiatomiges Molekül mit einem Spin von null mit einem Laser derart hoch an, dass es zerfällt (dissoziiert), sind die beiden freiwerdenden Atome bezüglich ihres Spins verschränkt. Bei einer entsprechenden Messung wird eines von ihnen den Spin +1/2 zeigen, das andere -1/2. Es ist aber nicht vorhersagbar, welches der beiden Atome den positiven und welches den negativen haben wird. Misst man aber den Spin eines der beiden Atome, wird dadurch der Spin des anderen festgelegt.*"

WAS ist hier unerklärlich? Der Überwirbel wurde aufgelöst, und die beiden Subwirbel haben selbstverständlich entgegengesetzten Spin, DESWEGEN konnten sie ja diese Verbindung erst eingehen, im Sinne von „Ladung und Gegenladung ziehen sich an". Denn ihr Einzelspin blieb die ganze Zeit über im Subwirbel erhalten.
Es muss nur der Begriff Spin als eine Art von Ladung gesehen werden, wie es in den Büchern von Besant /Leadbeater /Jinarajadasa schon gemacht wurde.

Spukhafte Fernwirkung hat mit der Verschachtelung zu tun, wo es tatsächlich immer Verbindungen gibt, auch über große Entfernungen via Überwirbel. Der Welle-Teilchen-Dualismus hat mit den leichten Übergängen von Wirbeln in ihre feineren Quantisierungen zu tun, wenn ihr Kern per Messung gestört bzw. zerstört wird.

Torkado:
- lebendiger Wirbel, weil eingebunden (in Überwirbel)
- und einbindend (Subwirbel mit Subwirbel mit ..)
- ernährt, weil ausgerichtet im älteren Fluss
- Torus mit Eiform-Querschnitt: unten spitzer
- innen spiralig hoch, außen spiralig herunter
- Alle Torkados sind Produkte eines hochdim. Goldenen Schnittes
- Teilung im Goldenen Schnitt für störungsfreie Existenz

Wahrnehmung:
Wegen der Vernetzung (Wirbel in Wirbel in Wirbel..) sickern die Vibrationen nach überall, wo sie sich halten können, wo sie auf Resonanz treffen. Das ist dann Wahrnehmung einer gemeinsamen Welt, ganz ohne Hirn. Das Hirn selektiert nur, ist ein Filter zum Einschrän-

ken, und macht uns vielleicht dümmer als ein Stein. Wenn dieser noch in der All-Einheit weilt, braucht er keine Augen und Ohren. Es kann aber sein, dass er in einem so langsamen Zeitraster lebt, das keine Kommunikation mit uns zulässt.

Sünden
sind Handlungen, die polarisieren, die neue Ladungstrennungen zurücklassen, die bereits ausgeglichene Strukturen zerstören, bei sich selber oder beim Opfer. Das Opfer bleibt aufgrund seiner Verletzung (Mangel-Aufladung) mit der Ursache (Gewinn-Aufladung), dem Täter, durch Skalarwellen verbunden.

Skalarwellen
sind langgestreckte stabile Kernphasen von Wirbeln (dünne Schläuche, wie Blitze, oft zwischen den waagerechten Chakren verschiedener Menschen), deren Wirbelhüllen sehr feinstofflich sind, also viel weiter außen, weit entfernt von den Körpern (Kernen). Sie verändern und belasten die Chakren. Alle Anhaftungen (Karma, Glaubensformen, Ängste) sind solche energetischen Quer-Verbindungen zwischen Wirbeln (siehe auch A5.5.2).

Ladung
Wenn wir von Ionen und ihren Ladungen sprechen, sind das bereits hochmolekulare Strukturen, bezogen auf die Uratome, die in bis zu sieben Wirbelhierarchien Bestandteile von ihnen sind. Das experimentell messbare Ladungsvorzeichen hängt davon ab, ob und wie viele Süd- oder Nordpole von Subwirbeln unkompensiert nach außen zeigen. Die beispielsweise in Abb. 3.4 gezeichneten Herzchen bedeuten Wirbel mit einem einströmenden Südpol (+) an der Herz-Spitze (6 mal + nach außen, 4 mal – nach außen bei Wasserstoffgas). Auch Gruppierungen solcher Herzchen haben in allen Leadbeater-Zeichnungen ein spitzes (angeordnet in Reihe, Südpol, Plus) und ein breites Ende (nebeneinander, wie parallelgeschaltet, Nordpol, Minus). Die umgebenden Strömungslinien gehören zum Überwirbel und sind nie vollkommen parallel, so dass es für ein geladenes Teilchen (Subwirbel) nur eine Bewegungsrichtung gibt. Es wird sich sich dort in die Strömung „einnisten", wo Ausgleich herrscht, ansonsten hätte Leadbeater keine stehenden Muster sehen können.

A14.5 Zusammenfassung in Stichpunkten

Die Welt (oder Gott?) ist ein Netz aus Wirbeln, immer aufgebaut wie ein Baum, aber in Wirklichkeit möglicherweise wie ein Menschenkörper, weil dieser sehr nahe am Goldenen Schnitt liegt. Wie das?
Allein ohne die Fraktale zu bemühen:

1. Die wirklichen Wirbel sind Welt für Welt das Gleichen: sieben Hierarchien, dann Neubeginn /lo/ .

2. Psyche ist Atomaufbau „in Grün" /hs/.

3. Seele ist Atomaufbau „in Grün" /hs/ .

4. Geladene Wirbel sind Ionen, ohne Ionen keine Entwicklung.

5. Entwicklung ist Ladungsausgleich, Umbau und Anbau der Gegenladung.

6. Mangelempfinden erzeugt Handlungsbedarf für Umbau und Anbau.

7. Mangel ist Ladungsanwesenheit, hat Abschirmung der Flüsse zur Folge.

8. Liebe als Alternative: kein Mangel wegen Blockadefreiheit, Ausgleich aus Zufluss von außen, ist leider nur zeitlich begrenzt durchhaltbar in mangelbasierter Umgebung.

9. Hilfreich für Umbau ist „Schütteln", wie mechanische Neuordnung.

10. Schütteln (Prüfen) = Erschütterung für das Ziel einer anderen Subwirbel-Anordnung. Auch spirituelle Initiationen sind Prüfungen, sie lösen Entwicklung aus.

11. Ergebnis von Umbau ist erst Zerfall, dann Wachstum, Entwicklung zu kleineren Ladungsresten hin

12. Harmonisierung ist Ladungsminimierung, bei vibrierenden hochkomplexen Systemen ein automatisches Ergebnis

13. Je kleiner der Ladungsrest, desto hochfrequenter die Schwingung

14. Strömt der Wirbel nicht in seinem Optimum, muss er ernährt oder reduziert werden.
    Für den Menschen: Ein Aufenthalt im Wald kann Ausgleich schaffen, weil dort das Resonanzen-Angebot sehr vielfältig ist, und durch die vielen Wurzeln auch gut geerdet.

15. Ernährung ist ein intelligenter Einbau von separaten Sogquellen, die die Wirbelfunktion mehr ordnen und damit beschleunigen.

16. Die Vibrationen in den Wirbeln können als Bewusstsein angesehen werden. Durch die ernährungsbedingte und vor allem die holografische Vernetzung der Wirbel und ihr inneres Verkoppeln von Umlauf zu Umlauf entsteht automatisch Kommunikation, wenn Vibrationen sich verbreiten.

17. Alles wirbelt. Alles vibriert. Alles ist bewusst. Alles lebt.

18. Das Buch soll helfen, den Wirbelcharakter allen Seins und damit auch des Bewusstseins zu erkennen, um mehr das Bewusstsein gezielt zur Unterstützung der Lebendigkeit einzusetzen. WENIGER TECHNIK sollte das Ziel sein.

Quellenverzeichnis

(alphabetisch nach 1. Buchstabe Nachname und Schlagwort)

/ad/ Peter Augustin www.dichtes-wasser.de

/bc/ Gabi Buhren, Chaostheorie und Biologie, Teil 1-6,
raum&zeit 80,81,82,83,84/1996 und 85/1997,
Inhalt online ab: www.aladin24.de/chaos/chaos1a.htm

/bl/ Barbara Ann Brennan „Licht-Arbeit", Goldmann Verlag
Barbara Ann Brennan „Licht-Heilung", Goldmann Verlag

/bj/ Günther Baer „SPUR eines JAHRHUNDERTIRRTUMS" (Teil 1),
„LOGIK eines JAHRHUNDERTIRRTUMS" (Teil 2),
Spur-Verlag Dresden

/bs/ Gabi Buhren, „Das Prinzip der höheren synchronen Ordnung",
raum&zeit 97/1999

/cn/ Callum Coats „Naturenergien verstehen und nutzen",
Omega-Verlag

/dh/ Wolfgang Däumler www.horntorus.com , www.8128.info/wd/

/ft/ Bernd Fuchs www.terraPro.eu

/gb/ Dr. Grün BioProtect.de torkado.de/gutachtenBioProtect.htm

/gt/ Foster Gamble „Thrive" (Film) , thrivemovement.com
youtube.com/watch?v=-pRfGVHU_Qg , Nassim Haramein

/he/ Elisabeth Haich „Einweihung", Aquamarin Verlag

/hn/ Ryke Geerd Hamer „Vermächtnis einer Neuen Medizin",
Amici di Dirk, germanischeheilkunde-drhamer.com,
www.germanische-neue-medizin.de,
www.germanische-heilkunde.at

/hr/ Alexa Hubler-Rieder alexapmc.ch

/hp/ Raphael Haumann viaveto.de/plasmaversum.html

/hs/ Varda Hasselmann www.septana.de
„Archetypen der Seele", Goldmann Verlag
„Welten der Seele", Goldmann Verlag

/ja/ Alfons und Christa Jasinski „Thalus von Athos", Buch1 - 9,
GartenWEden Verlag
/jb/ Christa Jasinski „Äonen und Archonten" ISBN 978-3-946504-16-0
/jc/ Jasinski/Below „Im Universum ist alles ganz einfach",
ISBN 978-3-946504-51-1, GartenWEden Verlag

/jg/ Hans Jäckel www.torkado.de/jaeckel_grav.htm

/jo/ C.Jinarajadasa „Die okkulte Entwicklung der Menschheit",
Edition Geheimes Wissen
Jinarajadasa 1950: http://hpb.narod.ru/tph/TPH_OCTC.HTM

/la/ Charles W. Leadbeater „Die Astralwelt", Das Leben im Jenseits,
Aquamarin Verlag
/lg/ Charles W. Leadbeater „Das Leben in der geistigen Welt",
Aquamarin Verlag
/lh/ Charles W. Leadbeater „Unsere unsichtbaren Helfer",
Edition Adyar
/lm/ Charles W. Leadbeater „Die Mentalwelt",
Wie uns Gedanken im Diesseits und im Jenseits prägen,
Aquamarin Verlag
/lo/ Charles W. Leadbeater, Annie Besant, „Okkulte Chemie",
Aquamarin Verlag, oder Online-Version in englisch:
1950: http://hpb.narod.ru/tph/TPH_OCTC.HTM
1933: hermetics.org/pdf/occult.pdf
/ls/ Charles W. Leadbeater „Das höhere Selbst", Aquamarin Verlag

/lu/ Lumira Bücher, CDs, Seminare www.lumira.de

/ma/ Wladimir Megre „Anastasia", Band 1, Tochter der Taiga,
Band 2, Die klingenden Zedern Russlands, Govinda Verlag
Band 3, Raum der Liebe, Govinda Verlag und weitere Bände

/md/ Prof.Dr.-Ing. Konstantin Meyl „Dokumentation 2 zur Skalar-
wellen-medizin", INDEL, www.k-meyl.de
„DNA- und Zellfunk", INDEL
„Elektromagnetische Umweltverträglichkeit" Teil 1-3, INDEL
„Potentialwirbel" Teil 1-2, INDEL

/me/ Frithjof Müller Elementarresonanz in /ms/ und
Programm Online: www.torkado.de/res/
Programm Offline: www.torkado.de/progs/progRauch.htm

/ma/ Gabi Müller „Alles lebt", raum&zeit 205/2017, S. 44
/md/ Gabi Müller „Das Universum spinnt", ISBN: 978-3-7583-6568-3, BoD
/mf/ Gabi Müller „Fraktale Geometrie und Wirbelphysik",
raum&zeit 207/2017, S. 48
/mi/ Interviews: https://nuoviso.tv/neuehorizonte/der-wirbel-blick
-alles-lebt-teil-1-gabi-mueller/
youtube.com/watch?v=wbK_tPyjWEc   und v=YSNUDQsKRcA
www.viva-vortex.de/videos.htm
/mk/ Gabi Müller www.torkado.de/kristalle.htm
/ml/ Gabi Müller torkado.de/res/js/LogamentusNewton.htm
/mm/ Gabi Müller torkado.de/urhebung/zhz_e.htm
/mn/ Gabi Müller torkado.de/urhebung/spirale_logarithmisch.htm
/mp/ Gabi Müller http://www.torkado.de/pflanzen.htm
/mr/ Gabi Müller „Raum und Zeit im Spiegel der Urwirbel", Teil 1+2
raum&zeit 233/2021, S.50 und raum&zeit 234/2021, S.56
/ms/ Gabi Müller „Der Spiralrhythmus der Natur",
raum&zeit 130/2004
/mw/ Gabi Müller „Wirbelwelten", Teil 1-3,
raum&zeit 146/2007, 147/2007, 148/2007
/mz/ Gabi Müller Fraktalprogramm Vitaloop, www.vitaloop.de

/pt/ Phylos, F.S.Oliver „Phylos der Tibeter", Hesper-Verlag

/ra/ Gor Timofey Rassadin „Gott-Mensch", Altera-Verlag
„TRIADA", Altera-Verlag, www.rassadin.de

/ro/ Karl Ludwig Freiherr von Reichenbach (1788-1869)
„Odisch-magnetische Briefe", Baumgartner-Verlag, auch online

/vf/ Dr. Klaus Volkamer,   www.klaus-volkamer.de
„Feinstoffliche Erweiterung unseres Weltbildes", WeißenseeVerlag

/we/ Brigitte Walter „Erdwelten" Band 1-3, Verlag Mitternachtsblume

/wg/ Felix Würth, siehe www.torkado.de/wuerthGetriebe.htm

/ws/ Bernhard Wimmer, Sri Yantra, bernhardwimmer.com

Zum Titelbild: Es handelt sich um eine einzige Strömungs-Wirbellinie, die von ihrem Soggebiet („Magnetfeld") umgeben ist, in senkrechter Richtung stark überhöht. Das Uratom hat 10 davon. Im Sonnensystem verdoppelt sich der Radius mit jedem Umlauf, aber es sind gleichzeitig auch 10 Linien in verschiedenen Dichtigkeiten (was zu 10 verschieden dichten, untereinander verschachtelten Sonnen führt). Die Gesamtform ist dort diskusförmig. In der Titelbildgrafik fehlen das holografische Spirillensystem (Abb. 4.3, S.70) und die Subwirbel, die nicht den Kernschlauch (Sonne) passieren (z.b. Planeten, siehe /mw/Teil2). Das animierte Netz müsste eigentlich spiralförmig sein statt in Kreisen. Die Grafik wurde von Wolfgang Däumler /dh/ erzeugt, und dankenswerter Weise für das Buch und meine Webseiten zur Verfügung gestellt.

Zum **Rückseitenbild** siehe Abb. 13.21

Aktuelle Ergänzungen und Hinweise:
www.viva-vortex.de

Kontakt: info@viva-vortex.de

Neu bei BoD, seit Mai 2024:
  Gabi Müller:
  „Das Universum spinnt" ALLES LEBT, 308 Seiten
  ISBN: 978-3-7583-6568-3
  www.das-universum-spinnt.de